21世纪高等学校系列教材｜计算机应用

信息技术基础

（微课视频版）

刘世勇　刘　颜　主　编

张毅刚　杨忠地　杨丽莎　副主编

梁春燕　孟　平　王小娟　朱克岚　刘述中　参　编

毕加丽　陈志伦　伍云筑　李金霖

清华大学出版社

北京

内 容 简 介

　　本书结构合理,内容通俗易懂,实用性强,列有实用生动的操作案例,配合微课视频,能指导初学者快速掌握计算机操作,部分加入手机使用教程。全书共 8 章,主要内容包括计算机基本原理、零基础学用计算机,从键盘和鼠标操作、学会打字,进而使用多彩的 Windows 10 世界、轻松管理计算机中的文件、设置个性化的操作环境、管理软件、使用 Office 2016 办公、掌握多媒体技术应用和遨游精彩的互联网世界、搜索与下载网络资源,理解和认识新一代信息技术等方面的知识和技巧。

　　本书适合作为职业院校信息技术基础课程教材和成人大专院校培训应用计算机基础教材。

图书在版编目(CIP)数据

信息技术基础:微课视频版/刘世勇,刘颜主编.—北京:清华大学出版社,2022.9
21 世纪高等学校系列教材.计算机应用
ISBN 978-7-302-61792-1

Ⅰ.①信… Ⅱ.①刘… ②刘… Ⅲ.①电子计算机-高等学校-教材 Ⅳ.①TP3

中国版本图书馆 CIP 数据核字(2022)第 164879 号

责任编辑:贾　斌
封面设计:傅瑞学
责任校对:徐俊伟
责任印制:丛怀宇

出版发行:清华大学出版社
　　　网　　　址:http://www.tup.com.cn,http://www.wqbook.com
　　　地　　　址:北京清华大学学研大厦 A 座　　　邮　　编:100084
　　　社 总 机:010-83470000　　　邮　　购:010-62786544
　　　投稿与读者服务:010-62776969,c-service@tup.tsinghua.edu.cn
　　　质量反馈:010-62772015,zhiliang@tup.tsinghua.edu.cn
　　　课件下载:http://www.tup.com.cn,010-83470236
印 装 者:天津鑫丰华印务有限公司
经　　销:全国新华书店
开　　本:185mm×260mm　　印　　张:21.25　　　　　　字　　数:531 千字
版　　次:2022 年 9 月第 1 版　　　　　　　　　　印　　次:2022 年 9 月第1次印刷
印　　数:1～7500
定　　价:59.80 元

产品编号:098961-01

前　言

　　本书是面向高职院校学生使用而编写的信息技术基础教材。遵照教育部制定的《关于进一步加强高等学校计算机基础教学的意见》和《高等学校非计算机专业计算机基础课程教学基本要求》，结合计算机信息技术的最新发展技术以及高职校院计算机基础课程改革方向，针对职业院校非计算机专业学生的人才培养模式，突出实用、易学的特点，配有实用的案例和插图，详细介绍了信息技术基础知识、Windows 10 操作系统、Word 2016、Excel 2016、PowerPoint 2016、多媒体技术基础应用、网络安全知识和新一代信息技术等软、硬件的基础知识和基本操作，通俗易懂，图文并茂。书中部分添加了手机操作等实用功能，让教材成为学生的基础应用工具书，通过实例加深和巩固所学知识，让学生能掌握最常用的计算机基础知识，认识计算机在办公中解决常见的具体问题，通过手机能与时俱进利用和学习多媒体软件，帮助学生提高使用多媒体技术的实用性与针对性。

　　本书主要特点：

- 根据《高等职业教育专科信息技术课程标准》2021 年版，内容通俗易懂，注重反映计算机发展和新一代信息技术，体现高职院校培训学生的实际需要。
- 体系完整、结构清晰、内容全面、讲解细致、图文并茂、重点微视频讲解。
- 面向应用，突出技能，理论充分。书中所列举的实例是编者从多年积累的教学案例中精选出来的，具有较强的实用性和可操作性。
- 强调职业院校对多媒体技术基础与应用，增加部分手机操作版块，更好指导学生利用手机移动端学习。

　　本书由刘世勇、刘颜任主编，张毅刚、杨忠地、杨丽莎任副主编，梁春燕、孟平、王小娟、朱克岚、刘述中、毕加丽、陈志伦、伍云筑、李金霖参编。在本书的编写过程中，编者参考了很多专家、老师的优秀书籍或资料。

　　由于编者水平有限，时间又比较仓促，书中肯定存在不足甚至错误之处，恳请读者提出宝贵意见。

编　者

2022 年 5 月

目　录

第 1 章

计算机基础知识

计算机是 20 世纪人类最伟大的科技发明之一,是现代科技史上最辉煌的成果,它的出现标志着人类文明已进入一个崭新的历史阶段。如今,计算机的应用已渗透到社会的各个领域,它不仅改变了人类社会的面貌,而且正改变着人们的工作、学习和生活方式。在信息化社会中,掌握计算机的基础知识及操作技能,是人们应具备的基本素质。本章将从计算机的发展历程讲起,介绍计算机的特点、分类、组成,计算机中的信息表示、基础操作、多媒体技术以及病毒防治等。

学习目标:

- 了解计算机发展史及其应用;理解计算机系统组成、计算机的性能和技术指标。
- 熟悉计算机基础操作与汉字录入。

1.1　计算机概述

计算机是一种能够在其内部指令控制下运行的,并能够自动、高速和准确地处理信息的现代化电子设备。它通过输入设备接收字符、数字、声音、图片和动画等数据;通过中央处理器进行计算、统计、文档编辑、逻辑判断、图形缩放和色彩配置等数据处理;通过输出设备以文档、声音、图片或各种控制信号的形式输出处理结果;通过存储器将数据、处理结果和程序存储起来以备后用。1946 年世界上第一台计算机诞生,迄今已有 60 多年,计算机技术得到了飞速发展。目前,计算机应用非常广泛,已应用到工业、农业、科技、军事、文教、卫生和家庭生活等各个领域,计算机已成为当今社会人们分析问题、解决问题的重要工具。

1.1.1　计算机的起源与发展

计算机最初是为了计算弹道轨迹而研制的。世界上第一台计算机 ENIAC 于 1946 年诞生于美国宾夕法尼亚大学,该机主要元件是电子管,质量达 30t,占地面积约 170m^2,功率为 150kW,运算速度为 5000 次/s。尽管它是一个庞然大物,但由于是最早问世的一台数字式电子计算机,所以人们公认它是现代计算机的始祖。与 ENIAC 计算机研制的同时,另外两位科学家冯·诺依曼与莫尔合作还研制了 EDVAC,它采用存储程序方案,即程序和数据一样都存储在内存中,此种方案沿用至今。所以,现在的计算机都被称为以存储程序原理为基础的冯·诺依曼型计算机。

半个多世纪以来,计算机的发展突飞猛进。从逻辑器件的角度来看,计算机已经历了四个发展阶段。

第一代(1946—1958年)电子管计算机,其主要标志是逻辑器件采用电子管。内存为磁鼓,外存为磁带,机器的总体结构以运算器为中心,使用机器语言或汇编语言编程,运算速度为几千次/s。这一时期的计算机运算速度慢、体积较大、质量较重、价格较高、应用范围小,主要应用于科学和工程计算。

第二代(1959—1964年)晶体管计算机,其主要标志是逻辑器件采用晶体管。内存为磁心存储器,外存为磁盘,运算速度为几万次/s到几十万次/s,使用高级语言(如FORTRAN、COBOL)编程。在软件方面还出现了操作系统。这一时期的计算机,运算速度大幅度提高,质量、体积也显著减小,功耗降低,提高了可靠性,应用也愈来愈广。其主要应用领域为数值运算和数据处理。

第三代(1965—1970年)集成电路计算机,其主要特征是逻辑器件采用集成电路。内存除了磁心外,还出现了半导体存储器,外存为磁盘,运算速度为几千万次/s,机器种类标准化、模块化、系列化已成为计算机的指导思想。采用积木式结构及标准输入/输出接口,使用高级语言编程,用操作系统来管理硬件资源。这一时期的计算机,体积减小,功耗、价格等进一步降低,而速度及可靠性则有更大的提高。其主要应用领域为信息处理(如处理数据、文字、图形图像等)。

第四代(1971年至今)大规模和超大规模集成电路计算机,其主要特征是逻辑器件采用大规模和超大规模集成电路,从而实现了电路器件的高度集成化。内存为半导体集成电路,外存为磁盘、光盘,运算速度可达几亿次/s。第四代计算机的出现,使得计算机的应用进入一个全新的领域,也正是微型计算机诞生的时代。

第五代(今天至未来)智能化、智慧化计算机,其主要特征是不仅会学习,会思考,会推理,能听懂话,能认识字,甚至会自己编排新的工作程序的智能计算机。智能计算机模拟人的某些思维过程和智能行为,涉及计算机科学、心理学、哲学和语言学等自然学科,其范围已超出了计算机科学的范畴。

从20世纪80年代开始,各发达国家都先后开始研究新一代计算机,其采用一系列全新的高新技术,将计算机技术与生物工程技术等边缘学科结合起来,是一种非冯·诺依曼体系结构的、人工神经网络的智能化计算机系统,这就是人们常说的第五代计算机。

1.1.2　工业计算机的发展趋势及展望

1. 计算机的发展趋势

目前,以超大规模集成电路为基础,未来的计算机正朝着巨型化、微型化、网络化、智能化及多媒体化方向发展。

1) 巨型化

科学和技术不断发展,在一些科技尖端领域,要求计算机有更高的速度、更大的存储容量和更高的可靠性,从而促使计算机向巨型化方向发展。

2) 微型化

随着计算机应用领域的不断扩大,对计算机的要求也越来越高,人们要求计算机体积更小、重量更轻、价格更低,能够应用于各种领域、各种场合。为了迎合这种需求,出现了各种笔记本式计算机、膝上型和掌上电脑等,这些都是向微型化方向发展的结果。

3)网络化

网络化指将计算机组成更广泛的网络,以实现资源共享及信息通信。

4)智能化

智能化指使计算机可具有类似于人类的思维能力,如推理、判断、感知等。

5)多媒体化

数字化技术的发展能进一步改进计算机的表现能力,使人们拥有一个图文并茂、有声有色的信息环境,这就是多媒体计算机技术。多媒体技术是使现代计算机集图形、视频、声音、文字处理为一体,改变了传统的计算机处理信息的主要方式。传统的计算机是人们通过键盘、鼠标和显示器对文字和数字进行交互,而多媒体技术使信息处理的对象和内容发生了变化。

2. 对未来计算机的展望

按照摩尔定律,每过 18 个月,微处理器硅芯片上晶体管的数量就会翻一番。随着大规模集成电路工艺的发展,芯片的集成度越来越高,然而硅芯片技术的高速发展同时也意味着硅技术越来越接近其物理极限。为此,世界各国的科研人员正在加紧研究开发新型计算机,计算机从体系结构的变革到器件与技术的革新都要产生一次量的乃至质的飞跃。由此,新型的量子计算机、光子计算机、生物计算机、纳米计算机等将会在 21 世纪走进人们的生活,遍布各个领域。

1)量子计算机

量子计算机是指利用处于多现实态下的原子进行运算的计算机,这种多现实态是量子力学的标志。量子计算机以处于量子状态的原子作为中央处理器和内存,利用原子的量子特性进行信息处理。在某种条件下,原子在同一时间可以处于不同位置,可以同时表现出高速和低速,可以同时向上或向下运动。这样一来,无论从数据存储还是处理的角度,量子位的能力都是晶体管电子位的两倍。对此,有人曾经做过这样一个比喻:假设一只老鼠准备绕过一只猫,根据经典物理学理论,它可以从左边过,或是从右边过,而根据量子理论,它却可以同时从猫的左边和右边绕过。

由于量子计算机利用了量子力学违反直觉的法则,能够实行量子并行计算,它们的潜在运算速度将大大超过电子计算机。一台具有 5000 个左右量子位的量子计算机可以在大约 30s 内解决传统超级计算机需要 100 亿年才能解决的素数问题。事实上,它们速度的提高是没有止境的。

目前,正在开发中的量子计算机有三种类型:核磁共振(NMR)量子计算机、硅基半导体量子计算机、离子阱量子计算机。科学家们预测 2030 年将普及量子计算机。

2)光子计算机

光子计算机是利用光作为信息的传输媒体,是一种由光信号进行数字运算、逻辑操作、信息存储和处理的新型计算机。光子计算机的基本组成部件是集成光路,要有激光器、透镜和核镜。它以不同波长的光代表不同的数据,以大量的透镜、棱镜和反射镜将数据从一个芯片传送到另一个芯片。

光计算机的工作原理与电子计算机的工作原理基本相同,其本质区别在于光学器件替代了电子器件。电子计算机采用冯·诺依曼方式,用电流传送信息,电子计算机运转时的大部分时间并非花在计算机上,而是耗费在电子从一个器件到另一个器件的运动中,在运算高速并行化时,往往会使运算部分和存储部分之间的交换产生阻塞,从而造成"瓶颈"。光计算机采用非冯·诺依曼方式,它是以光作为信息载体来处理数据的,运算部分通过光内连技术直接对存储部分进行高速并行存取。由于光子的速度为 300 000km/s,光速开关的转换速度要比电子高数千倍,甚至几百万倍。另外,光信号之间可毫无干扰地沿着各自通道或并行的通道传递,因此,光计算机的各级都能并行处理大量数据,并且能用全息的或图形的方式存储信息,从而大大增加了容量,它的存储容量是现代计算机的几万倍。

1990 年初,美国贝尔实验室研制成世界上第一台光子计算机。目前,许多国家都投入巨资进行光子计算机的研究。随着现代光学与计算机技术、微电子技术的结合,在不久的将来,光子计算机将成为人类普遍的工具。

3) 生物计算机

生物计算机主要是以生物电子元件构成的计算机。生物计算机的主要原材料是生物工程技术产生的蛋白质分子,并以此作为生物芯片,利用有机化合物存储数据。在这种生物芯片中,信息以波的方式传播。当波沿着蛋白质分子链传播时,引起蛋白质分子链中单键、双键结构顺序的变化,它们就像半导体硅片中的载流子那样来传递信息。生物计算机的运算过程就是蛋白质分子与周围物理化学介质的相互作用过程。计算机的转换开关由酶来充当,而程序则在酶合成系统本身和蛋白质的结构中极其明显地表示出来。

用蛋白质制造的计算机芯片,它的一个存储点只有一个分子大小,所以存储容量大,可以达到普通计算机的 10 亿倍;它构成的集成电路小,其大小只相当于硅片集成电路的十万分之一;它的运转速度更快,比当今最新一代计算机快 10 万倍,它的能量消耗低,仅相当于普通计算机的十亿分之一;具有生物体的一些特点,具有自我组织、自我修复功能;还可以与人体及人脑结合起来,听从人脑指挥,从人体中吸收营养。

生物计算机将具有比电子计算机和光学计算机更优异的性能。现在世界上许多科学家正在研制,不少科学家认为,有朝一日生物计算机出现在科技舞台上,就有可能彻底实现现有计算机无法实现的人类右脑的模糊处理功能和整个大脑的神经网络处理功能。

4) 纳米计算机

"纳米"是一个计量单位,一纳米等于 10^{-9} m,大约是氢原子直径的 10 倍。应用纳米技术研制的计算机内存芯片,其体积不过数百个原子大小,相当于人的头发丝直径的千分之一,内存容量大大提升,性能大大增强,几乎不需要耗费任何能源。

目前,在以不同原理实现纳米计算机方面,科学家们提出四种工作机制:电子式纳米计算机技术、基于生物化学物质与 DNA 的纳米计算机、机械式纳米计算机、量子波相干计算机。它们有可能发展成为未来纳米计算机技术的基础。

展望未来,计算机的发展必然要经历很多新的突破。从目前的发展趋势来看,未来的计算机将是微电子技术、光学技术、超导技术和电子仿生技术相互结合的产物。第一台超高速全光数字计算机,已由英国、法国、德国、意大利和比利时等国的 70 多名科学家和工程师合作研制成功,光子计算机的运算速度比电子计算机快 1000 倍。在不久的将来,超导计算机、神经网络计算机等全新的计算机也会诞生。届时计算机将发展到一个更高、更先进的水平。

1.1.3　计算机的特点、分类与应用

1. 计算机的特点

计算机是一种可以进行自动控制、具有记忆功能的现代化计算工具和信息处理工具。计算机之所以具有很强的生命力,并得以飞速的发展,是因为计算机本身具有诸多特点。具体体现在以下几个方面:

1) 运算速度快

运算速度是标志计算机性能的重要指标之一。计算机的运算速度指的是单位时间内所能执行指令的条数,一般以每秒能执行多少条指令来描述。现代的计算机运算速度已达到每秒万亿次,使得许多过去无法处理的问题都能得以解决。例如,卫星轨道的计算、大型水坝的计算、24 小时天气预报的计算等。过去人工计算需要几年、十几年完成的工作,而现在用计算机只需要几小时或几分甚至几秒就可完成。

2) 计算精度高

计算机采用二进制数字运算,其计算精度随着表示数字的设备增加而提高,再加上先进的算法,一般可达十几位,甚至几十位、几百位有效数字的精度。

实际上,计算机的计算精度在理论上不受限制,通过一定技术手段可以实现任何精度要求。例如,有人用计算机把圆周率(π)算到小数点后 100 万位,这样的计算精度是任何其他计算工具所不可能达到的。

3) 存储容量大

计算机具有完善的存储系统,可以存储和"记忆"大量的信息。计算机不仅提供了大容量的主存储器,存储计算机工作时的大量信息;同时,还提供各种外存储器来保存信息,如移动硬盘、闪存(俗称闪存盘)和光盘等,实际上存储容量已达到海量。另外,计算机还具备了自动查询功能,只需几秒就能准确无误地找出用户想要的信息。

4) 具有逻辑判断能力

计算机不仅能进行算术运算和逻辑运算,而且还能对各种信息(如语言、文字、图形、图像、音乐等)通过编码技术进行判断或比较,进行逻辑推理和定理证明,并根据判断的结果自动地确定下一步该做什么,从而使计算机能解决各种不同的问题。

5) 自动化

计算机是由程序控制其操作过程的。在工作过程中不需人工干预,只要根据应用的需要,事先编制好程序并输入计算机,计算机就能根据不同信息的具体情况做出判断,能自动、连续地工作,完成预定的处理任务。利用计算机这个特点,人们可以让计算机去完成那些枯燥乏味、令人厌烦的重复性劳动,也可让计算机控制机器深入人类躯体难以胜任的、有毒有害的场所作业。

6) 具有通用性

计算机能够在各行各业得到广泛的应用,原因之一就是具有很强的通用性。它可以将任何复杂的信息处理任务分解成一系列的基本算术运算和逻辑运算,反映在计算机的指令操作中。按照各种规律要求的先后次序把它们组织成各种不同的程序,存入存储器中。在计算机的工作过程中,这种存储指挥和控制计算机进行自动、快速的信息处理,并且十分灵

活、方便、易于变更,这就使计算机具有极大的通用性。同一台计算机,只要安装不同的软件或连接到不同的设备上,就可以完成不同的任务。

2. 计算机的分类

计算机的分类方法有很多种,按计算机处理的信号特点可分为数字式计算机和模拟式计算机;按计算机的用途可分为通用计算机和专用计算机;按计算机的规模可分为巨型机、中型机、小型机和微型机。

随着计算机科学技术的发展,各种计算机的性能指标均会不断提高,因此对计算机分类方法也会有多种变化。本书将计算机分为以下 4 类:

1) 超级计算机

超级计算机(Supercomputer)通常是指由数百数千甚至更多的处理器(机)组成的、能计算普通 PC 和服务器不能完成的大型复杂课题的计算机。超级计算机是计算机中功能最强、运算速度最快、存储容量最大的一类计算机,是国家科技发展水平和综合国力的重要标志。超级计算机拥有最强的并行计算能力,主要用于科学计算。在气象、军事、能源、航天、探矿等领域承担大规模、高速度的计算任务。在结构上,虽然超级计算机和服务器都可能是多处理器系统,二者并无实质区别,但是现代超级计算机较多采用集群系统,更注重浮点运算的性能,可看作一种专注于科学计算的高性能服务器,而且价格非常昂贵,如图 1-1 所示。

2) 网络计算机

(1) 服务器。

服务器专指某些高性能计算机,能通过网络,对外提供服务。相对于普通计算机来说,稳定性、安全性、性能等方面都要求更高,因此在 CPU、芯片组、内存、磁盘系统、网络等硬件和普通计算机有所不同,如图 1-2 所示。服务器是网络的节点,存储、处理网络上 80% 的数据、信息,在网络中起到举足轻重的作用。它们是为客户端计算机提供各种服务的高性能计算机,其高性能主要表现在高速度的运算能力、长时间的可靠运行、强大的外部数据吞吐能力等方面。服务器的构成与普通计算机类似,也有处理器、硬盘、内存、系统总线等,但因为它是针对具体的网络应用特别制定的,因而服务器与微机在处理能力、稳定性、可靠性、安全性、可扩展性、可管理性等方面存在很大差异。服务器主要有网络服务器(DNS、DHCP)、打印服务器、终端服务器、磁盘服务器、邮件服务器、文件服务器等。

图 1-1　超级计算机

图 1-2　服务器

（2）工作站。

工作站是一种以个人计算机和分布式网络计算为基础，主要面向专业应用领域，具备强大的数据运算与图形、图像处理能力，为满足工程设计、动画制作、科学研究、软件开发、金融管理、信息服务、模拟仿真等专业领域而设计开发的高性能计算机，如图 1-3 所示。工作站最突出的特点是具有很强的图形交换能力，因此在图形图像领域特别是计算机辅助设计领域得到了迅速应用。典型产品有美国 Sun 公司的 Sun 系列工作站。

图 1-3　工作站

无盘工作站是指无软盘、无硬盘、无光驱连入局域网的计算机。在网络系统中，把工作站端使用的操作系统和应用软件全部放在服务器上，系统管理员只要完成服务器上的管理和维护，软件的升级和安装也只需要配置一次后，则整个网络中的所有计算机就都可以使用新软件。所以无盘工作站具有节省费用、系统安全性高、易管理性和易维护性等优点，这对网络管理员来说具有很大的吸引力。

无盘工作站的工作原理是由网卡的启动芯片（Boot ROM）以不同的形式向服务器发出启动请求号，服务器收到后，根据不同的机制，向工作站发送启动数据，工作站下载完启动数据后，系统控制权由 Boot ROM 转到内存中的某些特定区域，并引导操作系统。

（3）集线器。

集线器（Hub）是一种共享介质的网络设备，它的作用可以简单地理解为将一些机器连接起来组成一个局域网，Hub 本身不能识别目的地址。集线器上的所有端口争用一个共享信道的带宽，因此随着网络节点数量的增加，数据传输量的增大，每个节点的可用带宽将随之减少。另外，集线器采用广播的形式传输数据，即向所有端口传送数据。如当同一局域网内的 A 主机给 B 主机传输数据时，数据包在以 Hub 为架构的网络上是以广播方式传输的，对网络上所有节点同时发送同一信息，然后再由每一台终端通过验证数据包头的地址信息来确定是否接收。其实接收数据的终端节点一般来说只有一个，而对所有节点都发送，在这种方式下，很容易造成网络堵塞，而且绝大部分数据流量是无效的，这样就造成整个网络数据传输效率相当低。另一方面由于所发送的数据包每个节点都能侦听到，容易给网络带来一些安全隐患。

（4）交换机。

交换机（Switch）是按照通信两端传输信息的需要，用人工或设备自动完成的方法把要传输的信息送到符合要求的相应路由上的技术统称，如图 1-4 所示。广义的交换机就是一种在通信系统中完成信息交换功能的设备，它是集线器的升级换代产品，外观上与集线器非常相似，其作用与集线器大体相同。但是两者在性能上有区别：集线器采用的是共享带宽的工作方式，而交换机采用的是独享带宽方式。即交换机上的所有端口均有独享的信道带宽，以保证每个端口上数据的快速有效传输，交换机为用户提供的是独占的、点对点的连接，数据包只被发送到目的端口，而不会向所有端口发送，其他节点很难侦听到所发送的信息，这样在机器很多或数据量很大时，不容易造成网络堵塞，也确保了数据传输安全，同时大

图 1-4　交换机

大地提高了传输效率,两者的差别就比较明显了。

(5) 路由器。

路由器(Router)是一种负责寻径的网络设备,如图 1-5 所示,它在互联网络中从多条路径中寻找通信量最少的一条网络路径提供给用户通信。路由器用于连接多个逻辑上分开的网络,为用户提供最佳的通信路径,路由器利用路由表为数据传输选择路径,路由表包含网络地址以及各地址之间距离的清单,路由器利用路由表查找数据包从当前位置到目的地址的正确路径,路由器使用最少时间算法或最优路径算法来调整信息传递的路径。路由器是产生于交换机之后,就像交换机产生于集线器之后,所以路由器与交换机也有一定联系,并不是完全独立的两种设备。路由器主要克服了交换机不能向路由转发数据包的不足。

3) 工业控制计算机

工业控制计算机是指采用总线结构,对生产过程及其机电设备、工艺装备进行检测与控制的计算机系统总称,简称工控机,如图 1-6 所示。它由计算机和过程输入输出(I/O)两大部分组成。计算机是由主机、输入输出设备和外部磁盘机、磁带机等组成的。在计算机外部又增加一部分过程输入/输出通道,用来完成工业生产过程的检测数据送入计算机进行处理;另一方面将计算机要行使对生产过程控制的命令、信息转换成工业控制对象的控制变量的信号,再送往工业控制对象的控制器中,由控制器行使对生产设备运行控制。工控机的主要类别有 IPC(PC 总线工业计算机)、PLC(可编程控制系统)、DCS(分散型控制系统)、FCS(现场总线系统)及 CNC(数控系统)五种。

图 1-5　路由器

图 1-6　工业控制计算机

4) 个人计算机

(1) 台式机。

台式主机(Desktop)也叫桌面机,是一种独立相分离的计算机,完完全全跟其他部件无联系,相对于笔记本电脑和上网本来说,其体积较大,主机、显示器等设备一般都是相对独立的,一般需要放置在计算机桌或者专门的工作台上。因此命名为台式机。台式机是非常流行的微型计算机,多数人家里和公司用的机器都是台式机。台式机的性能相对较笔记本电脑要强。台式机具有如下特点:

散热性。台式机具有笔记本电脑所无法比拟的优点。台式机的机箱具有空间大、通风条件好的优势而一直被人们广泛使用。

扩展性。台式机的机箱方便用户硬件升级,如光驱、硬盘。如台式机箱的光驱插槽是4~5 个,硬盘驱动器插槽是 4~5 个。非常方便用户日后的硬件升级。

保护性。台式机全方面保护硬件不受灰尘的侵害。而且防水性能不错;在笔记本电脑中这项发展不是很好。

明确性。台式机机箱的开关键、重启键、USB、音频接口都在机箱前置面板中,方便用户的使用。

但台式机的便携性差,而笔记本电脑是非常方便携带的。

(2) 计算机一体机。

计算机一体机,是由一台显示器、一个计算机键盘和一个鼠标组成的计算机,如图 1-7 所示。它的芯片、主板与显示器集成在一起,显示器就是一台计算机,因此只要将键盘和鼠标连接到显示器上,机器就能使用。随着无线技术的发展,计算机一体机的键盘、鼠标与显示器可实现无线链接,机器只有一根电源线。

这就解决了一直为人诟病的台式机线缆多而杂的问题。有的计算机一体机还具有电视接收、AV 功能,也可以整合专用软件,可用于特定行业专用机。

(3) 笔记本电脑。

笔记本电脑(Notebook 或 Laptop)也称手提电脑或膝上型电脑,是一种小型、可携带的个人计算机,如图 1-8 所示,质量通常为 1~3kg。笔记本电脑除了键盘外,还提供了触控板(TouchPad)或触控点(Pointing Stick),提供了更好的定位和输入功能。

图 1-7　计算机一体机

图 1-8　笔记本电脑

笔记本电脑可以大体上分为 6 类:商务型、时尚型、多媒体应用型、上网型、学习型、特殊用途型。商务型笔记本电脑一般可以概括为移动性强、电池续航时间长、商务软件多;时尚型笔记本电脑外观主要针对时尚女性;多媒体应用型笔记本电脑则有较强的图形、图像处理能力和多媒体的能力,尤其是播放能力,为享受型产品。而且,多媒体应用型笔记本电脑多拥有较为强劲的独立显卡和声卡(均支持高清),并有较大的屏幕。上网型笔记本电脑(Netbook)就是轻便和低配置的笔记本电脑,具备上网、收发邮件以及即时信息等功能,并可以实现流畅播放流媒体和音乐。上网型笔记本电脑比较强调便携性,多用于出差、旅游甚至公共交通上的移动上网。学习型笔记本电脑机身设计为笔记本外形,采用标准计算机操作,全面整合学习机、电子辞典、复读机、点读机、学生计算机等多种机器功能。特殊用途型笔记本电脑是服务于专业人士,可以在酷暑、严寒、低气压、高海拔、强辐射、战争等恶劣环境下使用的机型,有的较笨重,比如奥运会前期在“华硕珠峰大本营 IT 服务区”使用的华硕笔记本电脑。

(4) 掌上电脑。

掌上电脑(PDA)是一种运行在嵌入式操作系统和内嵌式应用软件之上的、小巧、轻便、易带、实用、价廉的手持式计算设备。它无论在体积、功能和硬件配备方面都比笔记本电脑简单轻便。掌上电脑除了用来管理个人信息(如通讯录、计划等),还可以上网浏览页面,收发 Email,甚至还可以当作手机使用外,而且还具有:录音机功能、英汉汉英词典功能、全球时钟对照功能、提醒功能、休闲娱乐功能、传真管理功能等。掌上电脑的电源通常采用普通的碱性电池或可充电锂电池。掌上电脑的核心技术是嵌入式操作系统,各种产品之间的竞争也主要在此。

在掌上电脑基础上加上手机功能,就成了智能手机(Smartphone)。智能手机除了具备手机的通话功能外,还具备了 PDA 部分功能,特别是个人信息管理以及基于无线数据通信的浏览器和电子邮件功能。智能手机为用户提供了足够的屏幕尺寸和带宽,既方便随身携带,又为软件运行和内容服务提供了广阔的舞台,很多增值业务可以就此展开,如股票、新闻、天气、交通、商品、应用程序下载、音乐图片下载等。

(5) 平板电脑。

平板电脑是一款无须翻盖、没有键盘、大小不等、形状各异,却功能完整的电脑。其构成组件与笔记本电脑基本相同,但它是利用触笔在屏幕上书写,而不是使用键盘和鼠标输入,并且打破了笔记本电脑键盘与屏幕垂直的 J 型设计模式。它除了拥有笔记本电脑的所有功能外,还支持手写输入或语音输入,移动性和便携性更胜一筹。平板电脑由比尔·盖茨提出,至少应该是 X86 架构,从微软提出的平板电脑概念产品上看,平板电脑就是一款无须翻盖、没有键盘、小到足以放入坤包,但却功能完整的 PC。

3. 计算机的应用

目前,计算机的应用非常广泛,遍及社会生活的各个领域,产生了巨大的经济效益和社会影响。概括起来可以归纳为以下几个方面:

1) 科学和工程计算

在科学实验或者工程设计中,利用计算机进行数值算法求解或者进行工程制图,我们称之为科学和工程计算。它的特点是计算量比较大,逻辑关系相对简单。科学和工程计算是计算机的一个重要应用领域。

2) 自动控制

根据冯·诺依曼原理,利用程序存储方法,将机械、电器等设备的工作或动作程序设计成计算机程序,让计算机进行逻辑判断,按照设计好的程序执行。这一过程一般会对计算机的可靠性、封闭性、抗干扰性等指标提出要求,这样计算机就可以应用于工业生产的过程控制,如炼钢炉控制、电力调度等。

3) 数据处理与信息加工

数据和信息处理是计算机的重要应用领域,数据是指能转化为计算机存储信号的信息集合,具体指数字、声音、文字、图形、图像等。利用计算机可对大量的数据进行加工、分析和处理,从而实现办公自动化。例如,财政、金融系统数据的统计和核算,银行储蓄系统的存款、取款和计息,企业的进货、销售、库存系统,学生管理系统等。

4) 计算机辅助系统

计算机辅助系统是计算机的另一个重要应用领域。主要包括计算机辅助设计(CAD),如服装设计 CAD 系统;计算机辅助制造(CAM),如电视机的辅助制造系统;计算机辅助教学(CAI);计算机辅助测试(CAT);计算机辅助工程(CAE)等。这些统称为计算机辅助系统。

5）人工智能

计算机具有像人一样的推理和学习功能,能够积累工作经验,具有较强的分析问题和解决问题的能力,所以计算机具有人工智能。人工智能的表现形式多种多样,如利用计算机进行数学定理的证明、进行逻辑推理、理解自然语言、辅助疾病诊断、实现人机对话、密码破译等。

6）网络应用

计算机网络是计算机技术和通信技术互相渗透、不断发展的产物,利用一定的通信线路,将若干台计算机相互连接起来,形成一个网络以达到资源共享和数据通信的目的,是计算机应用的另一个重要方面。各种计算机网络,包括局域网和广域网的形成,无疑将加速社会信息化的进程,目前应用最多的就是因特网(Internet)。例如,电子商务就是计算机网络的一个重要应用,它是指在计算机网络上进行的商务活动。它是涉及企业和个人各种形式的、基于数字化信息处理和传输的商业交易。它包括电子邮件、电子数据交换、电子转账、快速响应系统、电子表单和信用卡交易等电子商务的一系列应用。

1.2 计算机系统组成及工作原理

在了解了计算机的产生、发展、分类及应用的基础上,先讨论计算机系统的基本组成,然后介绍微型计算机的硬件系统、软件系统及系统的性能指标。

1.2.1 计算机系统的基本组成

一个完整的计算机系统通常由硬件系统和软件系统两大部分组成。其中,硬件系统是指实际的物理设备,主要包括控制器、运算器、存储器、输入设备和输出设备五大部分,如图 1-9 所示;软件系统是指计算机中各种程序和数据,包括计算机本身运行时所需要的系统软件和用户设计的、完成各种具体任务的应用软件。

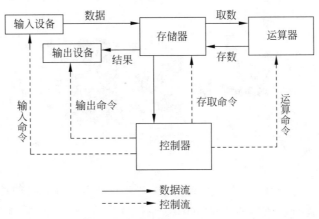

图 1-9　计算机硬件系统示意图

计算机的硬件和软件是相辅相成的,二者缺一不可。只有硬件和软件齐备并协调配合,才能发挥出计算机的强大功能,为人类服务。

1.2.2　计算机硬件系统

计算机硬件系统是由控制器、运算器、存储器、输入设备和输出设备等5部分组成的。其中,控制器和运算器又合称中央处理器(CPU),在微型计算机中又称微处理器(MPU)。CPU和存储器又统称为主机,输入设备和输出设备又统称为外部设备。随着大规模、超大规模集成电路技术的发展,计算机硬件系统中将控制器和运算器集成在一块微处理器芯片上,通常称为CPU芯片,随着芯片的发展,在其内部又增添了高速缓冲寄存器,以更好发挥CPU芯片的高速度和提高对多媒体的处理能力。

因此,计算机硬件系统主要由CPU、存储器、输入设备、输出设备和连接各个部件以实现数据传送的总线组成。这样构成的计算机硬件系统又称微型计算机硬件系统,简称微型计算机硬件系统,如图1-10所示。

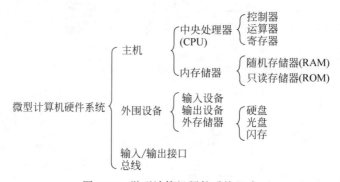

图1-10　微型计算机硬件系统组成

1. 微处理器

微处理器是计算机硬件系统的核心,它主要包括控制器、运算器和寄存器等部件。一台计算机速度的快慢,CPU的配置起着决定的作用。微型计算机的CPU安置在大拇指大小甚至更小的芯片上,如图1-11所示。

图1-11　微处理器芯片

1) 控制器

控制器是计算机的指挥中心,它根据用户程序中的指令控制机器的各部分,使其协调一致地工作。其主要任务是从存储器中取出指令,分析指令,并对指令译码,按时间顺序和节拍,向其他部件发出控制信号,从而指挥计算机有条不紊地协调工作。

2) 运算器

运算器是专门负责处理数据的部件,即对各种信息进行加工处理,它既能进行加、减、乘、除等算术运算,又能进行与、或、非、比较等逻辑运算。

3）寄存器

寄存器是处理器内部的暂时存储单元，用来暂时存放指令、即将被处理的数据、下一条指令地址及处理的结果等。它的位数可以代表计算机的字长。

2. 存储器

存储器是专门用来存放程序和数据的部件。按其功能和所处位置的不同，存储器又分为内存储器和外存储器两大类。随着计算机技术的快速发展，在 CPU 和内存储器（主存）之间又设置了高速缓冲存储器。

1）内存储器

内存储器简称内存，又称主存，主要用来存放 CPU 工作时用到的程序和数据以及计算后得到的结果。内存储器芯片又称内存条，如图 1-12 所示。

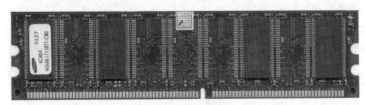

图 1-12　内存储器芯片

计算机中的信息用二进制表示，常用的单位有位、字节和字。

- 位（bit）：计算机中表示信息的最小的数据单位，是二进制的一个数位，每个 0 或 1 就是一位。它也是存储器存储信息的最小单位，通常用"b"表示。
- 字节（byte）：计算机中表示信息的基本数据单位。1 字节由 8 二进制位组成，通常用"B"表示。1 个字符的信息占 1 字节，1 个汉字的信息占 2 字节。

在计算机中，存储容量的计量单位有字节（B）、千字节（KB）、兆字节（MB）以及十亿字节（GB）等。它们之间的换算关系如下：

$1B=8bit$

$1KB=2^{10}B=1024B$

$1MB=2^{10}KB=1024KB=1024×1024B$

$1GB=2^{10}MB=1024MB=1024×1024×1024B$

$1TB=2^{10}GB=1024GB=1024×1024×1024×1024B$

因为计算机用的是二进制，所以转换单位是 2 的 10 次幂。

- 字（word）：指在计算机中作为一个整体被存取、传送、处理的一组二进制信息。一字由若干字节组成，每字中所含的位数，是由 CPU 的类型所决定的，它总是字节的整数倍。例如，64 位微型计算机，指的是该微型计算机的一个字等于 64 位二进制信息。通常，运算器以字为单位进行运算，一般寄存器以字为单位进行存储，控制器以字为单位进行接收和传递。

内存容量是计算机的一个重要技术指标。目前，计算机常见的内存容量配置为512MB、1GB、2GB、4GB、8GB 等。内存通过总线直接相连，存取数据速度快。

内存储器按读/写方式又可分为两类：

- 随机存储器(RAM)：允许用户可以随时进行读/写数据的存储器，称为随机存储器，简称 RAM。开机后，计算机系统把需要的程序和数据调入 RAM 中，再由 CPU 取出执行，用户输入的数据和计算的结果也存储在 RAM 中。只要关机或断电后，RAM 中的程序和数据就立即全部丢失。因此，为了妥善保存计算机处理后的数据和结果，必须及时将其转存到外存储器中。根据工作原理不同，RAM 又可分为静态 RAM(SRAM)和动态 RAM(DRAM)。
- 只读存储器(ROM)：指只允许用户读取数据，不能写入数据的存储器，称为只读存储器，简称 ROM。ROM 常用于存放系统核心程序和服务程序。开机后，ROM 中就有程序和数据；断电后，ROM 中的程序和数据也不丢失。根据工作原理的不同，ROM 又可分为掩模 ROM(MROM)、可编程 ROM(PROM)、可擦除可编程 ROM(EPROM)。

2) 高速缓冲存储器

随着计算机技术的高速发展、CPU 主频的不断提高，对内存的存取速度要求越来越高；然而，内存的速度总是达不到 CPU 的速度，它们之间存在着速度上的严重不匹配。为了协调二者之间的速度差异，在这二者之间采用了高速缓冲存储器技术。高速缓冲存储器又称 Cache。

Cache 采用双极型静态 RAM，即 SRAM，它的访问速度是 DRAM 的 10 倍左右，但容量比内存相对要小，一般为 128KB、256KB 或 512KB 等。Cache 位于 CPU 和内存之间，通常将 CPU 要经常访问的内存内容先调入到 Cache 中，以后 CPU 要使用这部分内容时可以快速地从 Cache 中取出。

Cache 一般分为两种：L1 Cache(一级缓存)和 L2 Cache(二级缓存)。L1 Cache 和 L2 Cache 集成在 CPU 芯片内部，目前主流 CPU 的 L2 Cache，其存储容量一般为 1~12MB。新式 CPU 还具有 L3 Cache(三级缓存)。

3) 外存储器

外存储器简称外存，也称辅存，主要用来存放需长期保存的程序和数据。开机后用户根据需要将所需的程序或数据从外存调入内存，再由 CPU 执行或处理。外存储器是通过适配器或多功能卡与 CPU 相连的，存取数据速度比内存储器慢，但存储容量一般都比内存储器大得多。目前，微型计算机系统常用的外存储器有硬磁盘(简称硬盘)、光盘和闪存盘。光盘又可分为只读光盘和读/写光盘等。

(1) 硬盘：硬盘是微型计算机系统中广泛使用的外部存储器设备。硬盘基本可分为机械硬盘(HDD)、固态硬盘(SSD)、混合硬盘(SSHD)。机械硬盘是传统硬盘。主要由盘片、磁头、盘片转轴及控制电机、磁头控制器、数据转换器、接口、缓存等几个部分组成。磁头可沿盘片的半径方向运动，加上盘片每分钟数千转的高速旋转，磁头就可以定位在盘片的指定位置上进行数据的读写操作。而固态硬盘是用固态电子存储芯片阵列而制成的硬盘，在接口的规范和定义、功能及使用方法上与普通硬盘的完全相同，在产品外形和尺寸上也完全与普通硬盘一致。固态硬盘由控制单元和固态存储单元组成。其介质分为两种，一种采用闪存作为介质，另外一种采用 DRAM 作为存储介质，目前绝大多数固态硬盘采用的是闪存介质。固态存储单元负责存储数据，控制单元负责读取、写入数据。由于固态硬盘没有普通硬盘的机械结构，也不存在机械硬盘的寻道问题，因此系统能够在低于 1ms 的时间内对任意位置单元完成输入、输出操作。固态硬盘运行速度要远远超过机械硬盘,如图 1-13 所示。

(a) 机械硬盘   (b) 固态硬盘

图 1-13   硬盘

(2) 光盘:光盘是利用光学方式读/写信息的外部存储设备,利用激光将硬塑料片上烧出凹痕来记录数据。目前,计算机上使用的光盘大体可分三类:只读光盘(CD-ROM)、一次性写入光盘(WO)和可擦写型光盘(MO)。常用的 CD-ROM 光盘上的数据,是在光盘出厂时就记录存储在上面,用户只能读取,不能修改;WO 型光盘允许用户写入一次,可多次读取;MO 型光盘允许用户反复多次读/写,就像对硬盘操作一样,故也称为磁光盘。

(3) 闪存:内存是一种近些年才发展起来的新型移动存储设备,也称"U 盘",小巧玲珑,可用于存储任何数据,并与计算机方便地交换文件。闪存结构采用闪存存储介质和通用串行总线接口,具有轻巧精致、使用方便、便于携带、容量较大、安全可靠等特征。从容量上讲,闪存的容量从 512MB 到 4GB、16GB、64GB、128G,甚至更大。从读/写速度上讲,闪存采用 USB 接口标准,读/写速度大大提高。从稳定性上讲,闪存没有机械读/写装置,避免了移动硬盘容易碰伤等原因造成的损坏。闪存外形小巧,更容易携带。闪存使用寿命主要取决于存储芯片寿命,存储芯片至少可擦写 10 万次以上。

闪存由硬件部分和软件部分组成。其中,硬件部分包括 Flash 存储芯片、控制芯片、USB 端口、PCB 电路板、外壳和 LED 指示灯等。闪存实物图如图 1-14 所示。

图 1-14   闪存

3. 输入设备

输入设备是人们向计算机输入程序和数据的一类设备。目前,常见的微型计算机输入设备有键盘、鼠标、光笔、扫描仪、数码照相机、语音输入装置等。其中,键盘和鼠标是两种最基本的、使用最广泛的输入设备。为避免重复,关于键盘和鼠标的详细内容在第 1.3 节"基础操作与汉字录入"中讲述。

4. 输出设备

输出设备是计算机向人们输出结果的一类设备。目前,常见的微型计算机输出设备有显示器、打印机、绘图仪等。其中,显示器和打印机是最基本的、使用最广泛的输出设备。

1) 显示器

显示器是微型计算机必备的输出设备,它即可显示人们向计算机输入的程序和数据等可视信息,又可显示经计算机处理后的结果和图像。显示器通常可分为单色显示器、彩色显示器和液晶显示器,按显示器大小又可分为 14in、15in、17in、21in 等规格。显示器显示图像的细腻程度与显示器分辨率有关,分辨率愈高,显示图像愈清晰。所谓分辨率是指屏幕上横向、纵向发光点的点数。一个发光点称为一个像素。目前,常见显示器的分辨率有 800×600 像素、1024×768 像素、1920×1080 像素、2048×1024 像素等。彩色显示器的像素由红、绿、蓝三种颜色组成,发光像素的不同组合可产生各种不同的图形,液晶显示器如图 1-15 所示。

2)打印机

打印机是微型计算机打印输出信息的重要设备,它可将信息打印在纸上,供人们阅读和长期保存。目前,常用的打印机有针式、喷墨式和激光式三类。针式打印机是通过一排排打印针(常有 24 根针)冲击色带而形成墨点,组成文字或图像,它既可在普通纸上打印,又可打印蜡纸,但打印字迹比较粗糙;喷墨式打印机是通过向纸上喷射出微小的墨点来形成文字或图像,打印字迹细腻,但纸和墨水耗材比较贵;激光式打印机的工作原理类似于静电复印机,打印速度快,且字迹精细,但价格高,打印机如图 1-16 所示。

图 1-15 液晶显示器

图 1-16 打印机

5. 主板和总线

每台微型计算机的主机箱内部都有一块较大的电路板,称为主板。微型计算机的处理器芯片、内存储器芯片(又称内存)、硬盘、输入/输出接口以及其他各种电子元器件都是安装在这个主板上的。主板实物和主板分区如图 1-17 所示。

(a) 主板实物

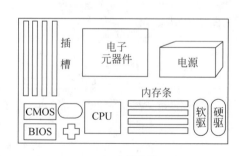

(b) 主板分区

图 1-17 主板

为了实现微处理器、存储器和外部输入/输出设备之间信息连接,微型计算机系统采用了总线结构。所谓总线,又称 Bus,是指能为多个功能部件服务的一组信息传送线。是实现微处理器、存储器和外部输入/输出接口之间相互传送信息的公共通路。按功能不同,微型计算机的总线又可分为地址总线、数据总线和控制总线三类。

(1) 地址总线是微处理器向内存、输入/输出接口传送地址的通路,地址总线的根数反映了微型计算机的直接寻址能力,即一个计算机系统的最大内存容量。例如,早期的 Intel 8088 型计算机系统有 20 根地址线,直接寻址范围为 220B～1MB,后来的 Intel 80286 型计算机系统,地址线增加到了 24 根,直接寻址范围为 224B～16MB;再后来使用的 Intel 80486、Pentium(奔腾)计算机系统有 32 根地址线,直接寻址范围可达 232B～4GB,现在更多更大。

(2) 数据总线数用于微处理器与内存、输入/输出接口之间传送数据。16 位的计算机,一次可传送 16 位数据;32 位的计算机,一次便可传送 32 位的数据。

(3) 控制总线是微处理器向内存及输入/输出接口发送命令信号的通路,同时也是内存或输入/输出接口向微处理器回送状态信息的通路。

通过总线,把微型计算机中的处理器、存储器、输入设备、输出设备等各功能部件连接起来,组成了一个整体的计算机系统。需要说明的是,上面介绍的功能部件仅仅是计算机硬件系统的基本配置。随着科学技术的发展,计算机已从单机应用向多媒体、网络应用发展,相应的声卡、调制解调器、网络适配器等功能部件也是计算机系统中不可缺少的硬件配置,总线结构如图 1-18 所示。

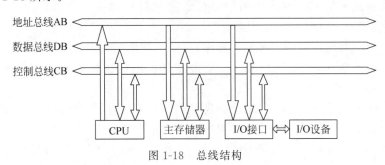

图 1-18　总线结构

1.2.3　计算机软件系统

只有硬件而没有软件的计算机称为“裸机”,它是无法进行工作的。只有配备一定的软件,才能发挥其功能。计算机软件按用途分为系统软件和应用软件两大类。

1. 系统软件

系统软件是用户操作、管理、监控和维护计算机资源(包括硬件和软件)所必需的软件,一般由计算机厂家或软件公司研制。系统软件分为操作系统、支撑软件、语言处理程序、数据库管理程序等。

1) 操作系统

操作系统(Operating System,OS)是直接运行在计算机硬件上的最基本的系统软件,是系统软件的核心。它负责管理和控制计算机的软件、硬件资源,它是用户与计算机之间的一个操作平台,用户通过它来使用计算机。常用的操作系统有 DOS、Windows、UNIX、

Linux 和 Mac 等。

操作系统的功能十分丰富,从资源管理角度看,操作系统具有处理器管理、作业管理、存储器管理、设备管理、文件管理五大功能。

操作系统的种类繁多,根据用户使用的操作环境和功能特征,可分为批处理操作系统、分时操作系统和实时操作系统等;根据所支持的用户数目,可分为单用户操作系统和多用户操作系统;根据硬件结构,可分为分布式操作系统、网络操作系统和多媒体操作系统等。

2) 支撑软件

支撑软件是支持其他软件的编制、维护的软件,是对计算机系统进行测试、诊断和排除故障,对文件夹编辑、传送、显示、调试以及进行计算机病毒检测、防治等的程序集合。常见的有 Edit、Debug、杀毒软件等。

3) 语言处理程序

人与计算机交流时需要使用相互理解的语言,以便将人的意图转达给计算机。人们把同计算机交流的语言称为程序设计语言。程序设计语言分为机器语言、汇编语言和高级语言三类。

(1) 机器语言(machine language)。机器语言是最低层的计算机语言,是直接用二进制代码表示指令的语言,是计算机硬件唯一可以直接识别和执行的语言。与其他程序设计语言相比,机器语言执行速度最快、执行效率最高。

(2) 汇编语言(assemble language)。为了克服机器语言编程的缺点,人们发明了汇编语言。汇编语言是采用人们容易识别和记忆的助记符号代替机器语言的二进制代码,如 MOV 表示传送指令,ADD 表示加法指令等。因此,汇编语言又称为符号语言,汇编语言指令与机器指令一一对应。对应一种基本操作,对同一问题编写的汇编语言程序在不同类型的机器上仍然互不通用,移植性较差。机器语言和汇编语言都是直接面向计算机的低级语言。

(3) 高级语言(high level language)。高级语言是人们为了克服低级语言的不足而设计的程序设计语言。这种语言与自然语言和数学公式相当接近,而且不依赖于计算机的型号。高级语言的使用大大提高了编写程序的效率,改善了程序的可读性、可维护性、可移植性。目前,常用的高级语言有 C、C++、FORTRAN、Visual Basic、Visual C++、Java 等。

语言处理程序是用来将利用各种程序设计语言编写的程序"翻译"成机器语言程序(称为目标程序)的翻译程序。常用的有两种翻译程序:"编译程序"和"解释程序"。编译程序是将利用高级语言编写的程序作为一个整体进行处理,编译后与子程序库连接,形成一个完整的可执行程序。VB、Fortran、C 语言等都采用这种编译方法。解释程序是对高级语言程序逐句解释执行,执行效率较低。BASIC 语言属于解释型。所以,高级语言程序有两种执行方式,即编译执行方式和解释执行方式。

4) 数据库管理系统

数据库管理系统是一种操纵和管理数据库的大型软件,用于建立、使用和维护数据库,对数据库进行统一的管理和控制,以保证数据库的安全性和完整性。常见的数据库管理系统有 Access、SQL Server、MySQL、Oracle 等。

2. 应用软件

应用软件是用户为了解决实际应用问题而编制开发的专用软件。应用软件必须有操作系统的支持,才能正常运行。应用软件的种类繁多,例如,财务管理软件、办公自动化软件、图像处理软件、计算机辅助设计软件、科学计算软件包等。

1.2.4　计算机的工作原理

1946 年,美籍匈牙利数学家冯·诺依曼教授提出了以"存储程序"和"程序控制"为基础的设计思想,即"存储程序"的基本原理。迄今为止,计算机基本工作原理仍然采用冯·诺依曼的这种设计思想。

1.冯·诺依曼设计思想

冯·诺依曼设计思想如下:
- 计算机应包括运算器、存储器、控制器、输入设备和输出设备五大基本部件。
- 计算机内部采用二进制表示指令和数据。
- 将编好的程序(即数据和指令序列)存放在内存储器中,使计算机在工作时能够自动高速地从存储器中取出指令并执行指令。

1949 年,EDVAC 是冯·诺依曼与莫尔小组合作研制的离散变量自动电子计算机,它是第一台现代意义的通用计算机,遵循了冯·诺依曼设计思想,在程序的控制下自动完成操作。这种结构一直延续至今,所以现在一般计算机都被称为冯·诺依曼结构计算机。

2.指令与程序

1) 指令

指令是控制计算机完成某种特定操作的命令,是能被计算机识别并执行的二进制代码。一条指令包括两部分:操作码和操作数。操作码指明该指令要完成的操作,如取数、做加法或输出数据等。操作数指明操作对象的内容或所在的存储单元地址(地址码),操作数在大多数情况下是地址码,地址码可以有 0~3 个。

2) 程序

程序是指一组指示计算机每一步动作的指令,就是按一定顺序排列的计算机可以执行的指令序列。程序通常用某种程序设计语言编写,运行于某种目标体系结构上,要经过编译和连接而成为一种人们不易理解而计算机理解的格式,然后运行。

3.计算机的工作过程

计算机的工作过程就是执行程序的过程。根据冯·诺依曼的设计,计算机能自动执行程序,而执行程序又归结为逐条执行指令。执行一条指令的过程如下:

(1) 取出指令:从存储器某个地址中取出要执行的指令送到 CPU 内部指令寄存器暂存。

(2) 分析指令:将保存在指令寄存器中的指令送到指令译码器,译出该指令对应的操作。

(3) 执行指令:根据指令译码器向各个部件发出控制信号,完成指令规定的各种操作。

(4) 为执行下一条指令做好准备,即形成下一条指令地址。

所以,计算机的工作过程就是执行指令序列的过程,也就是反复地取指令、分析指令和执行指令的过程。

1.2.5 计算机系统的配置与性能指标

计算机系统的性能评价是一个很复杂的问题。下面着重介绍一个微型计算机系统的基本配置与性能指标。

1. 微型计算机系统的基本配置

微型计算机系统可根据需要灵活配置,不同的配置有不同的性能和不同的用途。目前,微型计算机的配置已经相当高级。例如:

处理器:八核 5GHz;

内存储器:16GB;

硬盘:1TB SSD;

显示器:24 2K 显示器;

操作系统:Windows 10。

除了上述基本配置外,还有电源、主板,其他外部设备如打印机、音箱、调制解调器等,可以根据需要选择配置。

2. 微型计算机系统的性能指标

如何评价计算机系统的性能指标,是一个很繁杂的问题。在不同的场合依据不同的用途有不同的评价标准。但微型计算机系统有许多共同的性能指标,是我们必须要熟悉的。目前,微型计算机系统主要考虑的性能指标有如下几点:

1) 字长

字长指计算机处理指令或数据的二进制位数。字长愈长,表示计算机硬件处理数据的能力越强。通常,微型计算机的字长有 16 位、32 位以及 64 位等。目前流行的微型计算机字长是 64 位。

2) 速度

计算机的运算速度是人们最关心的一项性能指标。通常,微型计算机的运算速度以每秒执行的指令条数来表示,经常用每秒百万条指令数(MI/S)为计数单位。例如,Pentium 处理器的运算速度可达 300MI/S,甚至更高。

由于运算速度与处理器的时钟频率密切相关,所以人们也经常用处理器的主频来表示运算速度。主频用兆赫(MHz)为单位,主频愈高,计算机运算速度愈快。例如,Pentium Ⅱ 处理器的主频为 233～450MHz,Pentium Ⅲ 处理器为 450～1000MHz,Pentium Ⅳ 处理器的主频可达 3.4GHz,甚至更高。

3) 容量

容量是指内存的容量。内存储器容量的大小,不仅影响存储信息的多少,而且影响运算速度。内存容量常有 1GB、2GB、4GB、8GB 等。容量越大,所能运行软件的功能就越强。

4) 带宽

计算机的数据传输速率用带宽表示,数据传输速率的单位是每秒位数(bit/s),也常用 kbit/s、Mbit/s、Gbit/s 表示每秒传输的位数。带宽反映了计算机的通信能力。例如,调制解调器速率为 33.6kbit/s 或 56kbit/s。

5）版本

版本序号反映计算机硬件、软件产品的不同生产时期，通常序号越大，性能越好。例如，Windows XP 就比 Windows 98 好，而 Windows 10 又比 Windows 7 功能更强，性能更好。

6）可靠性

可靠性是指在给定的时间内，微型计算机系统能正常运行的概率。通常用平均无故障时间（MTBF）来表示。MTBF 的时间越长，表明系统的可靠性越好。

1.3 基础操作与汉字录入

本节从启动计算机开始，介绍打开与关闭计算机的正确方法，同时介绍键盘与鼠标的使用及汉字的录入方法。大家知道，熟练的键盘与鼠标操作技能是学习计算机的钥匙，是实现汉字快速录入的基础。认识键盘结构，掌握正确的键盘操作指法，是提高录入速度和录入质量的可靠保证。

1.3.1 计算机的启动与关闭

一个计算机用户在使用计算机时，必须掌握正确的计算机启动与关闭方法。例如，在 Windows 7 操作系统中，当需要关机时，为了防止数据丢失，系统会自动关闭所有应用程序进程。但为了加快关机速度，减少系统负荷，建议用户关机前先结束所有应用程序。

1. 启动计算机

对于笔记本电脑，开机时只需打开它，然后按下电源键即可。对于台式机，因它分主机和显示器两部分，所以在开机时应遵循一定的顺序。

在启动台式机之前，首先应确保主机和显示器与通电的电源插座接通，然后先按显示器电源开关，再按主机电源开关，从而启动计算机系统。下面以安装 Windows 7 操作系统的计算机系统为例来简单地介绍计算机的启动过程：

（1）按下显示器的电源开关，一般标有 Power 字样。当显示器的电源指示灯亮时，表示显示器已经开启。

（2）按下主机箱上的标有 Power 字样的电源按钮。当主机箱上的电源指示灯亮时，说明计算机主机已经开始启动。

（3）主机启动后，计算机开始自检并进入操作系统。

（4）如果系统设置有密码，将进入输入密码界面；如果没有设置密码，则会显示欢迎界面，然后直接进入 Windows 7 的桌面，如图 1-19 所示，或 Windows 10 系统桌面，如图 1-20 所示。

2. 关闭计算机

关闭计算机电源之前一定要先正确退出 Windows 7，否则系统就认为是非正常关机，等下次开机时系统将会自动执行磁盘扫描程序使系统稳定。但这样做有可能会破坏一些未保

图 1-19　进入 Windows 7 的桌面　　　　　图 1-20　进入 Windows 10 的桌面

存的文件和正在运行的程序,甚至可能会造成硬盘损坏或启动文件缺损等致命错误,导致系统无法再次启动。

在 Windows 7 中,关闭计算机的正确操作步骤如下:

(1) 关闭所有打开的应用程序和文档窗口。

(2) 单击"开始"按钮,在弹出的如图 1-21 所示的列表中,单击"关机"按钮,Windows 7 开始注销操作系统。

(3) 如果系统检测到了更新,则会自动安装更新文件。

(4) 安装完更新后将自动关闭操作系统,如图 1-22 所示为"正在关机"界面。

(5) 在主机电源被自动关闭之后,再关闭显示器和其他外部设备的电源。

【说明】　单击"关机"按钮右侧的 ▶ 按钮,会打开一个上拉列表,如图 1-23 所示。这个列表包含"切换用户""注销""锁定""重新启动""睡眠"和"休眠"6 个选项。单击"切换用户"选项,可切换用户;单击"注销"选项,可注销当前登录的用户;单击"锁定"选项,可将计算机锁定到当前状态,并切换至用户登录界面;单击"重新启动"选项,可重新启动操作系统;单击"睡眠"或"休眠"选项,可使计算机处于睡眠或休眠状态。

图 1-21　"开始"按钮的部分列表　　　图 1-22　"正在关机"界面　　　图 1-23　上拉列表

3. 计算机的重启

所谓计算机的重启,是指在计算机突然进入"死机"状态时,重新启动计算机的一种方法。"死机"是指对计算机进行操作时,计算机既没有任何反应,也不执行任何命令的一种状态,经常表现为鼠标无法移动、键盘失灵。

出现"死机"情况时,需按以下步骤操作:

（1）热启动：按 Ctrl＋Alt＋Delete 这三个按键构成的组合键，系统会自动转入一个包括"锁定该计算机""切换用户""注销""更改密码"和"启动任务管理器"等五个选项的新页面，单击"启动任务管理器"选项，则打开"Windows 任务管理器"窗口，如图 1-24 所示，选择"结束任务"或"结束进程"，即可关闭当前应用程序窗口，结束死机状态。

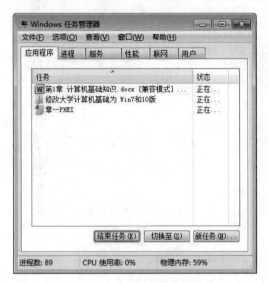

图 1-24 "Windows 任务管理器"窗口

（2）当采用热启动不起作用时，可使用复位按钮 RESET 进行启动。操作方法：按下此按钮后立即释放，就完成了复位启动。这种复位启动也被称作热启动。

（3）如果使用前两种方法都不行，就直接长按 POWER 电源按钮直到观察到显示器黑屏了就表示关机成功，即可松开电源按钮。再稍等片刻后，再次按下 POWER 按钮启动计算机。这种启动属于冷启动。

1.3.2 键盘与鼠标的操作

键盘与鼠标都是计算机中基本且重要的输入设备，它们是人和计算机之间沟通的桥梁，通过对它们的操作，使得用户很容易地控制计算机进行工作。在操作时，将键盘与鼠标结合起来使用，会大大提高工作效率。

1. 键盘的基本操作

键盘是人们用来向计算机输入信息的一种输入设备，其中数字、文字、符号及各种控制命令都是通过键盘输入计算机中的。

1）键盘分区

键盘的种类繁多，常用的有 101 键、104 键和 108 键键盘。104 键键盘比 101 键键盘多了 Windows 专用键，包含两个 Win 功能键和一个菜单键。菜单键就相当于右击。Win 功能键上面有 Windows 旗帜标志，按它可以打开"开始"菜单，与其他键组合也可完成相应的操作。

例如，Win＋E 组合键：打开资源管理器；Win＋D 组合键：显示桌面；Win＋U 组合键：辅助工具。108 键键盘比 104 键键盘又多了 4 个与电源管理有关的键,如开关机、休眠和唤醒等。在 Windows 的电源管理中可以设置它们。

　　按照键盘上各键所处位置的基本特征,键盘一般被划分为 4 个区,如图 1-25 所示。

图 1-25　键盘分区图

　　(1) 主键盘区:主键盘也称为标准打字键盘,与标准的英文打字机键盘的键位相同,包括 26 个英文字母、10 个数字、标点符号、数学符号、特殊符号和一些控制键。控制键及其功能如表 1-1 所示。

表 1-1　控制键及其功能

控　制　键	功　　　能
Enter	回车键。常用于表示确认,如输入一段文字已结束,或一项设置工作已完成
Space	空格键。键盘下方最长的一个键。按下此键光标右移一格,即输入一个空白字符
CapsLock	大写字母锁定键。控制字母的大小写输入。此键为开关型,按下此键,位于指示灯区域中的 CapsLock 指示灯亮,此时输入字母为大写;若再次按下此键,指示灯灭,输入字母为小写
BackSpace	或标记为"←",退格键。按下此键,删除光标左侧的字符,并使光标左移一格
Shift	上挡键。用于输入双字符键的上档字符,方法是按住此键的同时,再按下双字符键。若按住 Shift 键的同时,再按下字母键,则输入大写字母
Tab	跳格键。用于快速移动光标,使光标跳到下一个制表位
Ctrl	控制键。不能单独使用,必须与其他键配合构成组合键使用
Alt	转换键。与控制键一样,不能单独使用,必须与其他键配合构成组合键使用

　　(2) 数字小键盘区:也称为辅助键区,该区按键分布紧凑,适于单手操作,主要用于数字的快速输入。NumLock 数字锁定键用于控制数字键区的数字与光标控制键的状态,它是一个切换开关,按下该键,键盘上的"NumLock"指示灯亮,此时作为数字键使用;再按一次该键,指示灯灭,此时作为光标移动键使用。

　　(3) 功能键区:位于键盘最上端,包括 F1～F12 功能键和 Esc 键等,如表 1-2 所示。

表 1-2　功能键及其功能

功　能　键	功　　　能
Esc	释放键,也称强行退出键。用于退出运行中的系统或返回上一级菜单
F1～F12	功能键。不同的软件赋予它们不同的功能,用于快捷下达某项操作命令
PrintScreen	屏幕打印键。抓取整个屏幕图像到剪贴板,简写为 PrtScr
ScrollLock	滚动锁定键。功能是使屏幕滚动暂停(锁定)/继续显示信息。当锁定有效时,"ScrollLock"指示灯亮,否则,此指示灯灭
Pause/Break	暂停/中断键。按下此键可暂停系统正在运行的操作,再按下任意键可以继续

（4）编辑键区：又称光标控制键区，主要用于控制或移动光标，如表1-3所示。

表1-3 编辑键及其功能

编 辑 键	功 能
Insert	插入键。插入字符，编辑状态下用于插入/改写状态切换，简写为 Ins
Delete	删除键。删除光标右侧的字符，同时光标后续字符依次左移，简写为 Del
PageUp/PageDown	上/下翻页键。文字处理软件中用于上/下翻页
↑、↓、←、→	方向键或光标移动键。编辑状态下用于上、下、左、右移动光标

2）组合键

在 Windows 环境中，所有的操作都可以使用键盘来实现，除了上面介绍的各单键的功能外，还经常使用一些组合键来完成一定的操作。Windows 7 的常用组合键如表1-4所示。

表1-4 常用组合键及其功能

组 合 键	功 能	组 合 键	功 能
Ctrl＋Alt＋Delete	打开 Windows 任务管理器	Alt＋F4	关闭当前窗口
Ctrl＋Esc	打开开始菜单	Alt＋Tab	在打开的程序之间选择切换
Alt＋PrintScreen	抓取当前活动窗口或对话框图像到剪贴板	Alt＋Esc	以程序打开的顺序切换

【说明】 Ctrl、Alt、Shift 三个键与其他键组合使用时，应先按住该键后，再按其他键。比如，Ctrl＋Alt＋Delete 组合键，应先按住 Ctrl 和 Alt 键不放，然后再按 Delete 键。

3）键盘操作指法

（1）键盘基准键位与手指分工。键盘基准键位是指主键盘上的 A、S、D、F、J、K、L 和";"这八个键，用以确定两手在键盘上的位置和击键时相应手指的出发位置。各个手指的正确放置位置如图1-26所示。

图1-26 键盘基准键位和手指定位图

在键盘的基准键位中，其中的 F 键和 J 键表面下方分别有一个凸起的小横杠，它们是左右手指的两个定位键，用于使操作者在手指脱离键盘后，能够迅速找到该基准键位。为了实现"盲打"，提高录入速度，10 个手指的击键并不是随机的，而是有明确的分工，如图1-27所示。

其中，小指负责的键位比较多，常用的控制键分别由左右手的小指负责，这些键需要按住不放，同时另一只手再击其他键。两个拇指专门负责空格键。

（2）正确姿势与击键方法。键盘操作的正确姿势：

• 坐姿要端正，腰要挺直，肩部放松，两脚自然平放于地面。

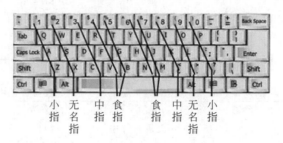

图 1-27　键盘上的手指分工图

- 手腕平直,手指弯曲自然适度,轻放在基准键上。
- 输入文稿前,先将键盘右移 5cm,文稿放在键盘左侧以便阅读。
- 座椅的高低应调至适应的位置,以便于手指击键;眼睛同显示器呈水平直线且目光微微向下,这样使得眼睛不容易疲劳。

键盘击键的正确方法:

- 击键前,两个拇指应放在空格键上,其余各手指轻松放于基准键位。
- 击键时,各手指各负其责,速度均匀,力度适中,不可用力过猛,不可按键或压键。
- 击键后,各手指应立刻回到基准键位,恢复击键前的手形。
- 初学者,首先要求击键准确,再求击键速度。

2. 鼠标的基本操作

在 Windows 环境中,用户的绝大部分操作都是通过鼠标完成的,它具有体积小、操作方便、控制灵活等诸多优点。常见的鼠标有两键式、三键式及四键式。目前,最常用的鼠标为三键式,包括左键、右键和滚轮,如图 1-28 所示。通过滚轮可以快速上下浏览内容及快速翻页。

图 1-28　鼠标结构图

鼠标的基本操作包括以下方式:

- 指向:把鼠标指针移动到某对象上,一般用于激活对象或显示工具提示信息。如鼠标指针指向工具栏中的"新建"按钮时,"新建空白文档"提示信息显示于该按钮的右下方。
- 单击:鼠标指针指向某对象,再将左键按下、放开,常用于选定对象。
- 右击(右键单击):将鼠标右键按下、放开,会弹出一个快捷菜单或帮助提示,常用于完成一些快捷操作。在不同位置针对不同对象右击,会打开不同的快捷菜单。
- 双击:鼠标指向某对象,连续快速地按动两次鼠标左键,常用于打开对象、执行某个操作。
- 拖动:鼠标指标指向某对象,按住鼠标左键或右键不放,同时移动鼠标指标,当到达指定位置后再释放。常用于移动、复制、删除对象,右键拖动还可以创建对象的快捷方式。

随着用户操作的不同,鼠标指针会呈现不同的形状,常见的鼠标指针形状及含义如表 1-5 所示。

表 1-5 鼠标指针常见形状及含义

指针形状	含 义	指针形状	含 义	指针形状	含 义
↖	正常状态	I	文本插入点	↘↗	沿对角线方向调整
↖?	帮助选择	+	精确定位	↔ ↕	沿水平或垂直方向调整
↖▨	后台操作	⊘	操作无效	✛	可以移动
⧖	忙,请等待	✋	超链接	↑	其他选择

1.3.3 汉字录入

汉字是一种拼音、象形和会意文字,本身具有十分丰富的音、形、义等内涵。经过许多中国人多年的精心研究,形成了种类繁多的汉字输入码,迄今为止,已有几百种汉字输入码的编码方案问世,其中广泛使用的有 30 多种。按照汉字输入的编码规则,汉字输入码大致可分为以下几种类型。

- 拼音码:简称音码。它是直接由汉字拼音作为汉字编码,每个汉字的拼音本身就是输入码。这种编码方案的优点是不需要其他的记忆,只要会拼音,就可以掌握汉字输入法。但是,汉语普通话发音有 400 多个音节,由 22 个声母、37 个韵母拼合而成,因此用音码输入汉字,编码长且重码多,即音同字不同的字具有相同的编码,为了识别同音字,许多编码方案都通过屏幕提示,前后翻页查找所需汉字。
- 字形码:简称形码。这种编码是根据汉字的字形、结构和特征组成的编码。这类编码方案的主要特点是将汉字拆分成若干基本成分(字根),再用这些基本成分拼装组合成各种汉字的编码。这种输入方法速度快,但要会拆字并记忆字根。常用的字形码输入方法有五笔字型输入法、首尾码输入法等。
- 音形码:这种编码是既考虑汉字的读音,又考虑汉字结构特征的一类汉字输入编码。它以汉字发音为基础,再补充各个汉字字形结构属性的有关特征,将声、韵、部、形结合在一起编码。这类输入法的特点是字根少,记忆量小,输入速度快。常用的音形码输入法有自然码输入法、大众码输入法和钱码输入法等。
- 流水码:使用等长的数字编码方案,具有无重码、输入快的特征,尤其以输入各种制表符、特殊符号见长。但流水码编码无规律,难记忆。常用的流水码输入法有区位码输入法等。

经常使用的汉字输入法有拼音和五笔两种。当 Windows 7 操作系统在安装时,就装入一些默认的汉字输入法,例如,微软拼音输入法、智能 ABC 输入法、全拼输入法等。用户可以选择添加或删除输入法,也可以装入新的输入法。目前,比较流行的汉字输入法还有拼音加加、搜狗拼音、王码五笔型、极点五笔、陈桥智能五笔、五笔加加输入法等。

1. 拼音输入法

拼音输入法分为全拼、智能 ABC、双拼等,其优点是知道汉字的拼音就能输入汉字。拼音输入法除了用"V"代替韵母"ü"外,没有特殊的规定。

例如,"世界和平"="shi jie he ping"。

1) 输入法的使用

下面就以"微软拼音-简捷 2010"输入法为例,说明输入法的调出、切换与输入。

(1) 从任务栏调出输入法。单击任务栏右侧的  图标,打开输入法菜单,如图 1-29 所示。单击"微软拼音-简捷 2010"命令,即可调出此输入法,或用 Ctrl+Shift 组合键切换各种输入法,在任务栏将显示某输入法的状态条,如图 1-30 所示。

图 1-29 输入法菜单

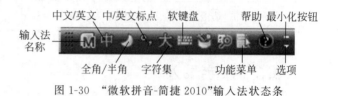

图 1-30 "微软拼音-简捷 2010"输入法状态条

"微软拼音-简捷 2010"是一种在全拼输入法的基础上加以改进的拼音输入法,它可以用多种方式输入汉字。例如,"中国人民"可以输入全部拼音 zhongguorenmin,也可以输入简拼即声母 zgrm,还可以全拼与简拼混合输入 zhonggrm。

【说明】 在全拼与简拼混合输入中,当无法区分是一个字还是两个字时,可使用单引号作隔音符号,如 xi'a("西安"或"喜爱",而不是"下"); min'g("民歌"或"民工")。

"微软拼音-简捷 2010"具有智能词组的输入特点。例如,中国人民解放军 zgrmjfj。

(2) 中英文状态切换。在输入汉字时,切换到英文状态通常有以下两种方法:

• 用 Ctrl+Space 组合键快速切换中英文状态。

• 在输入法状态条中单击"中文/英文"图标,即将中文转换成英文,反之亦然。

(3) 全角/半角状态切换。在输入汉字时,切换全角与半角状态通常用以下两种方法:

• 用 Shift+Space 组合键快速切换"全角/半角"状态。

• 单击输入法状态条中的"半角"图标,可转换到"全角"状态,反之亦然。

在全角状态下,输入的字符和数字占一个汉字的位置;而在半角状态下,输入的字符和数字仅占半个汉字的位置。

例如,在"写字板"中,使用"微软拼音-简捷 2010",在半角和全角状态下分别输入 1~5,如图 1-31 所示。

图 1-31 半角/全角输入

(4) 中英文标点切换。在输入汉字时,切换中英文标点通常用以下两种方法:

• 用 Ctrl+. 组合键快速切换中英文标点。

• 单击输入法状态条中的"中文标点"图标,可装换至"英文标点"图标,反之亦然。

2）软键盘

软键盘（soft keyboard）是通过软件模拟的键盘，可以通过单击输入需要的各种字符。一般在一些银行的网站上，要求输入账号和密码时很容易看到。使用软键盘是为了防止木马记录键盘的输入。Windows 7 系统提供了 13 种软键盘布局，如图 1-32 所示。

（1）激活与关闭软键盘。单击输入法状态条中的"软键盘"图标，即可激活软键盘；单击软键盘图标，可打开 13 种键盘布局，可选择其中任何一种。

（2）使用软键盘：

- 通过"PC 键盘"输入汉字，如图 1-33 所示。例如，用拼音输入汉字"你"，操作如下：单击"PC 键盘"上的 n、i 键，然后单击空格键，在弹出的文字列表中选择"你"，即可以输入"你"字。

图 1-32　软键盘布局　　　　　　　　　　图 1-33　PC 键盘

- 通过"数学符号"键盘输入"＞＝""÷"和"Σ"等运算符号，如图 1-34 所示。
- 通过"特殊符号"键盘输入"☆""◇""→""&"等符号，如图 1-35 所示。

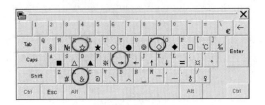

图 1-34　"数学符号"键盘　　　　　　　　图 1-35　"特殊符号"键盘

2. 五笔字型输入法

五笔字型输入法是我国的王永民教授发明的，所以又称为"王码"，现在已被微软公司收购，微软公司经过升级后提供 86 和 98 两种版本，常用的是 86 版。

　　五笔字型输入法的优点是无须知道汉字的发音,编码规则是指一个汉字由哪几个字根组成。每个汉字或词组最多击 4 键便可输入,重码率极低,可实现盲打,是目前输入汉字速度较快的一种输入法。

　　五笔字根是指组成汉字的最常用笔画或部首,共归纳了 130 个基本字根,分布在 25 个英文字母键位上(Z 键除外),这些字根是组字和拆字的依据。

　　汉字有五种笔画:横、竖、撇、捺、折,它们分布在键盘上的 5 个区中,为了便于记忆,把每个区各键位的字根编成口诀。

- 五笔字型均直观,依照笔顺把码编;
- 键名汉字打四下,基本字根请照搬;
- 一二三末取四码,顺序拆分大优先;
- 不足四码要注意,交叉识别补后边。

末笔字型交叉识别码是:

末笔画的区号(十位数,1～5)+字形代码(个位数,1～3)=对应的字母键

其中,字形代码为左右型 1、上下型 2、杂合性 3。

1) 键名汉字

连击四次。例如,月(eeee)、言(yyyy)、口(kkkk)。

2) 成字字根

键名+第一、二、末笔画,不足 4 码时按空格。例如,雨(fghy)、马(cnng)、四(lhng)。

3) 单字

例如:操(rkks)、鸿(iaqg)、否(gik 空格)、会(wfcu)、位(wug 空格)。

4) 词组

- 两字词:每字各取前两码。例如,奋战(dlhk)、显著(joaf)、信息(wyth)。
- 三字词:取前两字第一码、最后一字前两码。例如,计算机(ytsm)、红绿灯(xxos)、实验室(pcpg)。
- 四字词:每字各取其第一码。例如,众志成城(wfdf)、四面楚歌(ldss)。
- 多字词:其第一、二、三及最末一个字的第一码。例如,中国共产党(klai)、中华人民共和国(kwwl)、百闻不如一见(dugm)。

第2章

Windows 10操作系统

操作系统(Operating System,OS)是最重要的系统软件,它控制和管理计算机系统软件和硬件资源,提供用户和计算机操作接口界面,并提供软件的开发和应用环境。计算机硬件必须在操作系统的管理下才能运行,人们借助操作系统才能方便、灵活地使用计算机,而Windows则是微软公司开发的基于图形用户界面的操作系统,也是目前使用最为广泛的操作系统。本章首先介绍操作系统的基本知识和概念,之后重点介绍 Windows 10 的使用和操作。

学习目标:

- 理解操作系统的基本概念和 Windows 10 的新特性。
- 掌握构成 Windows 10 的基本元素和基本操作。
- 掌握 Windows 10 文件资源管理器和文件/文件夹的常用操作。
- 掌握 Windows 10 的系统设置和磁盘维护的基本方法。

2.1 操作系统和 Windows 10

操作系统是最重要、最基本的系统软件,没有操作系统,人与计算机将无法直接交互,无法合理组织软件和硬件有效工作。通常,没有操作系统的计算机被称为"裸机"。

2.1.1 操作系统概述

1. 什么是操作系统

操作系统是一组控制和管理计算机软、硬件资源为用户提供便捷使用计算机的程序集合。它是配置在计算机上的第一层软件,是对硬件功能的扩充。它不仅是硬件与其他软件系统的接口,也是用户和计算机之间进行交流的界面。操作系统是计算机软件系统的核心,是计算机发展的产物。引入操作系统主要有两个目的:一是方便用户使用计算机。用户输入一条简单的指令就能自动完成复杂的功能,操作系统启动相应程序,调度恰当的资源执行结果;二是统一管理计算机系统的软、硬件资源,合理组织计算机工作流程,以便更有效地发挥计算机的效能。

操作系统是用户和计算机之间的接口,是为用户和应用程序提供进入硬件的界面。如图 2-1 所示为计算机硬件、操作系统、其他系统软件、应用软件以及用户之间的层次关系。

图 2-1 计算机系统层次结构

2. 操作系统的功能

1) 处理器管理

处理器管理最基本的功能是处理中断事件。处理器只能发现中断事件并产生中断,而不能进行处理,配置了操作系统后,就可以对各种事件进行处理。处理器管理的另一个功能是处理器调度。处理器可能是一个,也可能是多个,不同类型的操作系统将针对不同情况采取不同的调度策略。

2) 存储器管理

存储器管理主要是指针对内存储器的管理。主要任务是分配内存空间,保证各作业占用的存储空间不发生矛盾,并使各作业在自己所属存储区中互不干扰。

3) 设备管理

设备管理是指负责管理各类外围设备(简称外设),包括分配、启动和故障处理等。主要任务是当用户使用外围设备时,必须提出要求,待操作系统进行统一分配后方可使用。当用户的程序运行到要使用某外设时,由操作系统负责驱动外设。操作系统还具有处理外设中断请求的能力。

4) 文件管理

文件管理是指操作系统对信息资源的管理。在操作系统中,将负责存取的管理信息的部分称为文件系统。文件是在逻辑上具有完整意义的一组相关信息的有序集合,每个文件都有一个文件名。文件管理支持文件的存储、检索和修改等操作以及文件的保护功能,操作系统一般都提供功能较强的文件系统,有的还提供数据库系统来实现信息的管理工作。

5) 作业管理

每个用户请求计算机系统完成一个独立的操作称为作业。作业管理包括作业的输入和输出、作业的调度与控制(根据用户的需要控制作业运行的步骤)。

3. 操作系统的种类

操作系统可以从以下两个角度进行分类。

(1) 从用户角度,将操作系统分为单用户单任务(如 DOS)、单用户多任务(如 Windows)和多用户多任务(如 UNIX)。

(2) 从系统操作方式的角度,将操作系统分为批处理操作系统、分时操作系统、实时操作系统、网络操作系统和分布式操作系统 5 种。

2.1.2 Windows 10 的新特性

2015 年 7 月 29 日,美国微软公司正式发布计算机和平板电脑操作系统 Windows 10。

Windows 10 的版本经过多次修改和更新,发展至第五版 Windows 10,也是最新的一版 Windows 10,又称 Windows 10 创意者更新秋季版(官方宣布名称之前,曾临时称作"Windows 10 秋季创意者更新"),代号 RS3,版本号 16299,发布于 2017 年 10 月。

Windows 10 RS3 的新特性主要有:

- OneDrive 支持按需同步;
- 有限数目的应用采用"流畅设计"语言;
- Windows Ink 功能获大量改进;
- 可将人脉图标或某个联系人的头像固定在任务栏;
- 支持在任务管理器中查看 GPU 使用状况;
- Microsoft Edge 开启和关闭标签更加流畅;
- 微软小娜(Cortana)新增"视觉智能"功能;
- 新增 Mixed Reality Viewer 应用程序;
- 支持连接 Android 设备和 iOS 设备。

2.2　Windows 10 的基本元素和基本操作

作为一个全新的操作系统,Windows 10 和以前版本的 Windows 相比,基本元素仍由桌面、窗口、对话框和菜单等部分组成,但对于某些基本元素的组合做了精细、完美与人性化的调整,整个界面发生了较大的变化,更加友好和易用,使用户操作起来更加方便和快捷。

2.2.1　Windows 10 的启动与关闭

1. Windows 10 的启动

安装了 Windows 10 操作系统的计算机,打开计算机电源开关即可启动 Windows 10,打开电源开关后系统首先进行硬件自检。如果用户在安装 Windows 10 时设置了口令,则在启动过程中将出现口令对话框,用户只有回答正确的口令方可进入 Windows 10 系统,如图 2-2 所示。

2. 睡眠、关机、重启 Windows 10

单击"开始"按钮,在弹出的菜单中选择"电源"图标,打开如图 2-3 所示的"关机"选项。

图 2-2　Windows 10 登录界面

图 2-3　Windows 10"关机"选项

（1）睡眠："睡眠"是一种节能状态,当执行"睡眠"命令后,计算机会立即停止当前操作,将当前运行程序的状态保存在内存中并消耗少量的电能,只要不断电,当再次按下计算机开关时,便可以快速恢复"睡眠"前的工作状态。

（2）关机：在执行"关机"命令后,计算机关闭所有打开的程序以及 Windows 10 本身,然后完全关闭计算机。

（3）重启：重启计算机可以关闭当前所有打开的程序以及 Windows 10 操作系统,然后自动重新启动计算机并进入 Windows 10 操作系统。

在桌面空白处按下 Alt＋F4 组合键,在弹出的对话框中单击下拉列表框,如图 2-4 所示,选择所需选项并单击"确定"按钮即可完成相应操作。

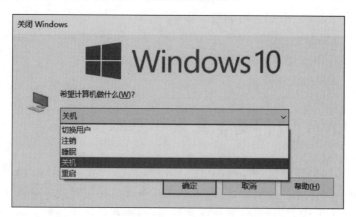

图 2-4　Windows 10"关闭 Windows"对话框

（1）切换用户：选择"切换用户"选项后,关闭所有当前正在运行的程序,但计算机不会关闭,其他用户可以登录而无须重新启动计算机。

（2）注销：选择"注销"选项的操作和选择"切换用户"选项的操作类似。

以上两项操作都是在单击"确定"按钮后生效。

2.2.2　Windows 10 桌面

桌面是用户启动计算机及登录 Windows 10 操作系统后看到的整个屏幕界面,它看起来就像一张办公桌面,用于显示窗口和对话框,如图 2-5 所示。

桌面是用户和计算机进行交流的界面,它是由若干应用程序图标和任务栏组成的,也可以根据需要在桌面上添加各种快捷图标,在使用时双击图标就能快速启动相应的程序或文件。

1. 桌面图标、查看和排序方式

1）桌面图标

桌面图标包含图形和文字说明两部分。每个图标代表一个工作对象,如文件夹或者某个应用程序,如图 2-5 所示。这些图标与安装系统时选择的组件有关,一般包括"此电脑""网络"等图标,可将经常使用的程序或文档放在桌面或在桌面建立快捷方式,以便能够快速方便地进入相应的工作环境。

桌面图标——

任务栏——

图 2-5　Windows 10 桌面组成

（1）添加系统图标到桌面。

用户可以根据自身办公需要添加经常使用的系统图标到桌面上，方便平时快速打开该程序。添加系统图标到桌面的操作步骤如下：

① 右击桌面空白处，在弹出的快捷菜单中选择"个性化"选项。

② 在打开的"设置"窗口左侧列表的"个性化"栏中选择"主题"选项，单击右侧"桌面图标设置"超链接，如图 2-6 所示。

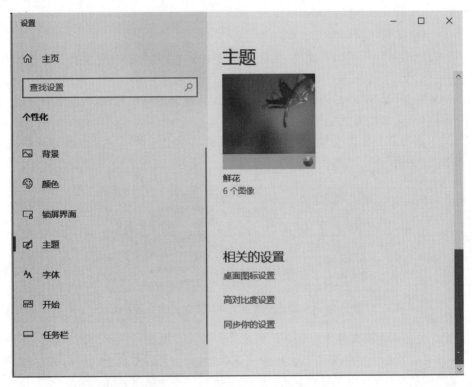

图 2-6　"设置"窗口中的"主题"选项

③ 在打开的"桌面图标设置"对话框中的"桌面图标"栏选中需要在桌面显示的图标，如图 2-7 所示，然后单击"确定"按钮。

图 2-7　"桌面图标设置"对话框

（2）添加快捷图标到桌面。

为了方便使用，用户可以将文件、文件夹和应用程序的图标添加到桌面上。添加方法有两个。

方法 1：在"开始"菜单的列表中找到需要添加到桌面的应用程序，将其选中并按下鼠标左键不放拖移至桌面后释放左键。

方法 2：右击某个文件或文件夹，在弹出的快捷菜单中选择"发送到"→"桌面快捷方式"选项，如图 2-8 所示。

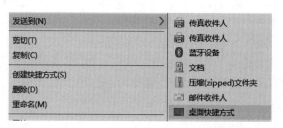

图 2-8　在桌面建立某个文件或文件夹的快捷方式

2）桌面图标的查看和排序方式

用户需要对桌面上的图标进行大小和位置调整时，可以在桌面上的空白处右击，在弹出的快捷菜单中选择"查看"和"排序方式"选项，分别如图 2-9 和图 2-10 所示。

（1）在"查看"子菜单中如果取消"显示桌面图标"的显示状态，则桌面图标会全部消失，如果取消"自动排列图标"选项的选中状态，则可以使用鼠标拖动图标将其摆放在桌面上的任意位置。

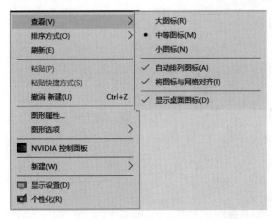

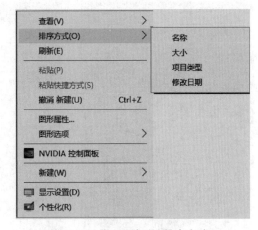

图 2-9 桌面图标的"查看"　　　　　图 2-10 桌面图标的"排序方式"

（2）在"排序方式"子菜单中可以选择按名称、大小、项目类型和修改时间进行排序。

2. 任务栏

任务栏在桌面的最下方，如图 2-11 所示。

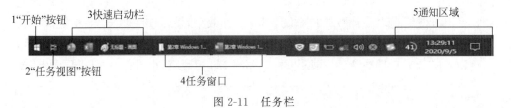

图 2-11 任务栏

（1）"开始"按钮。位于任务栏的最左边，使用 Windows 10 通常是从"开始"按钮开始的。

（2）"任务视图"按钮。"任务视图"按钮是 Windows 10 系统新增的功能，可用它来设置"虚拟桌面"，能快速地查看打开的应用程序。

（3）快速启动栏。由一些按钮组成，单击按钮便可快速启动相应的应用程序。

（4）任务窗口。用于显示正在执行的应用程序和打开的窗口所对应的图标，单击任务按钮图标可以快速切换活动窗口。

（5）通知区域。此区域是显示后台运行的程序，右击通知区域图标时，将弹出该图标的快捷菜单，该菜单提供特定程序的快捷方式。

在任务栏的空白处右击，弹出如图 2-12 所示快捷菜单，该快捷菜单用于"锁定任务栏"和在任务栏"显示'任务视图'按钮"等的设置。单击"任务栏设置"命令，打开如图 2-13 所示的"设置 任务栏"窗口。该窗口主要用于在桌面模式下自动隐藏任务栏和任务栏在桌面上的位置等的设置。

3. 任务管理器

"任务管理器"提供了有关计算机性能、计算机运行程序和进程的信息，主要用于管理中

图 2-12　任务栏的快捷菜单

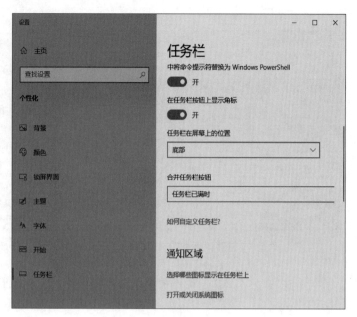

图 2-13　"设置 任务栏"窗口

央处理器和内存程序。利用"任务管理器"启动程序、结束程序或进程,查看计算机性能的动态显示,更加方便地管理维护自己的系统,提高工作效率,使系统更加安全、稳定。

　　在任务栏空白处右击,在弹出的快捷菜单中选择"任务管理器"选项,如图 2-12 所示,打开如图 2-14 所示"任务管理器"窗口,使用 Ctrl+Alt+Del 组合键,也可打开"任务管理器"窗口。

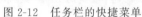

图 2-14　"任务管理器"窗口的"进程"选项卡

（1）在"进程"选项卡中可查看应用程序或进程所占用的 CPU 及内存大小，单击应用程序或进程，然后单击"结束任务"按钮，此时该程序或进程将会被结束。

（2）"性能"选项卡的上部则会以图形形式显示 CPU、内存、硬盘和网络的使用情况，如图 2-15 所示。

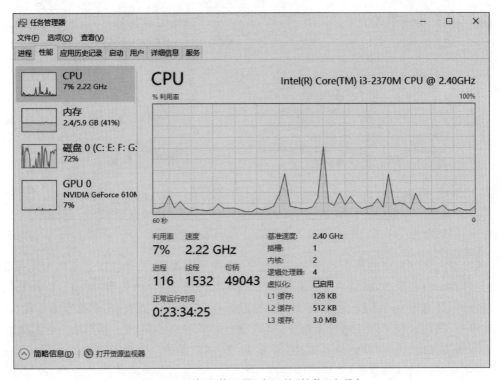

图 2-15　"任务管理器"窗口的"性能"选项卡

2.2.3　Windows 10 窗口和对话框

1. Windows 10 窗口

1）窗口的组成

在 Windows 10 中，以窗口的形式管理各类项目，基本窗口只有两种，即文件窗口和文件夹窗口。通过窗口可以查看文件夹等资源，也可以通过程序窗口进行操作、创建文档，还可以通过浏览器窗口畅游 Internet。虽然不同的窗口具有不同的功能，但基本的形态和操作都是类似的。Windows 10 中的文件夹窗口组成如图 2-16 所示。

（1）标题栏：位于窗口顶部，用于显示不同文件夹窗口的名称，它与地址栏的名称相同，左侧显示该文件夹窗口对应的图标，单击该图标可执行移动、最小化、最大化、关闭等命令，故称控制图标。最右侧是"最小化"按钮、"最大化/还原"按钮和"关闭"按钮。

（2）地址栏：位于工作区的上部，通过单击"前进"和"后退"按钮，导航至已经访问的位置。还可以单击"前进"按钮右侧的向下箭头，然后从该列表中进行选择以返回到以前访问过的窗口。

（3）选项卡：Windows 10 将昔日的菜单栏和工具栏变成了今日的选项卡和功能区，使

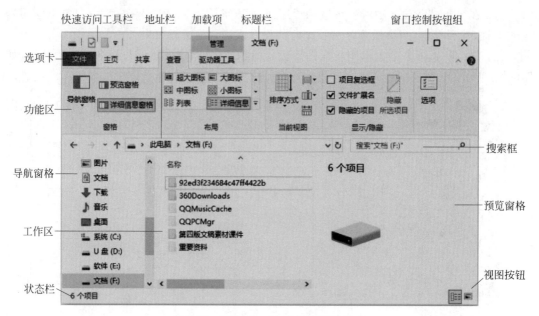

图 2-16　Windows 10 文件夹窗口组成

文件夹窗口和文件窗口的操作完全统一了起来,操作更直观、方便和快捷。选项卡随打开的不同文件夹窗口而改变,根据窗口中添加的不同项目还增加了"加载项"选项卡。尽管不同文件夹窗口其选项卡也不同,但所有文件夹窗口都有"文件"和"查看"两个选项卡。除"此电脑"窗口外,其他所有文件夹窗口还包含"主页"和"共享"两个选项卡。但只有"此电脑"窗口和"驱动器"窗口包含"管理驱动器工具"选项卡,它包含"保护""管理"和"介质"3 个组,主要用于对驱动器的管理和操作,如磁盘的清理、格式化,光盘的刻录和擦除等操作,所以,我们把它称作"加载项"。

(4) 功能区:用于放置不同选项卡所对应的命令按钮,这些命令按钮按组放置。

(5) 工作区:用于显示该文件夹窗口所包含的所有文件夹或文件的图标和名称。

(6) 导航窗格:单击可快速切换或打开其他窗口。

(7) 搜索框:地址栏的右侧是功能强大的搜索框,用户可以在此输入任何想要查询的搜索项。若用户不知道要查找的文件位于某个特定的文件夹或库中,浏览文件可能意味着查看数百个文件和子文件夹,为了节省时间和精力,可以使用搜索框搜索你想要找的文件。

(8) 视图按钮:位于窗口右下角,包含"在窗口中显示每一项的相关信息"和"使用大缩略图显示项"两个按钮,用以控制窗口中所包含项目的显示方式。

2) 窗口的操作

在 Windows 10 中,可以同时打开多个窗口,窗口始终显示在桌面上,窗口的基本操作包括移动窗口、排列窗口、调节窗口大小、窗口贴边显示等。

(1) 打开窗口。

在 Windows 10 桌面上,可使用两种方法打开窗口,一种方法是双击图标;另一种方法是在选中的图标上右击,在弹出的快捷菜单中选择"打开"选项。

(2) 关闭窗口。

关闭窗口的方法有两种,直接单击窗口右上角的"关闭"按钮;或者右击标题栏,弹出如

图 2-17 所示的控制菜单,选择"关闭"选项。

(3) 切换窗口。

Windows 10 是一个多任务操作系统,可以同时处理多项任务。当前正在操作的窗口称为活动窗口,其标题栏呈深蓝色显示,已经打开但当前未操作的窗口称为非活动窗口,标题栏呈灰色显示。切换窗口有以下 3 种方法:

方法 1:在想要激活的窗口内单击。

方法 2:通过按 Alt+Tab 组合键切换窗口,此时会弹出一个对话框,每按一次 Tab 键就会选择下一个窗口图标,当窗口图标带有边框时,即为激活状态。

方法 3:在任务栏处单击窗口最小化图标,切换相应的窗口为活动窗口。

(4) 移动窗口。

当窗口处于还原状态时,将鼠标指针移动到窗口的标题栏上,按住鼠标左键不放,拖动至目标位置后松开鼠标,窗口移动至目标位置。注意:当窗口最大化时不能移动窗口。

(5) 排列窗口。

在系统中一次打开多个窗口,一般情况下只显示活动窗口,当需要同时查看打开的多个窗口时,可以在任务栏空白处右击,弹出如图 2-18 所示的快捷菜单,根据需求可选择"层叠窗口""堆叠显示窗口"或者"并排显示窗口"选项。

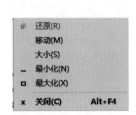

图 2-17　控制菜单

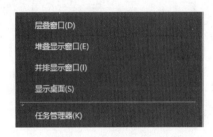

图 2-18　窗口排列方式

(6) 缩放窗口。

当窗口处于还原状态时,可以随意改变窗口的大小,以便将其调整到合适的尺寸。将鼠标指针放在窗口的水平或垂直边框上,当鼠标指针变成上下或左右双向箭头时进行拖动,可以改变窗口的高度或宽度。将鼠标指针放在窗口边框任意角上,当鼠标指针变成斜线双向箭头时进行拖动,可对窗口进行等比例缩放。

(7) 窗口贴边显示。

在 Windows 10 系统中,如果需要同时处理两个窗口,可以用鼠标指向一个窗口的标题栏并按下鼠标左键,拖曳至屏幕左右边缘或角落位置,窗口会冒"气泡",此时松开鼠标左键,窗口即会贴边显示。

2. Windows 10 对话框

对话框是一种特殊的 Windows 窗口,由标题栏和不同的元素组成,用户可以通过对话框与系统之间进行交互操作。对话框可以移动,但不能改变大小,这也是它和窗口的重要区别。

在 Windows 的对话框中,除了有标题栏、边界线和"关闭"按钮外,还有一些组件供用户使用,如图 2-19 所示。

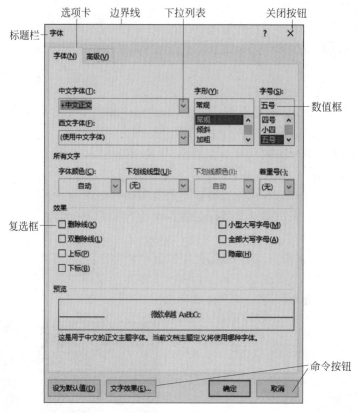

图 2-19　对话框组件

(1) 选项卡。

当两组以上功能的对话框合并在一起,形成一个多功能对话框时就会出现选项卡,单击标签可以进行选项卡的切换。

(2) 命令按钮。

命令按钮用来执行某一种操作,单击某一命令按钮将执行与其名称相应的操作。如单击"确定"按钮,表示保存所做的全部更改并关闭对话框。

(3) 复选框。

有一组选项供用户选择,可选择若干项,各选项间一般不会冲突,被选中的项前有一个"√",若再次单击该项则取消"√"。

(4) 单选按钮。

表示在一组选项中选择一项且只能选择一项,单击某项则被选中,被选中的项前面有一个圆点。

(5) 下拉列表。

下拉列表框中包含多个选项,单击下拉列表框右侧的 ⌄ 按钮,将弹出一个下拉列表,从中可以选择所需的选项。

(6) 数值框。

用于输入数值,若其右边有两个方向相反的三角形按钮,也可以单击它来改变数值大小。

2.2.4 Windows 10 菜单

Windows 10 菜单分为"开始"菜单、控制菜单和快捷菜单 3 种。每一种菜单各有其特点和用途。

1."开始"菜单

单击桌面左下角的"开始"按钮,即可弹出"开始"屏幕工作界面,它主要由"展开"按钮、用户名"Administrator"、"文件资源管理器"按钮、"设置"按钮、"电源"按钮、所有应用程序列表和"动态磁贴"面板(又称"开始"屏幕)等组成,如图 2-20 所示。

图 2-20 "开始"屏幕

系统默认情况下,"开始"屏幕主要包含生活动态及播发和浏览的主要应用,用户可以根据需要将应用程序添加到"开始"屏幕中。

打开"开始"菜单,在程序列表中右击要固定到"开始"屏幕的程序,在弹出的快捷菜单中选择"固定到'开始'屏幕"选项,即可将程序固定到"开始"屏幕中。如果要从"开始"屏幕中取消固定,右击"开始"屏幕中的程序,在弹出的快捷菜单中选择"从'开始'屏幕取消固定"选项即可。

就像从任务栏启动程序一样,单击"开始"屏幕中的程序图标即可快速启动该程序。

2. 控制菜单

每一个打开的窗口,都有一个标题栏,右击标题栏弹出的下拉列表称为控制菜单,这组菜单主要用于对窗口的控制操作,故称控制菜单,如图 2-17 所示。

3. 快捷菜单

无论是昔日的 Windows 7 还是今日的 Windows 10,用户在使用菜单时最喜欢使用的还是快捷菜单,这是因为快捷菜单方便、快捷。快捷菜单是右击一个项目或一个区域时弹出的菜单列表。图 2-21 和图 2-22 所示分别为在桌面右击"此电脑"图标和右击桌面空白区域弹出的快捷菜单。可见选择不同对象或不同区域所弹出的快捷菜单是不一样的,使用鼠标选择快捷菜单中的相应选项即可对所选对象实现"打开""删除""重命名"等操作。

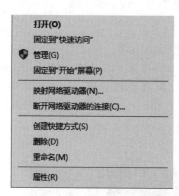

图 2-21　右击"此电脑"图标的快捷菜单　　　图 2-22　右击桌面空白区域的快捷菜单

2.3　Windows 10 的文件管理

计算机中所有的程序、数据等都是以文件的形式存放在计算机中的。在 Windows 10 中,"此电脑"与"文件资源管理器"都是 Windows 提供的用于管理文件和文件夹的工具,二者的功能类似,都具有强大的文件管理功能。本节首先介绍文件和文件夹的概念、文件资源管理器,然后介绍文件和文件夹的常见操作。

2.3.1　文件和文件夹的概念

1. 磁盘分区与盘符

计算机中的主要存储设备为硬盘,但是硬盘不能直接存储数据,需要将其划分为多个空间,而划分出的空间即为磁盘分区,如图 2-23 所示。其中 U 盘是移动存储设备,其他盘均

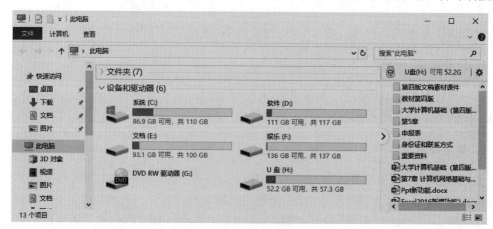

图 2-23　本地磁盘的分区

为本地磁盘的分区。磁盘分区是使用分区编辑器(Partition Editor)在磁盘上划分的几个逻辑部分,盘片一旦划分成数个分区,不同类的目录与文件就可以存储进不同的分区。

Windows 10 系统一般是用"此电脑"来存放文件的,此外,也可以用移动存储设备来存放文件,如 U 盘、移动硬盘以及手机的内部存储器等。从理论上来说,文件可以被存放在"此电脑"的任意位置,但是为了便于管理,文件应按性质分盘存放。

通常情况下,计算机的硬盘最少需要划分为 3 个分区:C、D 和 E 盘。

C 盘用来存放系统文件。所谓系统文件,是指操作系统和应用软件中的系统操作部分。一般系统默认情况下都会被安装在 C 盘,包括常用的程序。

D 盘主要用来存放应用软件文件,如 Office、Photoshop 等程序常常被安装在 D 盘。一般性的软件,如 RAR 压缩软件等可以安装在 C 盘;对于大的软件,如 3ds Max 等,需要安装在 D 盘,这样可以少用 C 盘的空间,从而提高系统的运行速度。

E 盘用来存放用户自己的文件,如用户自己的电影、图片和 Word 资料文件等。如果硬盘还有多余空间,可以添加更多的分区。

【注意】　几乎所有的软件默认的安装路径都在 C 盘中,计算机用得越久,C 盘被占用的空间就越多。随着时间的增加,系统反应会越来越慢。所以,安装软件时,需要根据自身情况改变安装路径。

2. 什么是文件和文件夹

1) 文件的基本概念

(1) 文件。

文件是一组相关信息的集合,每一个文件都以文件名进行标识,计算机通过文件名存取文件。计算机中任何程序和数据都是以文件的形式存储在外部存储器上的。一个存储器中能存储大量的文件,要对各个文件进行管理,则必须将它们分类进行组织。

(2) 文件名的结构。

文件名一般由两部分组成,格式为"主文件名. 扩展名",两部分之间用英文符号"."隔开,扩展名一般是 3 个字符或 4 个字符,用来表示文件类型。如文件名"数据统计. xlsx"标示该文件为一个 Excel 文档,常见的文件类型如表 2-1 所示。

表 2-1　常见文件类型

扩展名	文 件 类 型	扩展名	文 件 类 型
. txt	记事本	. dbf	数据库文件
. bmp	画图程序或位图文件	. psd	Photoshop 生成的文件
. jpg	图像压缩文件格式	. dll	动态链接库文件(程序文件)
. gif	一种图片类型的文件。图像互换格式	. ini	系统配置文件
. wav	波形声音文件	. com	命令文件(可执行的程序)
. mp3	使用 mp3 格式压缩存储的声音文件	. exe	直接执行文件
. wma	微软公司制定的声音文件格式	. zip	压缩文件
. mp4	MPEG-4 Part 14,视频媒体格式文件	. inf	信息文件
. avi	Audio Video Interleaved,即音频视频交错格式	. sys	DOS 系统配置文件

文件与相应的应用程序的关联是通过文件的扩展名进行的,扩展名一定是标示该文件的类型。

(3) 文件名的组成。

文件名由字母、数字、汉字和其他的符号组成,最多可包含 255 个字符,文件名可以包含空格,但不能包含以下字符:\、/、:、、*、?、<、>、|。

(4) 文件名不区分大小写。

同一文件夹下的"ABC. txt"和"abc. txt"是指同一个文件。

2) 文件夹的基本概念

文件夹是计算机中用于分类存储文件的一种工具,可以将多个文件或文件夹放置在同一个文件夹中,从而对文件或文件夹分类管理。文件夹由文件夹图标和文件夹名称组成,其图标呈黄色显示,如图 2-24 所示。

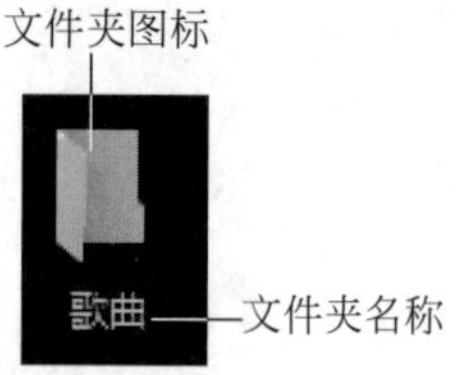

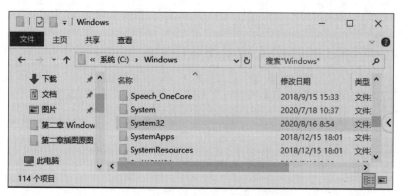

文件夹图标

歌曲 ——文件夹名称

图 2-24 文件夹

同文件名的组成一样,文件夹命名必须遵循以下规则。

① 文件夹名称长度最多可达 256 个字符,一个汉字相当于两个字符。

② 文件夹名称中不能出现斜线(\、/)、竖线(|)、小于号(<)、大于号(>)、冒号(:)、引号("")、问号(?)和星号(＊)。

③ 文件夹名称不区分大小写,如"abc"和"ABC"是同一个文件夹名。

④ 文件夹没有扩展名。

⑤ 同一个文件夹中的文件夹不能同名。

3) 文件/文件夹路径

文件和文件夹的路径表示文件和文件夹的位置,路径有绝对路径和相对路径两种表示方法。

绝对路径是从根文件夹开始的表示方法,根通常用\来表示,如 C:\Windows\System32 表示 C 盘下的 Windows 文件夹下的 System32 文件夹。根据文件或文件夹提供的路径,用户可以在计算机上找到某个文件或文件夹的存放位置,如图 2-25 所示。

图 2-25 System32 文件夹的存放位置

4) 文件和文件夹属性

文件和文件夹的属性有两种:只读、隐藏,如图 2-26 所示为文件属性,图 2-27 为文件夹属性。

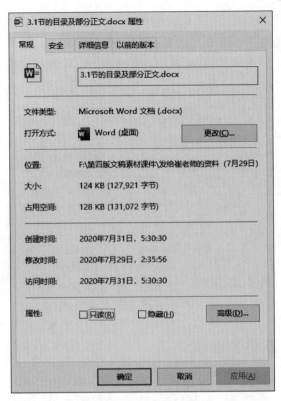

图 2-26　文件属性

图 2-27　文件夹属性

（1）只读：表示对文件或文件夹只能查看不能修改。

（2）隐藏：在系统被设置为不显示隐藏文件或文件夹时，该对象隐藏起来不被显示。若要将其显示出来，应在"查看"选项卡的"显示/隐藏"组中，选中"隐藏的项目"前的复选框，如图 2-28 所示。

图 2-28　"查看"选项卡的"显示/隐藏"组

2.3.2　文件资源管理器

文件资源管理器是 Windows 10 提供的资源管理工具，也是 Windows 10 的精华功能之一。通过文件资源管理器可以查看计算机上的所有资源，能够方便地管理计算机上的文件和文件夹。

1. 文件资源管理功能区

在 Windows 10 中，采用了 Ribbon 界面，最显著的特点就是采用了选项卡标签和功能区的形式，这也是区别于 Windows 7 及其以前版本的重要标志之一。下面介绍 Ribbon 界面，用户可以通过选择选项卡和其功能区的命令按钮，方便对文件和文件夹进行操作。

在 Ribbon 界面中，主要包含"文件""主页""共享"和"查看"4 个选项卡，单击不同的选项卡标签，则打开不同的功能区，如图 2-29 所示。单击"展开功能区"按钮，则打开某选项卡对应的功能区。

"展开功能区" 按钮

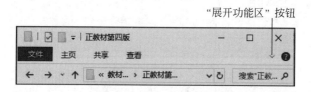

图 2-29　文件夹窗口的常见选项卡

（1）"文件"选项卡：在其下拉列表中包含"打开新窗口""打开 Windows PowerShell""选项""帮助"和"关闭"5 个选项，右侧还会显示最近用户经常访问的"常用位置"，如图 2-30 所示。

（2）"主页"选项卡：包含"剪贴板""组织""新建""打开"及"选择"5 个组，主要用于文件或文件夹的新建、复制、移动、粘贴、重命名、删除、查看属性和选择等操作，如图 2-31 所示。若单击"最小化功能区"按钮，可将功能区折叠起来，只显示选项卡。

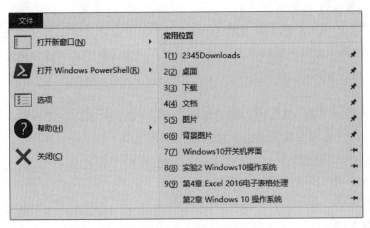

图 2-30 "文件"选项卡的下拉列表

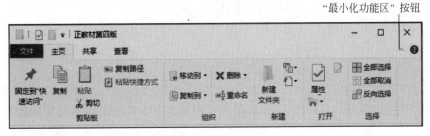

图 2-31 "主页"选项卡

(3) "共享"选项卡：包含"发送""共享"和"高级安全"3 个组，主要用于文件的发送和共享操作，如文件压缩、刻录和打印等，如图 2-32 所示。

图 2-32 "共享"选项卡

(4) "查看"选项卡：包含"窗格""布局""当前视图""显示/隐藏"和"选项"5 个组，主要用于对窗口、布局、视图及显示/隐藏等操作，如图 2-33 所示。

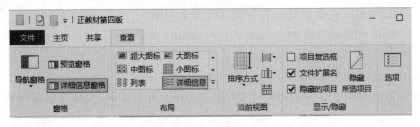

图 2-33 "查看"选项卡

【注意】 除了上述主要的选项卡外,当文件夹窗口中包含图片文件或音乐文件时,还会出现"图片工具管理"或"音乐工具"选项卡,当选中某个磁盘时还会出现"管理驱动器工具"选项卡,另外,还有"解压缩""应用程序工具"等选项卡。这些选项卡我们称它们为"加载项"。

2. 剪贴板

剪贴板是内存中一块区域,用于暂时存放信息,用来实现不同应用程序之间数据的共享和传递。所以,剪贴板是文件资源管理器的一个重要工具。

(1) 将信息存入剪贴板。

如下 4 个命令用于将信息存入剪贴板。

① 复制(按 Ctrl+C)。

② 剪切(按 Ctrl+X)。

③ 按下 Print Screen 键,将整个屏幕以图片形式复制到剪贴板中。

④ 按下 Alt+Print Screen 组合键,将当前活动窗口或对话框以图片形式复制到剪贴板中。

(2) 将剪贴板中的信息取出。

粘贴命令(按 Ctrl+V)可将剪贴板中的信息取出。

文件窗口中的"开始"选项卡下的"剪贴板"组(如图 2-34 所示)以及文件夹窗口中的"主页"选项卡下的"剪贴板"组(如图 2-35 所示),它们中的命令按钮都可用来完成数据的传递。

图 2-34　文件窗口中的"剪贴板"组

图 2-35　文件夹窗口中的"剪贴板"组

3. 回收站

回收站主要用来存放用户临时删除的文档资料,如存放删除的文件、文件夹、快捷方式等。这些被删除的项目会一直保留在回收站中,直到清空回收站。

回收站是一个特殊的文件夹,默认在每个硬盘分区根目录下的 RECYCLER 文件夹中,而且是隐藏的。当文件删除后,实际上就是把它放到这个文件夹中,仍然占用磁盘空间。只有在回收站里删除它或清空回收站才能使文件真正删除。

【注意】 不是所有被删除的对象都能够从回收站还原,只有从本地硬盘中删除的对象才能放入回收站。以下两种情况无法还原文件或文件夹。

(1) 从可移动存储设备(如 U 盘、移动硬盘)或网络驱动器中删除的对象。

(2) 回收站使用的是硬盘的存储空间,当回收站空间已满时,系统将自动清除较早删除的对象。

图 2-36 所示为"回收站"窗口,不难看出用户已经删除了两个文件和两个文件夹到回收

站。可以在"管理回收站工具"的"管理"组中单击"清空回收站"按钮,将回收站清空;也可以在"还原"组中单击"还原所有项目"按钮,将删除的全部文件和文件夹还原,还可以还原指定的文件或文件夹。

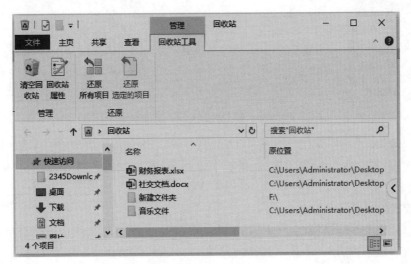

图 2-36 "回收站"窗口

2.3.3 文件与文件夹的操作

1. 新建文件和文件夹

1)新建文件夹

打开任何一个文件夹窗口,如 F 盘。新建一个名称为"校园学习生活"的文件夹,再在该文件夹下新建两个二级文件夹,名称分别为"开心学习"和"快乐生活"。

操作步骤如下:

(1)在桌面双击"此电脑"图标,在打开的"此电脑"窗口的"设备和驱动器"栏双击"F盘"图标,进入 F 盘。

(2)"主页"选项卡的"新建"组中单击"新建文件夹"按钮,如图 2-37 所示。

图 2-37 "主页"选项卡的"新建"组

(3)输入名称"校园学习生活"并双击该文件夹。

(4)仿此方法在"校园学习生活"文件夹下分别建立"开心学习"和"快乐生活"文件夹,新建结果如图 2-38 所示。

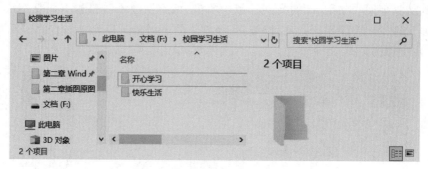

图 2-38　新建二级文件夹后的效果

2）新建文件

在"校园学习生活"文件夹中分别建立文件名为"我的学习心得.docx"和"个人财务计划.xlsx"文件。

操作步骤如下：

（1）进入 F 盘下的"校园学习生活"文件夹中,在"主页"选项卡的"新建"组中单击"新建项目"按钮,如图 2-37 所示。

（2）在弹出的下拉列表中分别选择"Microsoft Word 文档"和"Microsoft Excel 工作表"选项,如图 2-39 所示。

图 2-39　"新建项目"按钮的下拉列表

（3）分别输入文件名"我的学习心得"和"个人财务计划",新建结果如图 2-40 所示。

图 2-40　新建文件夹和文件后的效果

【注意】 新建文件和文件夹还可以使用快捷菜单。

2. 选择文件或文件夹

在 Windows 中进行操作,首先必须选择对象,再对选择的对象进行操作。下面介绍选择对象的几种方法。

1) 选择单个对象

单击文件、文件夹或快捷方式图标,则单个对象被选中。

2) 同时选择多个对象的操作

(1) 按住 Ctrl 键,依次单击要选择的对象,则这些对象均被选中。

(2) 用鼠标左键拖动形成矩形区域,区域内的对象均被选中。

(3) 如果选择的对象连续排列,先单击第一个对象,然后按住 Shift 键的同时单击最后一个对象,则从第一个对象到最后一个对象之间的所有对象均被选中。

(4) 在文件夹窗口的"主页"选项卡下,单击"选择"组中的"全部选择"按钮或按 Ctrl+A 组合键,则当前窗口中的所有对象均被选中。

3. 文件或文件夹更名

在文件夹窗口中选中要命名的文件或文件夹,在"主页"选项卡的"组织"组中单击"重命名"按钮,如图 2-41 所示,然后输入名称并按"确认"键。

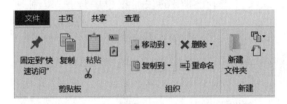

图 2-41 "主页"选项卡的"组织"组

【注意】 文件或文件夹更名还可以在其快捷菜单中选择"重命名"选项实现更名。

4. 复制/移动文件或文件夹

复制/移动文件或文件夹有如下 3 种方法。

方法 1:使用命令按钮。

例如,想要将 G 盘根目录下的"文档资料"文件夹复制到 F 盘下的"校园学习生活"文件夹,操作步骤如下:

(1) 进入 G 盘,选中"文档资料"文件夹,在"主页"选项卡的"组织"组中单击"复制到"按钮,如图 2-41 所示。

(2) 在弹出的下拉列表中单击"选择位置"命令,如图 2-42 所示。

(3) 在打开的"复制项目"对话框中,找到并选中 F 盘下的"校园学习生活"文件夹,如图 2-43 所示。

(4) 单击"复制"按钮完成复制。

使用命令按钮移动文件或文件夹的操作只是需要单击"移动到"按钮,其他操作与复制文件和文件夹的操作类似,在此不再详述。

图 2-42　"复制到"按钮下拉列表

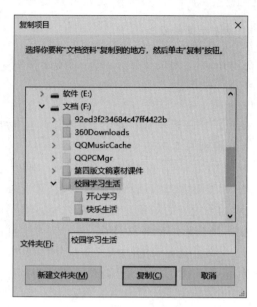

图 2-43　"复制项目"对话框

方法 2：使用快捷菜单。

右击被选中的文件或文件夹,在弹出的快捷菜单中选择"复制"或"剪切"选项,在目标位置右击,在弹出的快捷菜单中选择"粘贴"选项,前者实现的是复制操作,而后者实现的是移动操作。

方法 3：直接拖动法。有如下 3 种情况。

(1) 对于多个对象或单个非程序文件,如果在同一盘区拖动,例如从 F 盘的一个文件夹拖到 F 盘的另一个文件夹,则为移动;如果在不同盘区拖动,例如从 F 盘的一个文件夹拖到 E 盘的一个文件夹,则为复制。

(2) 在同一盘区,在拖动的同时按住 Ctrl 键则为复制,在拖动的同时按住 Shift 键或不按则为移动。

(3) 如果将一个程序文件从一个文件夹拖动至另一个文件夹或桌面上,Windows 10 会把源文件留在原文件夹中,而在目标文件夹建立该程序的快捷方式。

5. 删除文件或文件夹

删除文件或文件夹有如下 4 种方法。

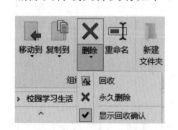

图 2-44　"删除"按钮的下拉列表

方法 1：使用命令按钮。

选中需要删除的文件或文件夹,在"主页"选项卡的"组织"组中,如图 2-41 所示,单击"删除"的下拉按钮,在弹出的下拉列表中若选择"永久删除"选项,将直接被删除;若选择"回收"选项,将进入回收站;若"显示回收确认"被选中,则会弹出删除确认对话框,否则不会弹出确认对话框,如图 2-44 所示。

方法2：使用快捷菜单。

右击需要删除的文件或文件夹，在弹出的快捷菜单中选择"删除"选项。然后在打开的"删除文件"或"删除文件夹"对话框中单击"是"按钮即可删除。

方法3：使用Delete键。

先选定要删除的文件或文件夹，再按Delete键，然后在打开的"删除文件"或"删除文件夹"对话框中单击"是"按钮即可删除。如果是按住Shift键的同时按Delete键删除，则被删除的文件或文件夹不进入回收站，而是真正物理上被删除了，在做这个操作时一定要慎重。

方法4：拖动法。

选中需要删除的文件或文件夹，将其直接拖移至回收站。

【注意】 移动存储设备上删除的文件或文件夹不进入回收站，而是真正从物理上被删除，所以在做这个操作时要特别慎重。

6. 文件或文件夹的显示与隐藏

1）显示/隐藏文件或文件夹

用户在文件夹窗口中看到的可能并不是全部的内容，有些内容当前可能没有显示出来，这是因为Windows 10在默认情况下会将某些文件（如隐藏文件）隐藏起来不显示。为了能够显示所有文件和文件夹，可进行如下设置。

在任何一个打开的文件夹窗口中，在"查看"选项卡下的"显示/隐藏"组中选中"隐藏的项目"复选框，则系统中全部文件或文件夹都将显示出来（包括隐藏的文件或文件夹），如图2-45所示。

如果要将某个文件或文件夹隐藏起来不显示，则应选中该文件或文件夹，在"查看"选项卡的"显示/隐藏"组中单击"隐藏所选项目"按钮并同时取消"隐藏的项目"复选框的选中状态。

图2-45 "查看"选项卡的"显示/隐藏"组

2）显示/隐藏文件的扩展名

通常情况下，在文件夹窗口中看到的大部分文件只显示了文件名的信息，而其扩展名并没有显示。这是因为默认情况下Windows 10对于已在注册表中登记的文件只显示文件名，而不显示扩展名。也就是说，Windows 10是通过文件的图标来区分不同类型的文件的，只有那些未被登记的文件才能在文件夹窗口中显示其扩展名。

如果想看到所有文件的扩展名，可以在任何一个打开的文件夹窗口中，在"查看"选项卡的"显示/隐藏"组中选中"文件扩展名"复选框，如图2-45所示。

【说明】 以上设置是对整个系统而言，无论是显示隐藏的文件或文件夹，还是文件的扩展名，一经设置，以后打开的任何一个文件夹窗口都能看到所有文件或文件夹以及所有文件的扩展名。

7. 创建文件或文件夹的快捷方式

用户可为自己经常使用的文件或文件夹创建快捷方式，快捷方式只是将对象（文件或文件夹）直接链接到桌面或计算机任意位置，其使用和一般图标一样，这就减少了查找资源的

操作,提高了用户的工作效率。创建快捷方式的操作如下:

(1)右击要创建快捷方式的文件或文件夹。

(2)在弹出的快捷菜单中选择"创建快捷方式"或选择"发送到"→"桌面快捷方式"选项,如图 2-46 所示。前者创建的快捷方式与对象同处一个位置,后者创建的快捷方式在桌面上。

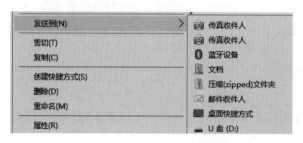

图 2-46　创建文件或文件夹的快捷方式

8. 文件和文件夹的搜索

当计算机中的文件和文件夹过多时,用户在短时间内难以找到,这时用户可借助 Windows 10 的搜索功能帮助用户快速搜索到需要的文件或文件夹。

每一个打开的文件夹窗口都有一个搜索框,它位于地址栏的右侧,查找方法是根据你查找的文件或文件夹所在的大概位置打开相应的文件夹窗口。

例如,要在 F 盘中查找所有的 Word 文档文件,则需首先打开 F 盘文件夹窗口,然后在"搜索"文本框中输入"∗.docx",系统立即开始搜索并将搜索结果显示于搜索框的下方,如图 2-47 所示。

图 2-47　在 F 盘搜索所有 Word 文档文件

如果用户想要基于一个或多个属性搜索文件或文件夹,则搜索时可在打开的"搜索工具-搜索"选项卡的"优化"组指定属性,从而更加快速地查找到指定属性的文件或文件夹。

例如,查找 F 盘上上星期修改过的存储容量在16KB~1MB的所有"∗.jpg 文件",则需首先打开 F 盘窗口,在搜索文本框中输入".jpg",在"搜索工具-搜索"选项卡的"优化"组中选择"修改日期"为"上周",选择"大小"为"小(16KB~1MB)"系统立即开始搜索,并将搜索结果显示在搜索框下方,如图 2-48 所示。

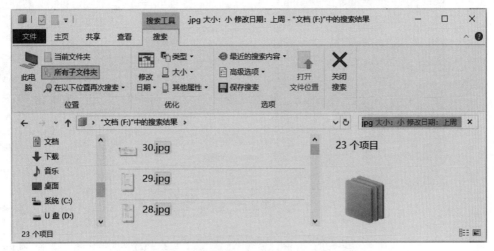

图 2-48　搜索基于多个属性的文件或文件夹

2.4　Windows 10 的系统设置和磁盘维护

Windows 10 的系统设置包括账户、外观和主题、鼠标与键盘、区域与时间等的设置,以及安装与卸载程序、备份与还原数据等。限于篇幅,本节仅介绍设置开机密码、设置个性化桌面和显示设置,最后简单介绍磁盘维护。

2.4.1　Windows 10 的系统设置

1. 设置开机密码为 PIN 码

PIN 是为了方便移动、手持设备进行身份验证的一种密码措施,设置 PIN 之后,在登录系统时,只要输入设置的数字字符,不需要按 Enter 键或单击,即可快速登录系统,也可以访问 Microsoft 服务的应用。设置开机密码为 PIN 码的操作步骤如下:

(1) 单击"开始"按钮,在弹出的"开始"菜单中单击"Administrator"按钮。

(2) 在弹出的子菜单中选择"更改账户设置"选项,如图 2-49 所示。

(3) 在打开的"设置"窗口左侧的"账户"栏选择"登录选项"选项,在右侧 PIN 区域下方单击"添加"按钮,如图 2-50 所示。

(4) 在打开的"Windows 安全中心"对话框中的第一个文本框中输入密码,在第二个文本框中输入确认密码,单击"确定"按钮即可完成设置 PIN 密码的操作,如图 2-51 所示。

图 2-49　选择"更改账户设置"选项

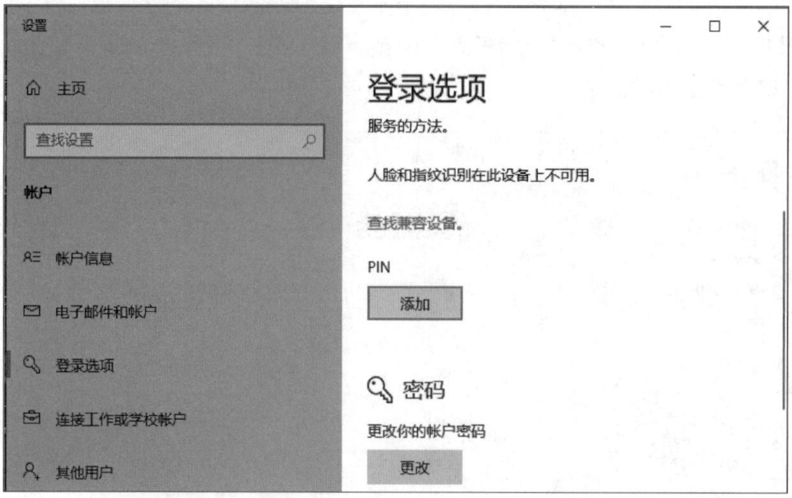

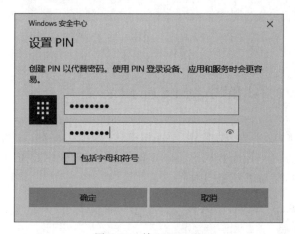

图 2-50　选择"登录选项"并单击"添加"选项

图 2-51　输入 PIN 码

2. 设计个性化桌面

1) 设置主题

主题是桌面背景图片、窗口颜色和声音的组合,用户可以对主题进行设置,操作步骤如下:

(1) 右击桌面空白处,在弹出的快捷菜单中选择"个性化"选项,如图 2-52 所示。

(2) 打开"设置"窗口,在窗口左侧的"个性化"栏中选择"主题"选项,拖动右侧的滚动条,在"应用主题"栏选择一种主题,如"鲜花",然后单击"关闭"按钮关闭窗口,如图 2-53 所示。

2) 设置桌面背景

桌面背景可以是数字图片、纯色或带有颜色框架的图片,也可以是幻灯片。

【例 2.1】　任意选择一张图片作为桌面背景,背景图片存放于"第 2 章素材库\例题 2\例 2.1"下的"背景图片"文件夹。

图 2-52 选择"个性化"选项

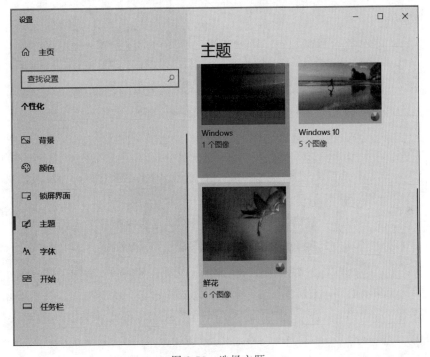

图 2-53 选择主题

(1) 在打开的"设置"窗口的左侧"个性化"栏中选择"背景"选项并单击右侧"背景"框的下拉按钮,在弹出的下拉列表中选择"图片"选项,然后单击"浏览"按钮,如图 2-54 所示。

(2) 打开"打开"对话框,如图 2-55 所示,按图片存放位置找到图片并单击"选择图片"按钮,插入图片并自动关闭"打开"对话框。

3) 设置屏幕保护程序

【例 2.2】 选择一组照片作为屏幕保护程序,照片存放于"第 2 章素材库\例题 2\例 2.2"下的"上海外滩夜景"文件夹。

(1) 在打开的"设置"窗口的左侧"个性化"栏中选择"锁屏界面"选项,拖动右侧的滚动条,单击"屏幕保护程序设置"超链接,如图 2-56 所示。

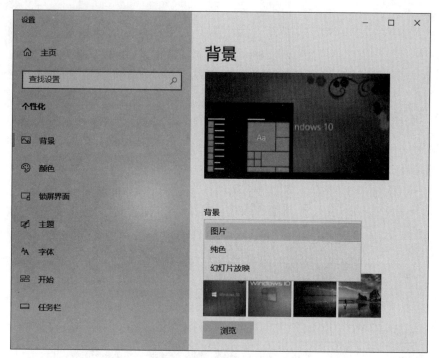

图 2-54　设置桌面背景

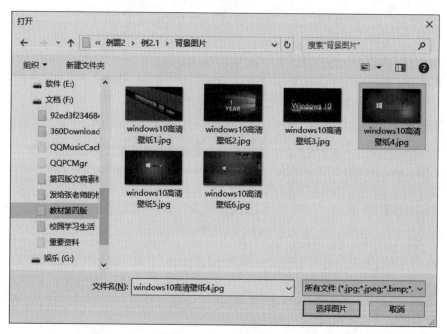

图 2-55　"打开"对话框

（2）在打开的"屏幕保护程序设置"对话框的"屏幕保护程序"下拉列表中选择"照片"选项，"等待"时间设置为 1 分钟，单击"设置"按钮，如图 2-57 所示。

（3）在打开的"照片屏幕保护程序设置"对话框中，将"幻灯片放映速度"设置为"中速"，

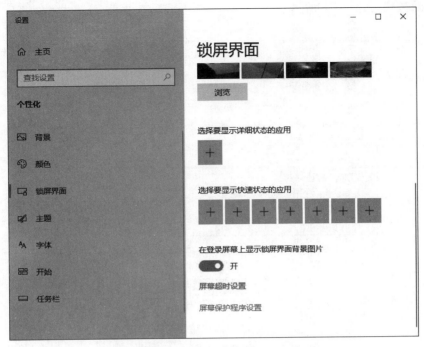

图 2-56 单击"屏幕保护程序设置"超链接

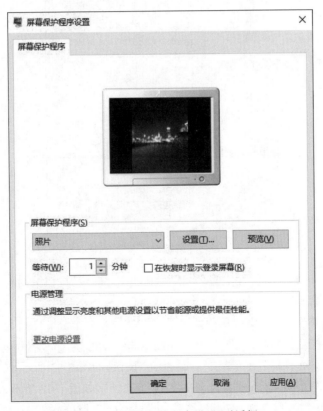

图 2-57 "屏幕保护程序设置"对话框

单击"浏览"按钮,如图 2-58 所示。

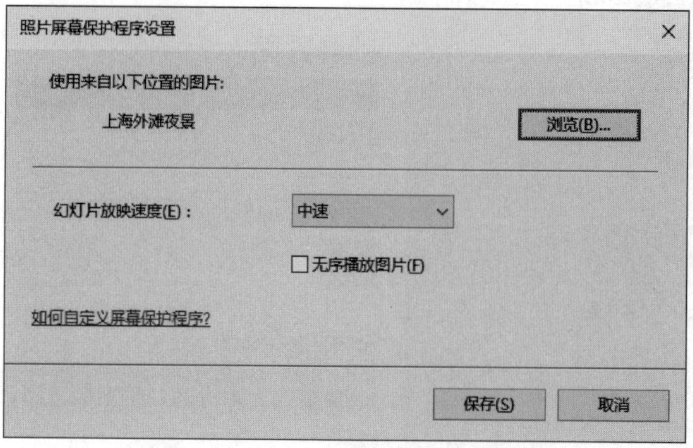

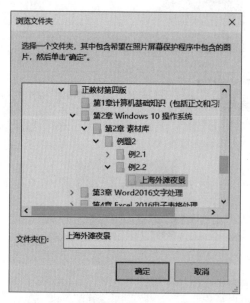

图 2-58　"照片屏幕保护程序设置"对话框

(4) 在打开的"浏览文件夹"对话框中找到存放照片的文件夹,单击"确定"按钮,如图 2-59 所示,返回到"照片屏幕保护程序设置"对话框中,单击"保存"按钮。

图 2-59　"浏览文件夹"对话框

(5) 再返回到"屏幕保护程序设置"对话框中,单击"确定"按钮关闭对话框完成设置。

4) 设置"虚拟桌面"

"虚拟桌面"又称多桌面,操作步骤如下:

(1) 单击任务栏上的"任务视图"按钮,如图 2-60 所示。

(2) 进入虚拟桌面操作界面,单击"新建桌面"按钮,如图 2-61 所示。

(3) 即可新建一个桌面,系统会自动命名为"桌面 2",如图 2-62 所示。

(4) 进入"桌面 1"操作界面,右击一个窗口图标,如文档(F:)盘,在弹出的快捷菜单中选择"移动到"→"桌面 2"选项,如图 2-63 所示。

"新建桌面" 按钮

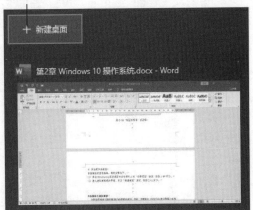

图 2-61 单击"新建桌面"按钮

"任务视图" 按钮

"开始" 按钮

图 2-60 单击"任务视图"按钮

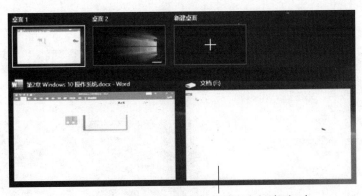

文档(F：)盘包含在"桌面1"中

图 2-62 新建一个命名为"桌面 2"的桌面

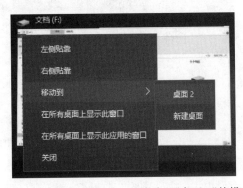

图 2-63 实现将文档(F：)盘移动至"桌面 2"的操作

(5) 经过移动以后,文档(F：)盘包含在"桌面 2"中,移动后的界面如图 2-64 所示。

5) 设置全屏显示"开始"菜单

操作步骤如下:

(1) 右击桌面空白处,在弹出的快捷菜单中选择"个性化"选项,打开"设置"窗口,如图 2-65 所示。

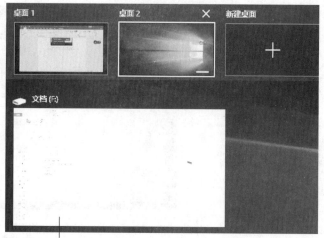

文档(F：)盘包含在"桌面2"中

图 2-64   文档(F：)盘已包含在"桌面 2"中

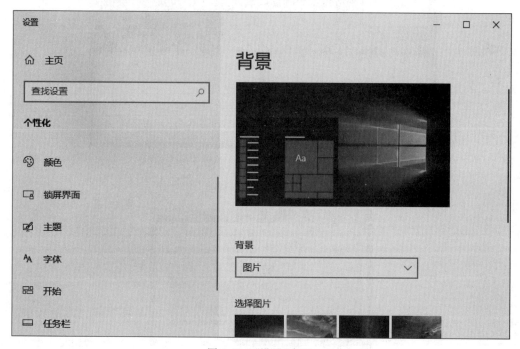

图 2-65   "设置"窗口

　　(2) 在"设置"窗口左侧列表中选择"开始"选项,在弹出的右侧"开始"界面中将"使用全屏'开始'屏幕"的开关图标设置为"开",如图 2-66 所示。然后关闭"设置"窗口。

　　(3) 单击"开始"按钮,在弹出的"开始"菜单中选择"所有应用"选项,如图 2-67 所示,则实现全屏显示"开始"菜单,如图 2-68 所示。

　　(4) 若再次单击"开始"按钮,或单击任务栏中当前已经打开的任意一个窗口的最小化图标,则退出全屏显示"开始"菜单界面。

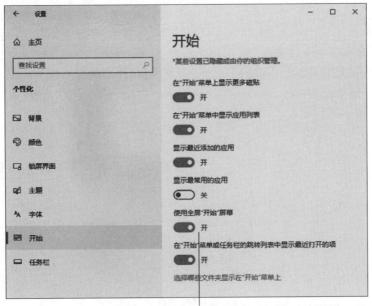

将"使用全屏'开始'屏幕"选项的开关设置为"开"

图 2-66 将"使用全屏'开始'屏幕"的开关图标设置为"开"

图 2-67 选择"所有应用"选项

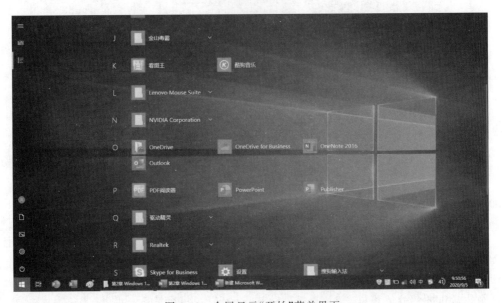

图 2-68 全屏显示"开始"菜单界面

3. 显示设置

1) 设置让桌面字体变得更大

通过对显示的设置,可以让桌面的字体变得更大,操作步骤如下:

(1) 右击系统桌面空白处,在弹出的快捷菜单中选择"显示设置"选项,如图 2-69 所示。

图 2-69　选择"显示设置"选项

(2) 打开"设置"窗口,在窗口右侧的"显示"界面中的"更改文本、应用等项目的大小"列表框中选择"125%"选项,如图 2-70 所示。

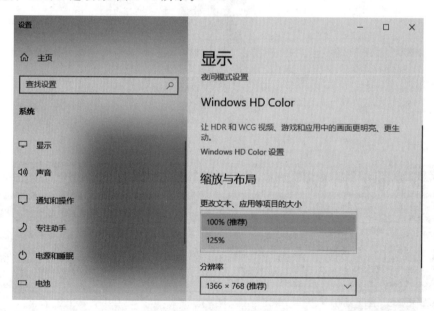

图 2-70　选择"125%"选项

【说明】　该选项仅有"100%"和"125%"两个选项。

2) 设置显示器分辨率

分辨率是指显示器所能显示的像素的多少。例如,分辨率为 1024×768 表示屏幕上共有 1024×768 个像素。分辨率越高,显示器可以显示的像素越多,画面越精细,屏幕上显示的项目越小,相对也增大了屏幕的显示空间,同样的区域内能显示的信息也就越多,故分辨率是个非常重要的性能指标,调整显示器分辨率的操作步骤如下:

（1）右击桌面空白处，在弹出的快捷菜单中选择"显示设置"选项。

（2）打开"设置"窗口，在窗口右侧的"显示"界面中的"分辨率"下拉列表框中选择一种分辨率，如"1366×768"选项，如图2-71所示。

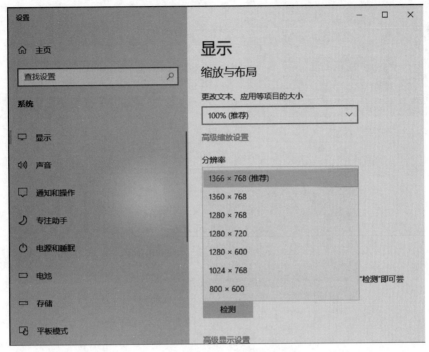

图2-71　设置显示器分辨率

2.4.2　磁盘维护

磁盘是程序和数据的载体，它包括硬盘、光盘和U盘等，还包括曾经广泛使用的软盘。通过对磁盘进行维护，可以增大数据的存储空间，加大对数据的保护，Windows 10系统提供了多种磁盘维护工具，如"磁盘清理""碎片整理和优化驱动器"工具。用户通过使用它们能及时方便地描硬盘、修复错误、对磁盘的存储空间进行清理和优化，使计算机的运行速度得到进一步提升。

1. 磁盘清理

在Windows 10系统中，使用磁盘清理工具可以删除硬盘分区中的系统Internet临时文件、文件夹以及回收站中的多余文件，从而达到释放磁盘空间、提高系统性能的目的，磁盘清理的操作步骤如下：

（1）在系统桌面上单击屏幕左下角的"开始"按钮，在其打开的所有程序列表中选择"Windows管理工具"选项，在展开的子菜单中选择"磁盘清理"选项，如图2-72所示。

（2）在打开的"磁盘清理：驱动器选择"对话框中单击"驱动器"下拉按钮，在弹出的下拉列表中选择准备清理的驱动器，如选择G盘，单击"确定"按钮，如图2-73所示。

（3）打开"娱乐（G:）的磁盘清理"对话框，在"要删除的文件"区域中选中准备删除文件的复选框和"回收站"复选框，单击"确定"按钮，如图2-74所示。

图 2-72　选择"磁盘清理"选项

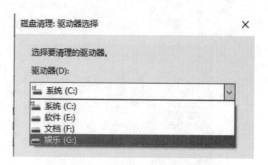

图 2-73　选择准备清理的磁盘

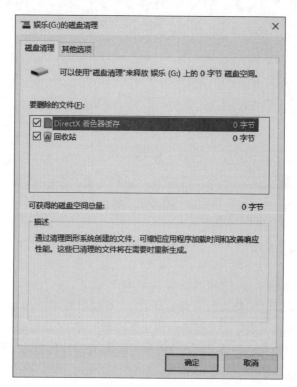

图 2-74　选择要删除的文件

(4) 在打开的"磁盘清理"对话框中单击"删除文件"按钮即可完成磁盘清理的操作,如图 2-75 所示。

2. 整理磁盘碎片

定期整理磁盘碎片可以保证文件的完整性,从而提高计算机读取文件的速度,整理磁盘碎片的操作步骤如下:

(1) 在系统桌面上单击屏幕左下角的"开始"按钮,在其打开的所有程序列表中选择"Windows 管理工具"选项,在展开的子菜单中选择"碎片整理和优化驱动器"选项,如图 2-76 所示。

图 2-75 单击"删除文件"按钮   图 2-76 选择"碎片整理和优代驱动器"选项

(2) 在打开的"优化驱动器"窗口的"状态"列表框中单击准备整理的磁盘,如 F 盘,单击"优化"按钮,如图 2-77 所示。

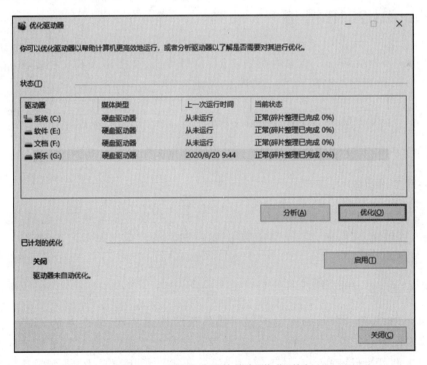

图 2-77 选择驱动器并单击"优化"按钮

(3) 碎片整理结束,单击"关闭"按钮关闭"优化驱动器"窗口完成整理磁盘碎片操作。

第3章

Word 2016文字处理

从本章开始介绍目前广泛应用的 Microsoft Office 2016 现代商用办公软件，主要包括 Word 文字处理软件、Excel 电子表格软件和 PowerPoint 演示文稿软件。本章介绍 Word 文字处理软件的相关内容。

学习目标：

- 熟悉 Word 2016 的窗口界面。
- 掌握 Word 文档的基本操作。
- 掌握文档的输入、编辑和排版操作。
- 掌握图形处理和表格处理的基本操作。
- 熟悉复杂的图文混排操作。

3.1 Word 2016 概述

本节将主要介绍 Word 2016 的新增功能、窗口界面、文档格式和文档视图。要注意的是，Word 2016 的新增功能在 Office 2016 的其他组件中也同样适用。

3.1.1 Word 2016 的新增功能

Word 2016 作为文字处理软件较之以前的版本增加了以下新功能。

1. 协同工作功能

Office 2016 新加入了协同工作的功能，只要通过共享功能选项发出邀请，就可以让其他使用者一同编辑文件，而且每个使用者编辑过的地方，也会出现提示，让所有人都可以看到哪些段落被编辑过。

2. 操作说明搜索功能

Word 2016 选项卡右侧的搜索框提供操作说明搜索功能，即全新的 Office 助手 Tell Me。在搜索框中输入想要搜索的内容，搜索框会给出相关命令，这些都是标准的 Office 命令，直接单击即可执行该命令。对于使用 Office 不熟练的用户来说，将会为其带来更大的方便。

3. 云模块与 Office 融为一体

Office 2016 中云模块已经很好地与 Office 融为一体。Word 文档可以使用本地硬盘存储，也可以指定云模块 OneDrive 作为默认存储路径。基于云存储的文件用户可以通过手机、iPad 或是其他客户端等设备随时存取存放到云端上的文件。

4. 增加"加载项"功能组

"插入"选项卡中增加了一个"加载项"功能组，里面包含"获取加载项""我的加载项"两个按钮。这里主要是微软和第三方开发者开发的一些应用 App，主要是为 Office 提供一些扩充性的功能。比如用户可以下载一款检查器，来帮助检查文档的断字或语法问题等。

5. 手写公式

Word 2016 中增加了一个相当强大而又实用的功能——墨迹公式，使用该公式可以快速地在编辑区域手写输入数学公式，并能够将这些公式转换成为系统可识别的文本格式。

6. 简化文件分享操作

Word 2016 将共享功能和 OneDrive 进行了整合，在"文件"按钮的"共享"界面中，可以直接将文件保存到 OneDrive 中，然后邀请其他用户一起来查看、编辑文档。同时多人编辑文档的记录都能够保存下来。

3.1.2 Word 2016 窗口

在系统桌面单击"开始"按钮，在弹出的"开始"菜单中选择"Word 2016"选项，打开如图 3-1 所示的启动 Word 2016 的界面，单击右侧"新建"栏中的"空白文档"图标，打开如图 3-2 所示的 Word 2016 窗口。

图 3-1 启动 Word 2016 的界面

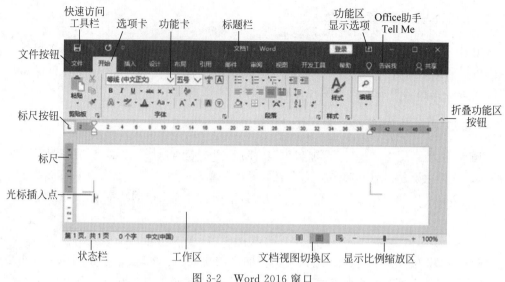

图 3-2　Word 2016 窗口

Word 2016 窗口主要由标题栏、快速访问工具栏、文件按钮、选项卡、功能区、工作区、状态栏、文档视图切换区和显示比例缩放区等组成。

1. 标题栏

标题栏位于窗口的顶端,用于显示当前正在运行的程序名及文件名等信息,标题栏最右端有 3 个按钮,分别用来控制窗口的最小化、最大化/还原和关闭。

2. 快速访问工具栏

快速访问工具栏中包含常用操作的快捷按钮,方便用户使用。在默认状态下,仅包含"保存""撤销"和"恢复"3 个按钮,单击右侧的下拉按钮可添加其他快捷按钮。

3. Office 助手 Tell Me

Office 助手 Tell Me 提供操作说明搜索功能。在搜索框中输入想要搜索的内容,搜索框会给出相关命令,这些都是标准的 Office 命令,直接单击即可执行该命令。

4. "文件"按钮和选项卡

"文件"按钮主要用于控制执行文档的新建、打开、关闭和保存等操作。

常见选项卡有"开始""插入""设计""布局""引用""邮件""审阅""视图"等,单击其中某一选项卡,即打开相应的功能区。对于某些操作,软件会自动添加与操作相关的选项卡,如插入或选中图片时软件会自动在常见选项卡右侧添加"图片工具-格式"选项卡,方便用户对图片的操作。

5. 功能区

功能区用于显示某选项卡下的各个功能组,例如在图 3-2 中显示的是"开始"选项卡下的"剪贴板""字体""段落""样式"和"编辑"等功能组,组内列出了相关的命令按钮。某些功能组右下角有一个"对话框启动器"按钮,单击此按钮可打开一个与该组命令相关的对话框。

窗口右上角的"功能区显示选项"按钮用于控制选项卡和功能区的显示与隐藏,单击该按钮弹出其下拉列表,如图3-3所示。单击功能区右侧的"折叠功能区"按钮,如图3-2所示,将功能区折叠起来仅显示选项卡;如果要同时显示选项卡和功能区应单击"功能区显示选项"按钮,在其下拉列表中选择"显示选项卡和命令"选项即可。

图3-3 "功能区显示选项"按钮的下拉列表

下面就常用选项卡及相应功能区进行简要介绍。

(1)"开始"选项卡。

"开始"选项卡包括"剪贴板""字体""段落""样式"和"编辑"5个组,该选项卡主要用于对 Word 文档进行文字编辑和字体、段落的格式设置是最常用的选项卡。

(2)"插入"选项卡。

"插入"选项卡包括"页面""表格""插图""加载项""媒体""链接""批注""页眉和页脚""文本"和"符号"10个组,主要用于在 Word 文档中插入各种元素。

(3)"设计"选项卡。

"设计"选项卡包括"文档格式"和"页面背景"两个组,主要用于文档的格式以及页面背景设置。

(4)"布局"选项卡。

"布局"选项卡包括"页面设置""稿纸""段落"和"排列"4个组,主要用于帮助用户设置 Word 文档页面样式。

(5)"引用"选项卡。

"引用"选项卡包括"目录""脚注""信息检索""引文与书目""题注""索引"和"引文目录"7个组,主要用于在 Word 文档中插入目录等,用以实现比较高级的功能。

(6)"邮件"选项卡。

"邮件"选项卡包括"创建""开始邮件合并""编写和插入域""预览结果"和"完成"5个组,该选项卡的用途比较专一,主要用于在 Word 文档中进行邮件合并方面的操作。

(7)"审阅"选项卡

"审阅"选项卡包括"校对""辅助功能""语言""中文简繁转换""批注""修订""更改""比较""保护"和"墨迹"10个组,主要用于对 Word 文档进行校对和修订等操作,适用于多人协作处理 Word 长文档。

(8)"视图"选项卡

"视图"选项卡包括"文档视图""页面移动""显示""缩放""窗口""宏"和"SharePoint"7个组,主要用于帮助用户设置 Word 操作窗口的视图类型,以方便操作。

6.导航窗格

在"视图"选项卡中的"显示"功能组中勾选"导航窗格"复选框可显示导航窗格,如图3-4所示。导航窗格主要用于显示当前文档的标题级文字,以方便用户快速查看文档,单击其中的标题即可快速跳转到相应的页面,如图 3-5 所示。单击"导航"窗格右侧的下拉按钮,在其下拉列表中选择"移动"选项,可将其放置在当前窗口的任何位置。

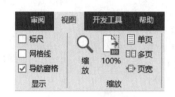

图 3-4　选中"导航窗格"复选框

图 3-5　显示"导航"窗格

7. 工作区

功能区下的空白区域为工作区,也就是文本编辑区,是输入文本、添加图形图像以及编辑文档的区域,对文本的操作结果也都将显示在该区域。文本编辑区中闪烁的光标为插入点,是文字和图片的输入位置,也是各种命令生效的位置。工作区右边和下边分别是垂直滚动条和水平滚动条。

8. 标尺

在"视图"选项卡的"显示"组中选中"标尺"复选框,方能显示文档的垂直标尺和水平标尺,如图 3-4 所示。

9. 状态栏和视图栏

窗口的左侧底部显示的是状态栏,主要提供当前文档的页码、字数、修订、语言、改写或插入等信息。窗口的右侧底部显示的是视图栏,包括文档视图切换区和显示比例缩放区,单击文档视图切换区相应按钮可以切换文档视图,拖动显示比例缩放区中的"显示比例"滑块或单击两端的"＋"号或"－"号可以改变文档编辑区的大小。

3.1.3　文档格式和文档视图

1. Word 2016 文档格式

在计算机中,信息是以文件为单位存储在外存中的,通常将由 Word 生成的文件称为 Word 文档。Word 文档格式自 Word 2007 版本开始之后的版本都是基于新的 XML 的压缩文件格式,在传统的文件扩展名后面添加了字母"x"或"m","x"表示不含宏的 XML 文件,"m"表示含有宏的 XML 文件,如表 3-1 所示。

表 3-1 Word 2016 中的文件类型与其对应的扩展名

文 件 类 型	扩 展 名
Word 2016 文档	. docx
Word 2016 启用宏的文档	. docm
Word 2016 模板	. dotx
Word 2016 启用宏的模板	. dotm

2．Word 2016 文档视图

Word 2016 主要有五种视图,分别是阅读视图、页面视图、Web 版式视图、大纲视图、草稿视图。其中大纲视图、草稿视图需在"视图"选项卡下的"视图"组中进行切换,如图 3-6 所示。

图 3-6 "视图"选项卡中的"视图"功能组

1）阅读视图

在该视图模式中,文档将全屏显示,一般用于阅读长文档,用户可对文字进行勾画和批注,如图 3-7 所示。单击左、右三角形按钮可切换文档页面显示,按键盘左上角的 Esc 键可退出阅读视图模式。

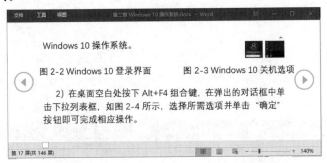

图 3-7 阅读视图

2）页面视图

页面视图是 Word 默认的视图模式,该视图中显示的效果和打印的效果完全一致。在页面视图中可看到页眉、页脚、水印和图形等各种对象在页面中的实际打印位置,便于用户对页面中的各种对象元素进行编辑,如图 3-8 所示。

3）Web 版式视图

Web 版式视图专为浏览和编辑 Web 网页而设计,它能够模仿 Web 浏览器来显示 Word 文档。例如,文档将显示为一个不带分页符的长页,并且文本和表格将自动换行以适应窗口的大小,如图 3-9 所示。

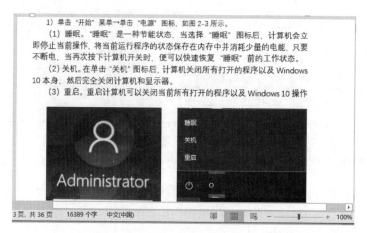

图 3-8　页面视图

图 3-9　Web 版式视图

4) 大纲视图

大纲视图就像是一个树状的文档结构图,常用于编辑长文档,如论文、标书等。大纲视图按照文档中标题的层次来显示文档,可将文档折叠起来只看主标题,也可将文档展开查看整个文档的内容,如图 3-10 所示。

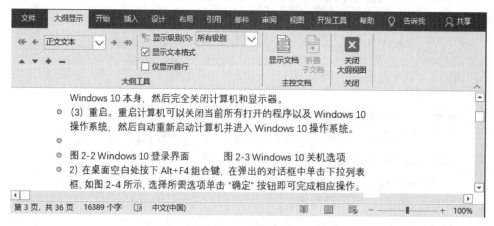

图 3-10　大纲视图

5）草稿视图

草稿视图是 Word 2016 中最简化的视图模式,在该视图模式中,只会显示文档中的文字信息而不显示文档的装饰效果,常用于文字校对,如图 3-11 所示。

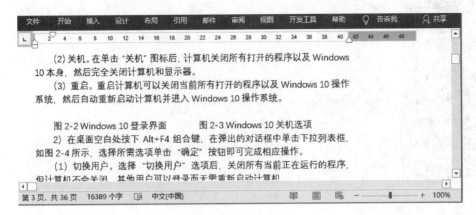

图 3-11 草稿视图

【提示】 一般来说,使用 Word 编辑文档时默认使用页面视图模式。

3.2 Word 文档的基本操作

Word 文档的基本操作主要包括文档的新建、保存、打开、关闭、输入文本以及编辑文档等。

3.2.1 Word 文档的新建、保存、打开与关闭

1. 新建文档

在 Word 2016 中可以新建空白文档,也可以根据现有内容新建具有特殊要求的文档。

1）新建空白文档

新建空白文档的操作步骤如下:

(1) 单击"文件"按钮,在打开的 Backstage 视图中的左侧列表中选择"新建"选项。

(2) 在右侧的"新建"栏中单击"空白文档"图标,即可新建一个文件名为"文档 1-Word"的空白文档,如图 3-12 所示。

2）根据模板创建文档

在 Word 2016 中,模板分为 3 种,第一种是安装 Office 2016 时系统自带的模板;第二种是用户自己创建后保存的自定义模板(* .dotx);第三种是 Office 网站上的模板,需要下载才能使用。Word 2016 更新了模板搜索功能,可以直接在 Word 文件内搜索需要的模板,大大提高了工作效率。

在如图 3-12 所示的"新建"栏中单击所需要的模板图标,如市内传真、简历、学生报告等,即可新建对应模板的 Word 文档,以满足自己的特殊需要。

图 3-12   Backstage 视图中的"新建"选项

2. 保存文档

1) 保存新建文档

如果要对新建文档进行保存,可单击快速访问工具栏上的"保存"按钮;也可单击"文件"按钮,在打开的 Backstage 视图左侧下拉列表中选择"保存"选项。在这两种情况下都会弹出一个"文件"按钮的"另存为"界面,在该界面中有两种保存方式。

(1) 选择保存云端,在联机情况下单击"OneDrive"登录或者单击"添加位置"设置云端账户登录到云端存储,以该方式存储的文档可以与他人共享。

(2) 保存在本地计算机上,双击"此电脑"按钮或者"浏览"按钮,找到保存位置(如桌面)并双击,如图 3-13 所示,将打开"另存为"对话框,然后在"文件名"文本框中输入文件名,在"保存类型"下拉列表框中选择默认类型,即"Word 文档(∗.docx)",然后单击"保存"按钮,如图 3-14 所示。

图 3-13   在"另存为"界面中双击保存位置"桌面"

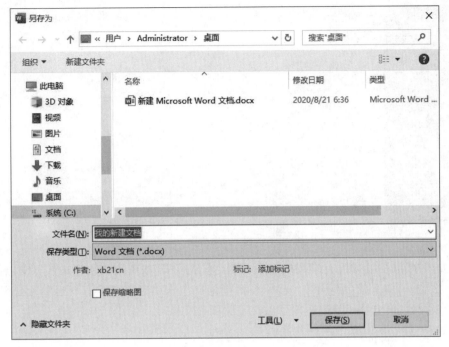

图 3-14 "另存为"对话框

2）保存已有文档

对于已经保存过的文档经过处理后的保存，可单击快速访问工具栏上的"保存"按钮；也可单击"文件"按钮，在弹出的下拉列表中选择"保存"选项，或者使用组合键 Ctrl+S 进行快速保存，在这几种情况下都会按照原文件的存放路径、文件名称及文件类型进行保存。

3）另存为其他文档

如果文档已经保存过，在进行了一些编辑操作之后，若要保留原文档、文件更名、改变文件保存路径或者改变文件类型，都需要单击"文件"按钮，在弹出的"另存为"界面进行保存，保存方式同保存新建文档步骤类似。

3. 打开和关闭文档

对于任何一个文档，都需要先将其打开，然后才能对其进行编辑。编辑完成后，可将文档关闭。

1）打开文档

用户可参考如下方法打开 Word 文档。

（1）对于已经存在的 Word 文档，只需双击该文档的图标便可打开该文档。

（2）若要在一个已经打开的 Word 文档中打开另外一个文档，可单击"文件"按钮，在打开的 Backstage 视图左侧下拉列表中选择"打开"选项，在右侧的"打开"界面中找到并双击需要打开的文件，如图 3-15 所示。

2）关闭文档

对文档完成全部操作后，要关闭文档时，可单击"文件"按钮，在打开的 Backstage 视图左侧下拉列表中选择"关闭"选项，或单击窗口右上角的"关闭"按钮。

图 3-15　在一个 Word 文档中打开另外一个文档

在关闭文档时,如果没有对文档进行编辑、修改操作,可直接关闭;如果对文档做了修改,但还没有保存,系统会弹出一个提示对话框询问用户是否需要保存已经修改过的文档,如图 3-16 所示,单击"保存"按钮即可保存并关闭该文档。

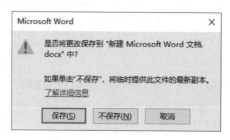

图 3-16　保存提示对话框

3.2.2　在文档中输入文本

用户建立的文档常常是一个空白文档,还没有具体的内容,下面介绍向文档中输入文本的一般方法。

1. 定位"插入点"

在 Word 文档的输入编辑状态下光标起着定位的作用,光标的位置即对象的"插入点"位置。定位"插入点"可通过键盘和鼠标的操作来完成。

1) 用键盘快速定位"插入点"

* Home 键:将"插入点"移到所在行的行首。
* End 键:将"插入点"移到所在行的行尾。
* PgUp 键:上翻一屏。
* PgDn 键:下翻一屏。
* Ctrl+Home:将"插入点"移动到文档的开始位置。
* Ctrl+End:将"插入点"移动到文档的结束位置。

2）用鼠标"单击"直接定位"插入点"

将鼠标指针指向文本的某处，直接单击即可定位"插入点"。

2. 输入文本的一般方法和原则

在文档中除了可以输入汉字、数字和字母以外，还可以插入日期和一些特殊的符号。

在输入文本过程中，Word 遵循以下原则。

- Word 具有自动换行功能，因此当输入到每一行的末尾时不要按 Enter 键，Word 会自动换行，只有当一个段落结束时才需要按 Enter 键，此时将在插入点的下一行重新创建一个新的段落，并在上一个段落的结束处显示段落结束标记。
- 按 Space 键，将在插入点的左侧插入一个空格符号，其宽度将由当前输入法的全/半角状态而定。
- 按 BackSpace 键，将删除插入点左侧的一个字符；按 Delete 键，将删除插入点右侧的一个字符。

3. 插入符号

在文档中插入符号可以使用 Word 的插入符号的功能，操作步骤如下：

（1）将插入点移动到需要插入符号的位置，在"插入"选项卡的"符号"组中单击"符号"按钮，在弹出的下拉列表中选择需要的符号，如图 3-17 所示。

（2）如不能满足要求，再选择"其他符号"选项，打开"符号"对话框，在"符号"或"特殊字符"选项卡下可分别选择所需的符号或特殊字符，如图 3-18 所示。

图 3-17 "符号"下拉列表

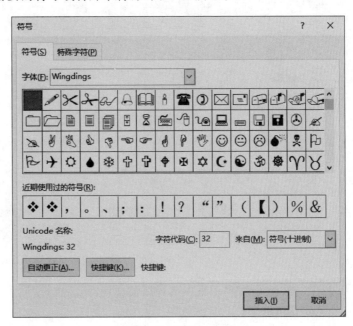

图 3-18 "符号"对话框

（3）选择"符号"或"特殊字符"后单击"插入"按钮，再单击"关闭"按钮关闭对话框，即可完成操作。

4. 插入文件

插入文件是指将另一个 Word 文档的内容插入到当前 Word 文档的插入点,使用该功能可以将多个文档合并成一个文档,操作步骤如下:

(1) 定位插入点,在"插入"选项卡的"文本"组中单击"对象"下拉按钮。

(2) 从下拉列表中选择"文件中的文字"选项,如图 3-19 所示,打开"插入文件"对话框,如图 3-20 所示。

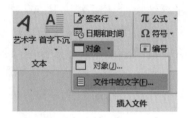

图 3-19　"对象"下拉列表

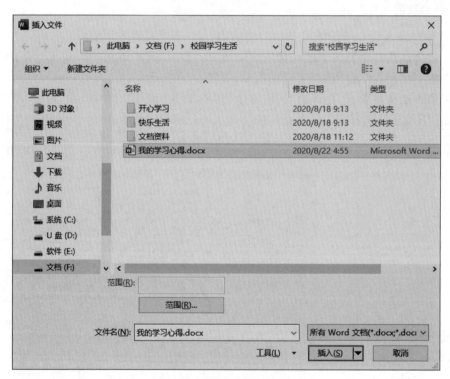

图 3-20　"插入文件"对话框

(3) 在"插入文件"对话框中选择所需文件,然后单击"插入"按钮,插入文件内容后系统会自动关闭对话框。

5. 插入数学公式

编辑文档时常常需要输入数学符号和数学公式,可以使用 Word 提供的"公式编辑器"来输入。例如要建立如下数学公式:

$$f(x) = a_0 + \sum_{n=1}^{\infty} \left(a_n \cos \frac{n\pi x}{L} + b_n \sin \frac{n\pi x}{L} \right)$$

可采用如下输入方法和步骤。

（1）将"插入点"定位到需要插入数学公式的位置，在"插入"选项卡的"符号"组中单击"公式"的下三角按钮，在弹出的下拉列表中选择所需公式，如图 3-21 所示。

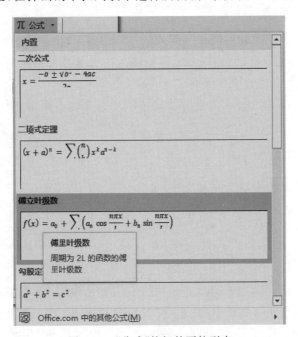

图 3-21　"公式"按钮的下拉列表

（2）如在下拉列表中找不到所需公式，则在联机情况下，可以单击"Office 中的其他公式"命令扩展寻找范围进行查找。

3.2.3　编辑文档

文档编辑主要包括文本的选定，文本的插入与改写，文本的复制与移动，文本的删除，文本的查找与替换，撤销、恢复或重复等。

1．文本的选定

1）连续文本区的选定

将鼠标指针移动到需要选定文本的开始处，按下鼠标左键拖动至需要选定文本的结尾处，释放左键；或者单击需要选定文本的开始处，按下 Shift 键在结尾处单击，被选中的文本呈反显状态。

2）不连续多块文本区的选定

在选择一块文本之后，按住 Ctrl 键选择另外的文本，则多块文本可同时选中。

3）文档的一行、一段以及全文的选定

移动鼠标指针至文档左侧的文档选定区，当鼠标指针变成空心斜向上的箭头时单击可选中鼠标箭头所指向的一整行，双击可选中整个段落，三击可选中全文。

4）选定整篇文档

- 按住 Ctrl 键单击文档选定区的任何位置。
- 按 Ctrl＋A 组合键。
- 在"开始"选项卡的"编辑"组中单击"选择"→"全选"按钮。

2．文本的插入与改写

插入与改写是输入文本时的两种不同的状态,在"插入"状态下输入文本时,插入点右侧的文本将随着新输入文本自动向右移动,即新输入的文本插入到原来的插入点之前;而在"改写"状态时,插入点右边的文本被新输入的文本所替代。

按 Insert 键或单击文档窗口底部状态栏中的"改写/插入"按钮,便可以在这两种状态之间进行切换。

3．文本的复制与移动

复制与移动文本常使用以下两种方法。

1）使用鼠标左键

选定需要复制与移动的文本,按下鼠标左键拖动至目标位置为移动,在按下鼠标左键的同时按住 Ctrl 键拖动至目标位置为复制。

2）使用剪贴板

选定需要复制与移动的文本,在"开始"选项卡的"剪贴板"组中单击"复制"按钮或"剪切"按钮,或右击后选择快捷菜单中的"复制"或"剪切"选项;将光标移至目标位置,再单击"剪贴板"组中的"粘贴"按钮,或右击后选择快捷菜单中的"粘贴"选项。单击"复制"按钮和选择"复制"选项实现的是复制,单击"剪切"按钮和选择"剪切"选项实现的是移动。

4．文本的删除

如果要删除一个字符,可以将插入点移动到要删除字符的左边,然后按 Delete 键;也可以将插入点移动到要删除字符的右边,然后按 BackSpace 键;如果要删除一个连续的文本区域,首先选定需要删除的文本,然后按 BackSpace 键或按 Delete 键均可。

5．文本的查找与替换

查找与替换操作是编辑文档的过程中常用的操作。在进行查找和替换操作之前需要在"查找和替换"对话框中注意查看"搜索选项"栏中的各个选项的含义,如表 3-2 和图 3-25 所示。

表 3-2　"搜索选项"组中各选项的含义

选 项 名 称	操 作 含 义
全部	整篇文档
向上	插入点到文档的开始处
向下	插入点到文档的结尾处
区分大小写	查找或替换字母时需区分字母的大小写

续表

选 项 名 称	操 作 含 义
全字匹配	在查找时只有完整的词才能被找到
使用通配符	可用"?"或"*"分别代表任意一个字符或任意一个字符串
区分全角/半角	在查找或替换时,所有字符需区分全角/半角
忽略空格	查找或替换时,空格将被忽略

【例3.1】 进入"第3章素材库\例题3"下的"例3.1"文件夹打开"查找和替换(文字素材).docx"文档,将文档中的"儿童"替换成"孩子",替换字体颜色为"红色",字形为"粗体"、带"粗下画线",分别如图3-22和图3-23所示。要求将替换后的文档保存在"例3.1"文件夹中,文件名为"查找和替换(替换结果).docx"。

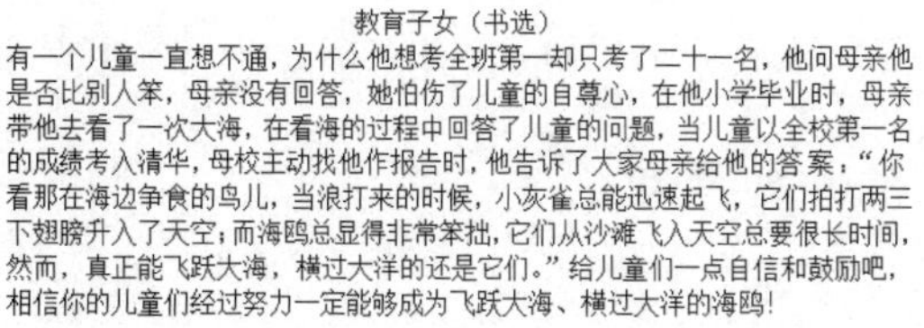

教育子女(书选)

有一个儿童一直想不通,为什么他想考全班第一却只考了二十一名,他问母亲他是否比别人笨,母亲没有回答,她怕伤了儿童的自尊心,在他小学毕业时,母亲带他去看了一次大海,在看海的过程中回答了儿童的问题,当儿童以全校第一名的成绩考入清华,母校主动找他作报告时,他告诉了大家母亲给他的答案,"你看那在海边争食的鸟儿,当浪打来的时候,小灰雀总能迅速起飞,它们拍打两三下翅膀升入了天空;而海鸥总显得非常笨拙,它们从沙滩飞入天空总要很长时间,然而,真正能飞跃大海、横过大洋的还是它们。"给儿童们一点自信和鼓励吧,相信你的儿童们经过努力一定能够成为飞跃大海、横过大洋的海鸥!

图3-22 替换前的文档

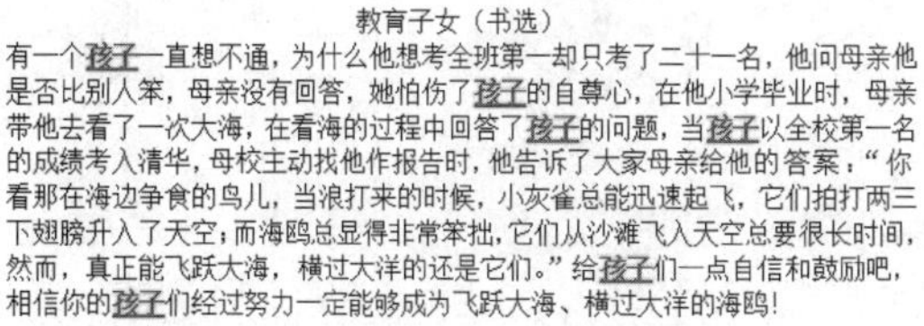

教育子女(书选)

有一个**孩子**一直想不通,为什么他想考全班第一却只考了二十一名,他问母亲他是否比别人笨,母亲没有回答,她怕伤了**孩子**的自尊心,在他小学毕业时,母亲带他去看了一次大海,在看海的过程中回答了**孩子**的问题,当**孩子**以全校第一名的成绩考入清华,母校主动找他作报告时,他告诉了大家母亲给他的答案,"你看那在海边争食的鸟儿,当浪打来的时候,小灰雀总能迅速起飞,它们拍打两三下翅膀升入了天空;而海鸥总显得非常笨拙,它们从沙滩飞入天空总要很长时间,然而,真正能飞跃大海、横过大洋的还是它们。"给**孩子**们一点自信和鼓励吧,相信你的**孩子**们经过努力一定能够成为飞跃大海、横过大洋的海鸥!

图3-23 文档经替换后的效果

操作步骤如下:

(1) 进入"例题3"下的"例3.1"文件夹,打开"查找和替换(文字素材).docx"文档,在"开始"选项卡的"编辑"组中单击"替换"按钮,打开"查找和替换"对话框并切换至"替换"选项卡。在"查找内容"文本框中输入"儿童",在"替换为"文本框中输入"孩子",如图3-24所示。

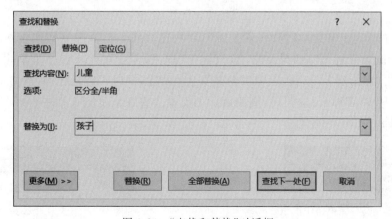

图3-24 "查找和替换"对话框

(2) 单击"更多"按钮扩展对话框,再将光标定位于"替换为"文本框中,选择"格式"选项列表中的"字体"选项,如图 3-25 所示,设置字体格式为"加粗、粗下画线"和"字体颜色为红色"。

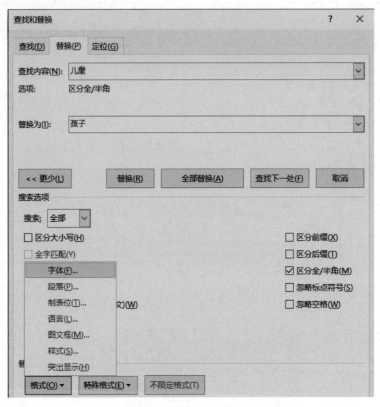

图 3-25　单击"更多"按钮扩展对话框

(3) 单击"全部替换"按钮后关闭对话框。

(4) 以"查找和替换(替换结果).docx"为文件名保存在"例 3.1"文件夹中。

【注意】　通过替换操作不仅可以替换内容,也可以同时替换内容和格式,也可以只进行格式的替换。

6. 撤销、恢复或重复

向文档中输入一串文本,如"科学技术",在快速访问工具栏中立即产生两个命令按钮"撤销键入"和"重复键入",如果单击"重复键入"按钮,则会在插入点处重复输入这一串文本;如果单击"撤销键入"按钮,刚输入的文本会被清除,同时,"重复键入"按钮变成"恢复键入"按钮,单击"恢复键入"按钮后,刚刚清除的文本会重新恢复到文档中,分别如图 3-26 和图 3-27 所示。

图 3-26　撤销操作按钮

图 3-27　恢复操作按钮

按钮名称中的"键入"两个字是随着操作的不同而变化的,例如,如果执行的是删除文本操作,则按钮名称会变成"撤销清除"和"重复清除"。

使用撤销操作按钮可以撤销编辑操作中最近一次的误操作,而使用恢复操作按钮可以恢复被撤销的操作。

3.3 Word 文档的基本排版

文本输入、编辑完成以后就可以进行排版操作了。这里我们先介绍 Word 文档的基本排版,然后再介绍高级排版。基本排版主要包括文字格式、段落格式和页面格式的设置。

3.3.1 设置文字格式

文字格式,即字符格式,主要是指字体、字号、倾斜、加粗、下画线、颜色、字符边框和字符底纹等。在 Word 中,文字通常有默认的格式,在输入文字时采用默认的格式,如果要改变文字的格式,用户可以重新设置。

在设置文字格式时要先选定需要设置格式的文字,如果在设置之前没有选定任何文字,则设置的格式对后来输入的文字有效。

设置文字格式有两种方法,一种是在"开始"选项卡的"字体"组中单击相应的命令按钮进行设置,如图 3-28 所示;另一种是单击"字体"组右下角的对话框启动器按钮,即"字体"按钮,打开"字体"对话框进行设置,如图 3-29 所示。

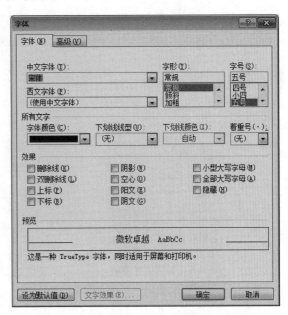

图 3-28 "字体"组   图 3-29 "字体"对话框

"开始"选项卡的"字体"组中的按钮分为两行,第 1 行从左到右分别是字体、字号、增大字号、缩小字号、更改大小写、清除所有格式、拼音指南和字符边框按钮,第 2 行从左到右分别是加粗、倾斜、下画线、删除线、下标、上标、文本效果和版式、以文本突出显示颜色、字体颜色、字符底纹和带圈字符按钮。

1. 设置字体和字号

在 Word 2016 中,对于汉字,默认的字体和字号分别是等线(中文正)、五号,对于西文字符分别是等线(西文正)、五号。

字体和字号的设置可以分别用"字体"组中的字体、字号按钮或者"字体"对话框中的"字体"和"字号"下拉列表实现,其中在对话框中设置字体时中文和西文字体可分别进行设置。在"字体"下拉列表中列出了可以使用的字体,包括汉字和西文,在列出字体名称的同时还会显示该字体的实际外观,如图 3-30 所示。

在设置字号时可以使用中文格式,以"号"作为字号单位,如"初号""五号""八号"等,"初号"为最大,"八号"为最小;也可以使用数字格式,以"磅"作为字号单位,如"5"表示 5 磅、"72"表示 72 磅等,72 磅为最大,5 磅为最小。

2. 设置字形和颜色

文字的字形包括常规、倾斜、加粗和加粗倾斜 4 种,字形可使用"字体"组中的"加粗"按钮和"倾斜"按钮进行设置。字体的颜色可使用"字体"组中的"字体颜色"下拉列表进行设置,如图 3-31 所示。文字的字形和颜色还可通过"字体"对话框进行设置。

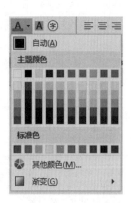

图 3-30　"字体"下拉列表

图 3-31　"字体颜色"下拉列表

3. 设置下画线和着重号

在"字体"对话框的"字体"选项卡中可以对文本设置不同类型的下画线,也可以设置着重号,如图 3-32 所示,在 Word 中默认的着重号为"."。

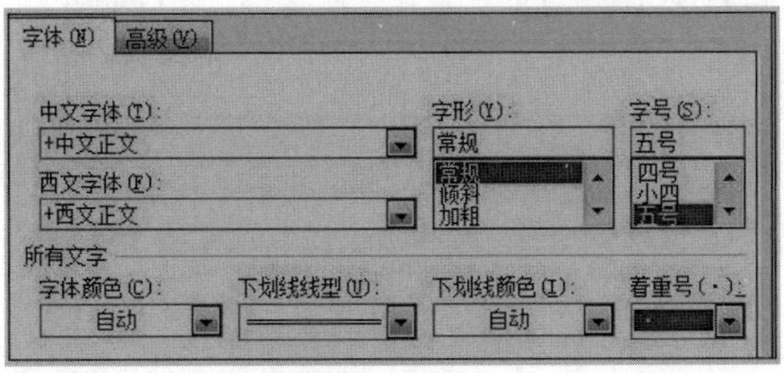

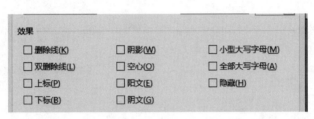

图 3-32 在"字体"对话框中设置下画线和着重号

设置下画线最直接的方法是使用"字体"组中的"下画线"按钮。

4. 设置文字特殊效果

文字特殊效果包括"删除线""双删除线""上标"和"下标"等。文字特殊效果的设置方法为选定文字,在"字体"对话框的"字体"选项卡下的"效果"选项组中选择需要的效果项,再单击"确定"按钮,如图 3-33 所示。

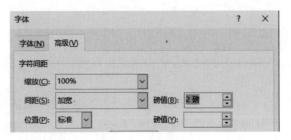

图 3-33 在"字体"对话框中设置文字特殊效果

如果只是对文字加删除线或者对文字设置上标或下标,直接使用"字体"组中的删除线、上标或下标按钮即可。

5. 设置文字间距

在"字体"对话框的"高级"选项卡下的"字符间距"选项组中可设置文字的缩放、间距和位置,如图 3-34 所示。

图 3-34 "字体"对话框中的"高级"选项卡

6. 设置文字边框和文字底纹

1) 设置文字边框
(1) 给文字设置系统默认的边框,选定文字后直接在"开始"选项卡的"字体"组中单击

"字符边框"按钮。

(2)给文字设置用户自定义的边框,选定文字后,在"设计"选项卡的"页面背景"组中单击"页面边框"按钮,如图 3-35 所示,打开"边框和底纹"对话框,切换至"边框"选项卡,在"设置"选择区中选择方框类型,再设置方框的"样式""颜色"和"宽度";在"应用于"下拉列表中选择"文字"选项,如图 3-36 所示,然后单击"确定"按钮。

图 3-35 "设计"选项卡的"页面背景"组

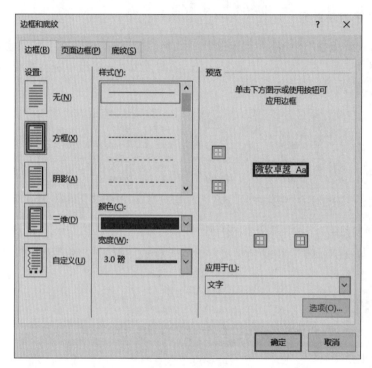

图 3-36 设置文字边框

2)设置文字底纹

(1)给文字设置系统默认的底纹,选定文字后直接在"开始"选项卡的"字体"组中单击"字符底纹"按钮。

(2)给文字设置用户自定义的底纹,首先打开"边框和底纹"对话框,然后切换至"底纹"选项卡,在"填充"组中选择颜色,或在"图案"组中选择"样式";并在"应用于"下拉列表中选择"文字",如图 3-37 所示,然后单击"确定"按钮。

7. 文字格式的复制和清除

1)复制文字格式

复制格式需要使用"开始"选项卡的"剪贴板"组中的"格式刷"按钮完成,这个"格式刷"

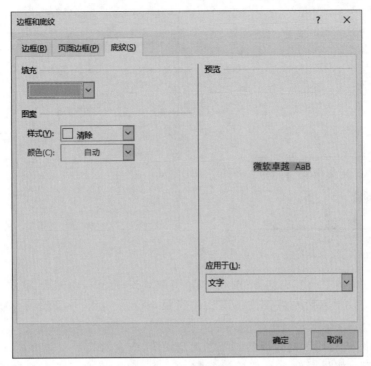

图 3-37　设置文字底纹

不仅可以复制文字格式,还可以复制段落格式,复制文字格式的操作如下:

(1) 选定已设置好文字格式的文本。

(2) 在"开始"选项卡的"剪贴板"组中单击或双击"格式刷"按钮,此时该按钮呈下沉显示,鼠标指针变成刷子形状。

(3) 将光标移动到需要复制文字格式的文本的开始处,按住左键拖动鼠标直到需要复制文字格式的文本结尾处释放鼠标完成格式复制,单击为一次复制格式,双击为多次复制文字格式。

(4) 如多次复制,复制完成后还需要再次单击"格式刷"按钮结束格式的复制状态。

2) 清除文字格式

格式的清除是指将用户所设置的格式恢复到默认的状态,可以使用以下两种方法:

(1) 选定需要使用默认格式的文本,然后用格式刷将该格式复制到要清除格式的文本。

(2) 选定需要清除格式的文本,然后在"开始"选项卡的"字体"组中单击"清除格式"按钮或按 Ctrl＋Shift＋Z 组合键。

3.3.2　设置段落格式

设置段落格式常使用两种方法:一种是在"开始"选项卡的"段落"组中单击相应按钮进行设置,如图 3-38 所示;另一种是单击"段落"组右下角的"段落设置"按钮,打开"段落"对话框进行设置,如图 3-39 所示。

"开始"选项卡的"段落"组中的按钮分两行,第 1 行从左到右分别是项目符号、编号、多级列表、减少缩进量、增加缩进量、中文版式、排序和显示/隐藏编辑标记按钮,第 2 行从左到

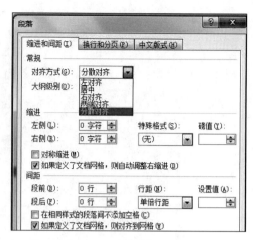

图 3-39　"段落"对话框

图 3-38　"段落"组按钮

右分别是文本左对齐、居中、右对齐、两端对齐、分散对齐、行和段落间距、底纹和边框按钮。

段落格式的设置包括缩进、对齐方式、段间距与行距、边框与底纹以及项目符号与编号等。

在 Word 中，进行段落格式设置前需先选定段落，当只对某一个段落进行格式设置时，只需选中该段落；如果要对多个段落进行格式设置，则必须先选定需要设置格式的所有段落。

1. 设置对齐方式

Word 段落的对齐方式有"两端对齐""左对齐""居中""右对齐"和"分散对齐"5 种。设置对齐方式的操作方法如下。

方法一：选定需要设置对齐方式的段落，在"开始"选项卡的"段落"组中单击相应的对齐方式按钮即可，如图 3-38 所示。

方法二：选定需要设置对齐方式的段落，在"段落"对话框的"缩进和间距"选项卡下的"常规"组中单击"对齐方式"下拉按钮，在下拉列表中选定用户所需的对齐方式，如图 3-39 所示。

2. 设置缩进方式

1）缩进方式

段落缩进方式共有 4 种，分别是首行缩进、悬挂缩进、左缩进和右缩进。

- 左缩进：实施左缩进操作后，被操作段落会整体向右侧缩进一定的距离。左缩进的数值可以为正数也可以为负数。
- 右缩进：与左缩进相对应，实施右缩进操作后，被操作段落会整体向左侧缩进一定的距离。右缩进的数值可以为正数也可以为负数。
- 首行缩进：实施首行缩进操作后，被操作段落的第一行相对于其他行向右侧缩进一定距离。
- 悬挂缩进：悬挂缩进与首行缩进相对应。实施悬挂缩进操作后，各段落除第一行以外的其余行向右侧缩进一定距离。

2）通过标尺进行缩进

选定需要设置缩进方式的段落后拖动水平标尺（横排文本时）或垂直标尺（纵排文本时）上的相应滑块到合适的位置，在拖动滑块的过程中如果按住 Alt 键，可同时看到拖动的数值。

在水平标尺上有 3 个缩进标记（其中悬挂缩进和左缩进为一个缩进标记），如图 3-40 所示，但可进行 4 种缩进，即悬挂缩进、首行缩进、左缩进和右缩进。用鼠标拖动首行缩进标记，用于控制段落的第一行第一个字的起始位置；用鼠标拖动左缩进标记，用于控制段落的第一行以外的其他行的起始位置；用鼠标拖动右缩进标记，用于控制段落右缩进的位置。

3）通过"段落"对话框进行缩进

选定需要设置缩进方式的段落后打开"段落"对话框，切换至"缩进和间距"选项卡，如图 3-41 所示，在"缩进"选项区中，设置相关的缩进值后，单击"确定"按钮。

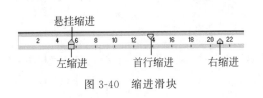

图 3-40　缩进滑块

图 3-41　用对话框进行缩进设置

4）通过"段落"组按钮进行缩进

选定需要设置缩进方式的段落后通过单击"减少缩进量"按钮或"增加缩进量"按钮进行缩进操作。

3．设置段间距和行距

段间距指段与段之间的距离，包括段前间距和段后间距，段前间距是指选定段落与前一段落之间的距离；段后间距是指选定段落与后一段落之间的距离。

行距指各行之间的距离，包括单倍行距、1.5 倍行距、2 倍行距、多倍行距、最小值和固定值。

段间距和行距的设置方法如下。

- 方法一：选定需要设置段间距和行距的段落后打开"段落"对话框，切换至"缩进和间距"选项卡，在"间距"选项组中设置"段前"和"段后"间距，在"行距"选项组中设置"行距"，如图 3-42 所示。

图 3-42　用对话框设置段间距和行距

- 方法二：选定需要设置段间距和行距的段落，在"开始"选项卡的"段落"组中单击"行和段落间距"按钮，在弹出的下拉列表中选择段间距和行距，如图 3-43 所示。

图 3-43　用命令按钮设置
段间距和行距

【注意】　不同字号的默认行距是不同的。一般来说字号越大默认行距也越大。默认行距固定值以磅值为单位,五号字的行距是 12 磅。

4．设置项目符号和编号

项目符号是一组相同的特殊符号,而编号是一组连续的数字或字母。很多时候,系统会自动给文本添加编号,但更多的时候需要用户手动添加。

对于添加项目符号或编号,用户可以在"段落"组中单击相应的按钮实现,还可以使用自动添加的方法,下面分别予以介绍。

1) 自动建立项目符号和编号

如果要自动创建项目符号和编号,应在输入文本前先输入一个项目符号或编号,后跟一个空格,再输入相应的文本,待本段落输入完成后按 Enter 键,项目符号和编号会自动添加到下一并列段的开头。

2) 设置项目符号

选定需要设置项目符号的文本段,单击"段落"组中的"项目符号"下拉按钮,在打开的"项目符号库"列表中单击选择一种需要的项目符号插入的同时系统会自动关闭"项目符号库"列表,如图 3-44 所示。

自定义项目符号的操作步骤如下:

(1) 如果给出的项目符号不能满足用户的要求,可在"项目符号"下拉列表中选择"定义新项目符号"选项,打开"定义新项目符号"对话框,如图 3-45 所示。

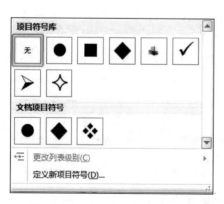

图 3-44　"项目符号库"下拉列表

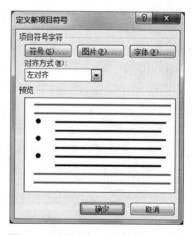

图 3-45　"定义新项目符号"对话框

(2) 在打开的"定义新项目符号"对话框中单击"符号"按钮,打开"符号"对话框,如图 3-46所示,选择一种符号,单击"确定"按钮,返回到"定义新项目符号"对话框。

(3) 单击"字体"按钮,打开"字体"对话框,可以为符号设置颜色,设置完毕后单击"确定"按钮,返回到"定义新项目符号"对话框。

(4) 选择一种符号,单击"确定"按钮,插入项目符号的同时关闭对话框。

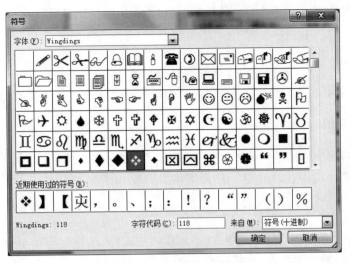

图 3-46 "符号"对话框

3）设置编号

设置编号的一般方法为在"段落"组中单击"编号"的下拉按钮，打开"编号库"下拉列表，如图 3-47 所示，从现有编号列表中选择一种需要的编号后单击"确定"按钮。

自定义编号的操作步骤如下：

（1）如果现有编号列表中的编号样式不能满足用户的要求，则在"编号"下拉列表中选择"定义新编号格式"选项，打开"定义新编号格式"对话框，如图 3-48 所示。

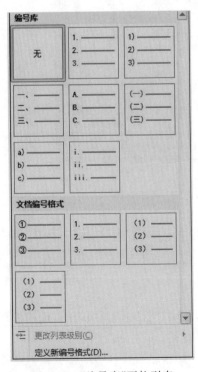

图 3-47 "编号库"下拉列表

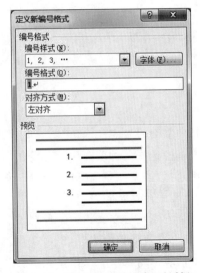

图 3-48 "定义新编号格式"对话框

（2）在"编号格式"选项组的"编号样式"下拉列表中选择一种编号样式。

（3）在"编号格式"选项组中单击"字体"按钮，打开"字体"对话框，对编号的字体和颜色进行设置。

（4）在"对齐方式"下拉列表中选择一种对齐方式。

（5）设置完成后单击"确定"按钮，在插入编号的同时系统会自动关闭对话框。

5. 设置段落边框和段落底纹

在 Word 中，边框的设置对象可以是文字、段落、页面和表格；底纹的设置对象可以是文字、段落和表格。前面已经介绍了对文字设置边框和底纹的方法，下面介绍设置段落边框、段落底纹和页面边框的方法。

1）设置段落边框

选定需要设置边框的段落，在打开的"边框和底纹"对话框中切换至"边框"选项卡，在"设置"选项组中选择边框类型，然后选择边框"样式""颜色"和"宽度"；在"应用于"下拉列表框中选择"段落"选项，如图 3-49 所示，然后单击"确定"按钮。

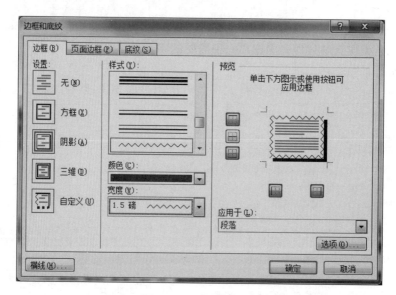

图 3-49　设置段落边框

2）设置段落底纹

选定需要设置底纹的段落，在"边框和底纹"对话框中切换至"底纹"选项卡，在"填充"下拉列表框中选择一种填充色；或者在"图案"组中选择"样式"和"颜色"；在"应用于"下拉列表框中选择"段落"，单击"确定"按钮，如图 3-50 所示。

3）设置页面边框

将插入点定位在文档中的任意位置，打开"边框和底纹"对话框，切换至"页面边框"选项卡，可以设置普通页面边框，也可以设置"艺术型"页面边框，如图 3-51 所示。

取消边框或底纹的操作是先选择带边框和底纹的对象，然后打开边框和底纹对话框，将边框设置为"无"，将底纹设置为"无填充颜色"即可。

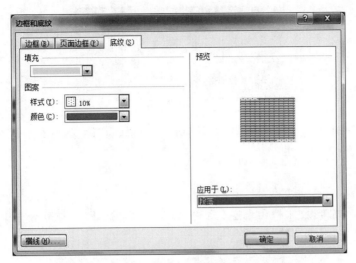

图 3-50 设置段落"底纹"

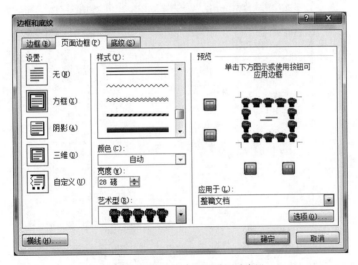

图 3-51 设置艺术型"页面边框"

3.3.3 设置页面格式

文档的页面格式设置主要包括页面排版、分页与分节、插入页码、插入页眉和页脚以及预览与打印等设置。页面格式设置一般是针对整个文档而言的。

1．页面排版

Word 在新建文档时采用默认的页边距、纸型、版式等页面格式，用户可根据需要重新设置页面格式。用户在设置页面格式时，首先必须切换至"布局"选项卡的"页面设置"组，如图 3-52 所示。"页面设置"组中的按钮从左到右分别是"文字方向""页边距""纸张方向""纸张大小"和"栏"，从上到下分别是"分隔符""行号"和"断字"。

页面格式可以通过单击"页边距""纸张方向"和"纸张大小"等按钮进行设置，也可通过

图 3-52　"页面设置"组

单击"页面设置"按钮,打开"页面设置"对话框进行设置。在此仅介绍利用"页面设置"对话框进行页面格式设置的方法。

1) 设置纸张类型

将"页面设置"对话框切换至"纸张"选项卡,在"纸张大小"下拉列表中选择纸张类型; 也可在"宽度"和"高度"文本框中自定义纸张大小; 在"应用于"下拉列表框中选择页面设置所适用的文档范围,如图 3-53 所示。

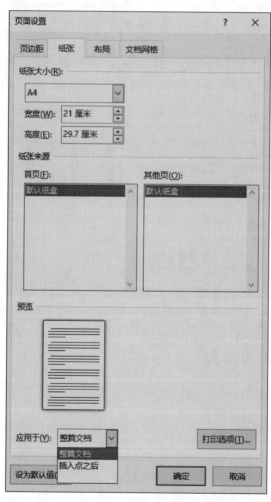

图 3-53　"纸张"选项卡

2) 设置页边距

页边距是指文本区和纸张边沿之间的距离,页边距决定了页面四周的空白区域,它包括左、右页边距和上、下页边距。

　　将"页面设置"对话框切换至"页边距"选项卡,在"页边距"组中设置上、下、左、右 4 个边距值,在"装订线"位置设置占用的空间和位置;在"纸张方向"组中设置纸张显示方向;在"应用于"下拉列表中选择适用范围,如图 3-54 所示。

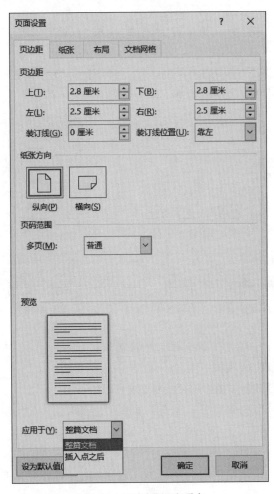

图 3-54　"页边距"选项卡

2. 分页与分节

1) 分页

　　在 Word 中输入文本,当文档内容到达页面底部时 Word 会自动分页。但有时在一页未写完时希望重新开始新的一页,这时就需要通过手工插入分页符来强制分页。

　　对文档进行分页的操作步骤如下:

　　(1) 将插入点定位到需要分页的位置。

　　(2) 切换至"布局"选项卡的"页面设置"组,单击"分隔符"按钮,如图 3-52 所示。

　　(3) 在弹出的"分隔符"下拉列表中选择"分页符"选项,即可完成对文档的分页,如图 3-55所示。

分页的最简单方法是将插入点移到需要分页的位置,按 Ctrl+Enter 组合键。

2) 分节

为了便于对文档进行格式化,可以将文档分隔成任意数量的节,然后根据需要分别为每节设置不同的样式。一般在建立新文档时 Word 将整篇文档默认为一节。分节的具体操作步骤如下:

(1)将光标定位到需要分节的位置,然后切换至"布局"选项卡的"页面设置"组,单击"分隔符"按钮。

(2)在弹出的"分隔符"下拉列表中列出了 4 种不同类型的分节符,如图 3-56 所示,选择文档所需的分节符即可完成相应的设置。

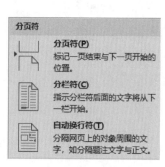

图 3-55 "分页符"

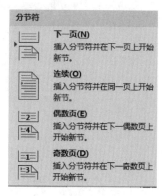

图 3-56 "分节符"

- 下一页:插入分节符并在下一页上开始新节。
- 连续:插入分节符并在同一页上开始新节。
- 偶数页:插入分节符并在下一个偶数页上开始新节。
- 奇数页:插入分节符并在下一个奇数页上开始新节。

3. 插入页码

页码用来表示每页在文档中的顺序编号,在 Word 中添加的页码会随文档内容的增删自动更新。

在"插入"选项卡的"页眉和页脚"组中单击"页码"按钮,弹出下拉列表,如图 3-57 所示,选择页码的位置和样式进行设置。如果选择"设置页码格式"选项,则打开"页码格式"对话框,可以对页码格式进行设置,如图 3-58 所示。对页码格式的设置包括对编号格式、是否包括章节号和页码的起始编号设置等。

若要删除页码,只要在"插入"选项卡的"页眉和页脚"组中单击"页码"按钮,在弹出的下拉列表项中选择"删除页码"选项即可。

4. 插入页眉和页脚

页眉是指每页文稿顶部的文字或图形,页脚是指每页文稿底部的文字或图形。页眉和页脚通常用来显示文档的附加信息,例如页码、书名、章节名、作者名、公司徽标、日期和时间等。

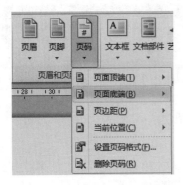

图 3-57 "页码"下拉列表

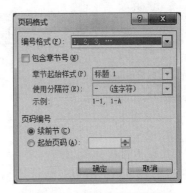

图 3-58 "页码格式"对话框

1）插入页眉/页脚

操作步骤如下：

（1）在"插入"选项卡的"页眉和页脚"组中单击"页眉"按钮，弹出下拉列表，如图 3-59 所示。选择"编辑页眉"选项，或者选择内置的任意一种页眉样式，或者直接在文档的页眉/页脚处双击，进入页眉/页脚编辑状态。

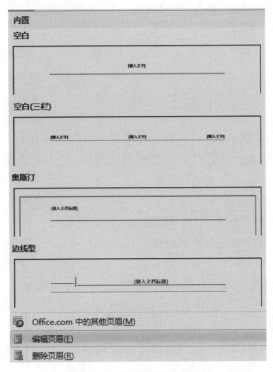

图 3-59 "页眉"下拉列表

（2）在页眉编辑区中输入页眉的内容，同时 Word 会自动添加"页眉和页脚-设计"选项卡，如图 3-60 所示。

（3）如果想输入页脚的内容，可单击"导航"组中的"转至页脚"按钮，转到页脚编辑区中输入文字或插入图形内容。

图 3-60 "页眉和页脚-设计"选项卡

2）首页不同的页眉/页脚

对于书刊、信件、报告或总结等 Word 文档，通常需要去掉首页的页眉/页脚，这时可以按以下步骤操作：

（1）进入页眉/页脚编辑状态，在"页眉和页脚-设计"选项卡的"选项"组中勾选"首页不同"复选框。

（2）按上述添加页眉和页脚的方法在页眉或页脚编辑区中输入页眉或页脚。

3）奇偶页不同的页眉/页脚

对于进行双面打印并装订的 Word 文档，有时需要在偶数页上打印书名、在奇数页上打印章节名，这时可按以下步骤操作：

（1）进入页眉/页脚编辑状态，在"页眉和页脚-设计"选项卡的"选项"组中勾选"奇偶页不同"复选框。

（2）按上述添加页眉和页脚的方法在页眉或页脚编辑区中分别输入奇数页和偶数页的页眉或页脚。

5. 预览与打印

在完成文档的编辑和排版操作后，首先必须对其进行打印预览，如果用户不满意效果还可以进行修改和调整，满意后再对打印文档的页面范围、打印份数和纸张大小进行设置，然后将文档打印出来。

1）预览文档

在打印文档之前用户可使用打印预览功能查看文档效果。打印预览的显示与实际打印的真实效果基本一致，使用该功能可以避免打印失误或不必要的损失。同时在预览窗格中还可以对文档进行编辑，以得到满意的效果。

在 Word 2016 中单击"文件"按钮，在打开的 Backstage 视图左侧列表中选择"打印"选项，弹出打印界面，其中包含 3 部分，左侧的 Backstage 视图选项列表、中间的"打印"命令选项栏和右侧的效果预览窗格，在右侧的窗格中可预览打印效果，如图 3-61 所示。

在打印预览窗格中，如果用户看不清预览的文档，可多次单击预览窗格右下方的"显示比例"工具右侧的"＋"号按钮，使之达到合适的缩放比例以便进行查看。单击"显示比例"工具左侧的"－"号按钮，可以使文档缩小至合适大小，以便实现多页方式查看文档效果。此外，拖动"显示比例"滑块同样可以对文档的缩放比例进行调整。单击"＋"号按钮右侧的"缩放到页面"按钮，可以预览文档的整个页面。

总之，在打印预览窗格中可进行以下几种操作。

（1）通过使用"显示比例"工具可设置适当的缩放比例进行查看。

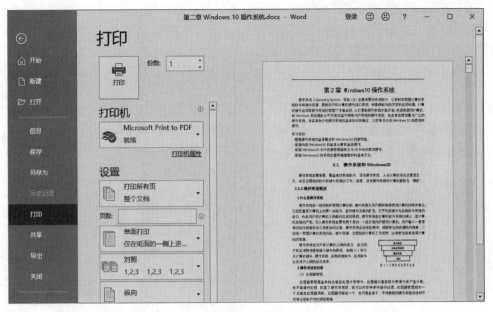

图 3-61 打印预览

（2）在预览窗格的左下方可查看到文档的总页数，以及当前预览文档的页码。

（3）通过拖动"显示比例"滑块可以实现将文档的单页、双页或多页方式进行查看。

在中间命令选项栏的底部单击"页面设置"按钮，可打开"页面设置"对话框，使用此对话框可以对文档的页面格式进行重新设置和修改。

2）打印文档

预览效果满足要求后即可对文档实施打印了，打印的操作方法如下。

在打开的"打印"界面中，在中间的"打印"命令选项栏设置打印份数、打印机属性、打印页数和双面打印等，设置完成后单击"打印"按钮即可开始打印文档。

3.4 Word 文档的高级排版

Word 文档的高级排版主要包括文档的修饰，例如分栏，首字下沉，插入批注、脚注和尾注，编辑长文档及邮件合并等。

3.4.1 分栏

对于报刊和杂志，在排版时经常需要对文章内容进行分栏排版，以使文章易于阅读，页面更加生动美观。

【例 3.2】 进入"例 3.2"文件夹打开"分栏（文字素材）.docx"文档，将正文分为等宽的两栏，中间加分隔线，然后将文档以"分栏（排版结果）.docx"为文件名保存到"例 3.2"文件夹中。

操作步骤如下：

（1）打开"分栏（文字素材）.docx"文档，选定需要进行分栏的文本区域（对整篇文档进行分栏不用选定文本区域），本例应该选中除标题文字以外的正文。

（2）在"布局"选项卡的"页面设置"组中单击"栏"按钮,弹出下拉列表,如图 3-62 所示。

（3）在"栏"按钮的下拉列表中可选择一栏、两栏、三栏或偏左、偏右,本例应该选择"更多栏"选项,打开"栏"对话框,如图 3-63 所示。

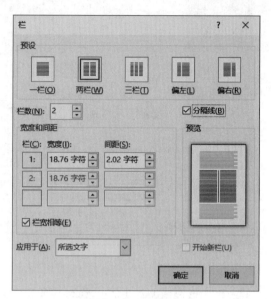

图 3-62　"栏"按钮的下拉列表　　　　　　　图 3-63　"栏"对话框

（4）在"预设"组中选择"两栏"或在"栏数"微调框中输入 2。如果设置各栏宽相等,可选中"栏宽相等"复选框。如果设置不同的栏宽,则取消选中"栏宽相等"复选框,各栏的"宽度"和"间隔"可在相应文本框中输入和调节。如果选中"分隔线"复选框,可在各栏之间加上分隔线。本例应该选择两栏并选中"栏宽相等"和"分隔线"复选框。

（5）在"应用于"下拉列表框中选择分栏设置的应用范围,本例应选择"所选文字"选项。

（6）单击"确定"按钮,完成设置,分栏效果如图 3-64 所示。

图 3-64　设置分栏效果图

（7）单击"文件"按钮,在打开的 Backstage 视图左侧列表中选择"另存为"选项,在右侧的"另存为"界面中找到并双击"例 3.2"文件夹,打开"另存为"对话框,在"文件名"文本框中输入"分栏(排版结果)",在保存类型下拉列表框中选择"Word 文档(* . docx)"选项。

【注意】　若要取消分栏,则需选中分栏的文本,然后在"分栏"对话框中设置为"一栏";如果遇到最后一段分栏不成功的情况时,则需要在段末加上回车符。

3.4.2 设置首字下沉

首字下沉是指一个段落的第一个字采用特殊的格式显示，目的是使段落醒目，引起读者的注意。设置首字下沉的方法如下。

（1）将插入点定位到需要设置首字下沉的段落。

（2）在“插入”选项卡的“文本”组中单击“首字下沉”按钮，弹出下拉列表，如图 3-65 所示。若选择“首字下沉选项”，则打开“首字下沉”对话框，和图 3-66 所示。

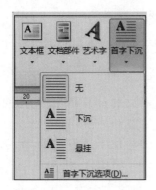

图 3-65 “首字下沉”下拉列表

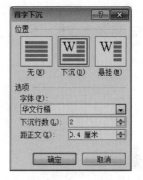

图 3-66 “首字下沉”对话框

（3）在“位置”选项栏中选择“无”将取消原来设置的首字下沉；选择“下沉”可将段落的第一个字符设为下沉格式并与左页边距对齐，段落中的其余文字环绕在该字符的右侧和下方；选择“悬挂”可将段落的第一个字符设为下沉，并将其置于从段落首行开始的左页边距中。

（4）在“选项”组中设置字体、下沉行数和距正文的距离。

（5）单击“确定”按钮完成设置。

【例 3.3】 进入“例 3.3”文件夹打开“首字下沉（文字素材）.docx”文档，对文档图 3-66 首字下沉效果

中的两段文本分别设置不同的首字下沉效果，第一段设置的是下沉 3 行，第二段设置的是下沉 2 行，字体均为“华文行楷”，距正文 0.4 厘米，最后将文档以“首字下沉（排版结果）.docx”为文件名保存在“例 3.3”文件夹中。按如上所述步骤操作，最后其设置效果如图 3-67 所示。

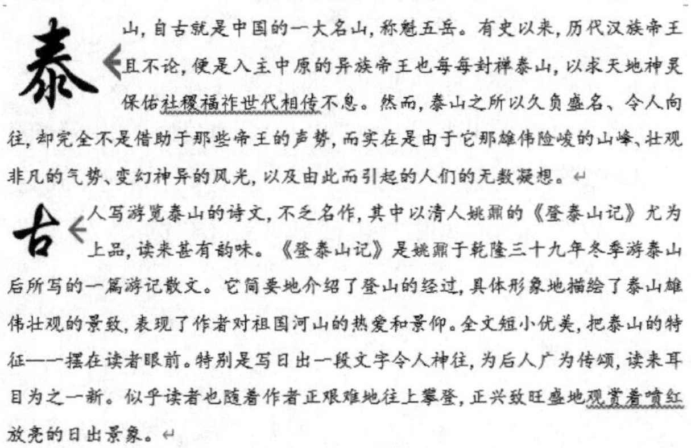

泰山，自古就是中国的一大名山，称魁五岳。有史以来，历代汉族帝王且不论，便是入主中原的异族帝王也每每封禅泰山，以求天地神灵保佑社稷福祚世代相传不息。然而，泰山之所以久负盛名、令人向往，却完全不是借助于那些帝王的声势，而实在是由于它那雄伟险峻的山峰、壮观非凡的气势、变幻神异的风光，以及由此而引起的人们的无数凝想。

古人写游览泰山的诗文，不乏名作，其中以清人姚鼐的《登泰山记》尤为上品，读来甚有韵味。《登泰山记》是姚鼐于乾隆三十九年冬季游泰山后所写的一篇游记散文。它简要地介绍了登山的经过，具体形象地描绘了泰山雄伟壮观的景致，表现了作者对祖国河山的热爱和景仰。全文短小优美，把泰山的特征一一摆在读者眼前。特别是写日出一段文字令人神往，为后人广为传颂，读来耳目为之一新。似乎读者也随着作者正艰难地往上攀登，正兴致旺盛地观赏着喷红放亮的日出景象。

图 3-67 首字下沉效果

3.4.3　批注、脚注和尾注

1．插入批注

批注是审阅者根据自己对文档的理解给文档添加上的注释和说明的文字,一般位于文档正文右侧空白处。文档的作者可以根据审阅者的批注对文档进行修改和更正。

插入批注的方法如下。

(1)将光标置于要批注的词组前或选中该词组。

(2)切换至"审阅"选项卡的"批注"组,单击"新建批注"按钮,如图3-68所示。

(3)在打开的批注框中输入需要注释和说明的文字。

2．插入脚注和尾注

脚注和尾注用于给文档中的文本提供解释、批注及相关的参考资料。一般可用脚注对文档内容进行注释说明,用尾注说明引用的文献资料。脚注和尾注分别由两个互相关联的部分组成,即注释引用标记和与其对应的注释文本。脚注位于页面底端,尾注位于文档末尾。

插入脚注和尾注的方法如下。

(1)选中需要加注释的文本。

(2)在"引用"选项卡的"脚注"组中单击"插入脚注"或"插入尾注"按钮,如图3-69所示。

图3-68　"审阅"选项卡的"批注"组

图3-69　"引用"选项卡的"脚注"组

(3)此时文本的右上角插入一个"脚注"或"尾注"的序号,同时在文档相应页面下方或文档尾部添加了一条横线并出现光标,光标位置为插入"脚注"或"尾注"内容的插入点,输入"脚注"或"尾注"内容即可。

【例3.4】　进入"例3.4"文件夹打开"插入批注脚注尾注(文字素材).docx"文档,为"带汁诸葛亮"中的"汁"字加批注("汁"指眼泪);为"北伐"加脚注(南宋宁宗朝时韩侂胄主持的北伐金朝的战争);为"指挥若定失萧曹"加尾注(杜甫《咏怀古迹》五首之五)。最后将文档以"插入批注脚注尾注(排版结果).docx"为文件名保存在"例3.4"文件夹中。插入批注、脚注和尾注的效果如图3-70所示。

3.4.4　编辑长文档

编辑长文档需要对文档使用高效排版技术。为了提高排版效率,Word字处理软件提供了一系列的高效排版功能,包括样式、模板、生成目录等。

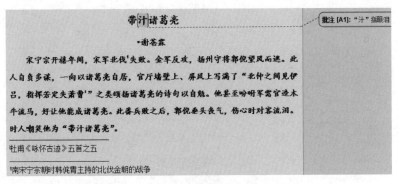

图 3-70　插入批注、脚注和尾注效果

1．使用样式功能

样式是一组已命名的字符和段落格式的组合。例如，一篇文档有各级标题、正文、页眉和页脚等，它们都有各自的字体大小和段落间距等，各以其样式名存储以便使用。

使用样式可以使文档的格式更容易统一，还可以构造大纲，使文档更具条理性；此外，使用样式还可以更加方便地生成目录。

1）设置样式

设置样式的操作步骤如下：

（1）选定要应用样式的文本。

（2）在"开始"选项卡的"样式"组中选择所需样式，图 3-71 所示为标题文本应用"标题2"样式。

2）新建样式

当 Word 提供的样式不能满足工作的需要时，可修改已有的样式快速创建自己特定的样式。新建样式的操作步骤如下：

（1）在"开始"选项卡的"样式"组中单击"样式"按钮，打开"样式"任务窗格，如图 3-72所示。

图 3-71　标题文本应用"标题 2"样式

图 3-72　"样式"任务窗格

（2）在"样式"任务窗格中单击"新建样式"按钮，打开"根据格式化创建新样式"对话框，如图 3-73 所示。

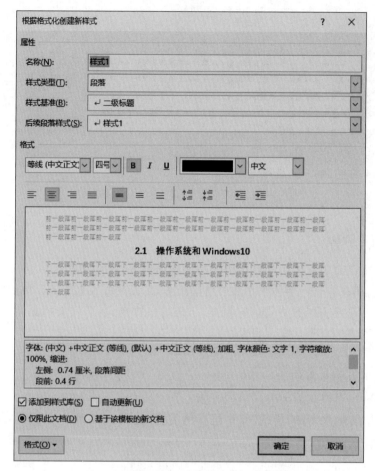

图 3-73 "根据格式化创建新样式"对话框

(3) 在"名称"框中输入样式名称,选择样式类型、样式基准、该样式的格式等,单击"确定"按钮。

新样式建立好以后,用户可以像使用系统提供的样式那样使用新样式。

3) 修改和删除样式

在"样式"任务窗格中单击"样式名"右边的下拉箭头,在下拉列表中选择"删除"选项,即可将该样式删除,原应用该样式的段落改用"正文"样式;如果要修改样式,则在该"样式名"下拉列表中选择"修改样式"选项,在打开的"修改样式"对话框中进行相应的设置。

2. 生成目录

当编写书籍、撰写论文时一般都应有目录,以便全貌反映文档的内容和层次结构,便于阅读。要生成目录,必须对文档的各级标题进行格式化,通常利用样式的"标题"统一格式化,便于长文档、多人协作编辑的文档的统一。目录一般分为 3 级,使用相应的"标题 1""标题 2"和"标题 3"样式来格式化,也可以使用其他几级标题样式,甚至还可以是自己创建的标题样式。

　　由于目录是基于样式创建的,故在自动生成目录前需要将作为目录的章节标题应用样式,一般情况下应用 Word 内置的标题样式即可。

　　文档目录制作步骤如下：

　　(1) 标记目录项：对正文中用作目录的标题应用标题样式,同一层级的标题应用同一种标题样式。

　　(2) 创建目录：

　　① 将光标定位于需要插入目录处,一般为正文开始前。

　　② 在"引用"选项卡的"目录"组中单击"目录"按钮,如图 3-74 所示。

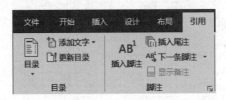

图 3-74　"引用"选项卡的"目录"组

　　③ 打开"目录"按钮的下拉列表,如图 3-75 所示,选择"自定义目录"选项,打开"目录"对话框。

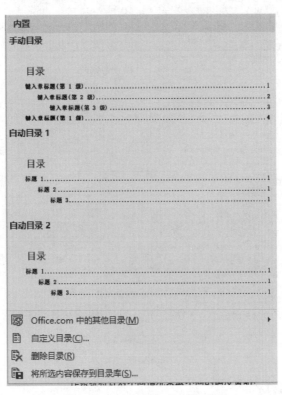

图 3-75　"目录"按钮的下拉列表

　　④ 在该对话框的"格式"下拉列表框中选择需要使用的目录模板,在"显示级别"下拉列表框中选择显示的最低级别并选中"显示页码"和"页码右对齐"复选框,如图 3-76 所示。

　　⑤ 单击"确定"按钮,创建的目录如图 3-77 所示。

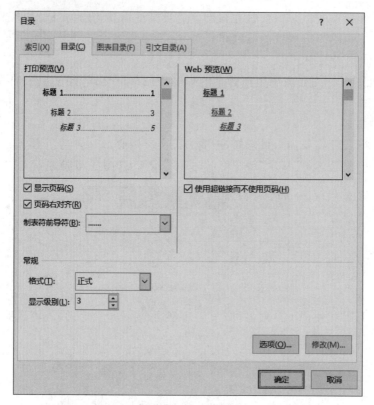

图 3-76　"目录"对话框

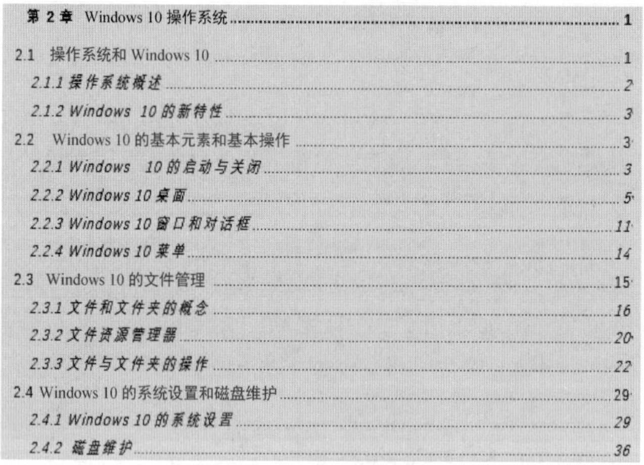

图 3-77　生成的目录示例

3.4.5　邮件合并技术

1. 邮件合并的概念

如果用户希望批量创建一组文档,可以通过 Word 2016 提供的邮件合并功能来实现。邮件合并主要指在文档的固定内容中合并与发送信息相关的一组通信资料,从而批量生成需要的邮件文档,使用这种功能可以大大提高工作效率。

邮件合并功能除了可以批量处理信函、信封、邀请函等与邮件相关的文档外,还可以轻松地批量制作标签、工资条和水电通知单等。

1) 邮件合并所需的文档

邮件合并所需的文档,一个是主文档,另一个是数据源。主文档是用于创建输出文档的蓝图,是一个经过特殊标记的 Word 文档;数据源是用户希望合并到输出文档的一个数据列表。

2) 适用范围

邮件合并适用于需要制作的数量比较大且内容可分为固定不变部分和变化部分的文档,变化的内容来自数据表中含有标题行的数据记录列表。

3) 利用邮件合并向导

Word 2016 提供了"邮件合并分布向导"功能,它可以帮助用户逐步了解整个邮件合并的具体使用过程,并能便捷、高效地完成邮件合并任务。

2. 邮件合并技术的使用

【例 3.5】 使用"邮件合并分布向导"功能按如下要求制作邀请函。

问题的提出:某高校学生会计划举办一场"大学生网络创业交流会"的活动,拟邀请部分专家和老师给在校学生进行演讲。因此,校学生会外联部需要制作一批邀请函,并分别递送给相关的专家和老师。要求将制作的邀请函保存到以专业+学号命名的文件夹中,文件名为"Word-邀请函.docx"。

事先准备的素材资料放在"第 3 章素材库\例题 3"下的"例 3.5"文件夹中。主文档的文件名为"Word-邀请函主文档.docx",数据源文件名为"通讯录.xlsx"。

操作步骤如下:

(1) 打开"Word-邀请函主文档.docx"文件,并将光标定位在"尊敬的"和"(老师)"文字之间,如图 3-78 所示。

(2) 在"邮件"选项卡的"开始邮件合并"组中单击"开始邮件合并"按钮,弹出下拉列表,如图 3-79 所示。

图 3-78 主文档

图 3-79 "开始邮件合并"下拉列表

(3) 选择"邮件合并分步向导"选项,打开"邮件合并"任务窗格,进入"邮件合并分步向导"的第1步。在"选择文档类型"栏中选择希望创建的输出文档的类型,此处选择"信函",如图3-80所示。

(4) 单击"下一步:开始文档"超链接,进入"邮件合并分步向导"的第2步,在"选择开始文档"选项区域中选中"使用当前文档"单选按钮,以当前文档作为邮件合并的主文档,如图3-81所示。

(5) 单击"下一步:选择收件人"超链接,进入第3步,在"选择收件人"区域中选中"使用现有列表"单选按钮,单击"浏览"超链接,打开"选取数据源"对话框,选择"通讯录.xlsx"文件后单击"打开"按钮,打开"邮件合并收件人"对话框,单击"确定"按钮完成现有工作表的链接工作,如图3-82所示。

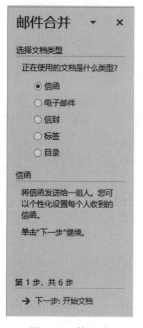
图3-80　第1步

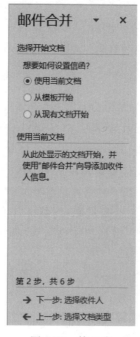
图3-81　第2步

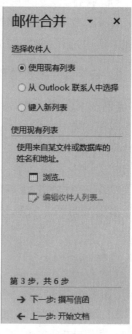
图3-82　第3步

(6) 选择收件人的列表之后,单击"下一步:撰写信函"超链接,进入第4步,如图3-83所示。在"撰写信函"区域中单击"其他项目"超链接,打开"插入合并域"对话框,在"域"列表框中按照题意选择"姓名"域,单击"插入"按钮,如图3-84所示,在插入完所需的域后单击"关闭"按钮,关闭"插入合并域"对话框。

(7) 在插入"姓名"域后单击"下一步:预览信函"超链接,进入第5步。在"预览信函"区域中单击"<<"或">>"按钮,可查看具有不同邀请人的姓名和称呼的信函,如图3-85所示。

(8) 预览并处理输出文档后,单击"下一步:完成合并"超链接,进入"邮件合并分步向导"的最后一步。此处单击"编辑单个信函"超链接,打开"合并到新文档"对话框,在"合并记录"选项区域中选中"全部"单选按钮,如图3-86所示。

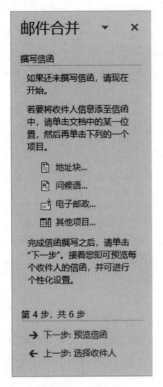

图 3-83　第 4 步

图 3-84　插入"姓名"域

图 3-85　第 5 步之文档中已插入"姓名"域标记

（9）单击"确定"按钮，即可在文中看到每页邀请函只包含 1 位专家或老师的姓名。全部操作完成后，以文件名"Word-邀请函"保存在自己的专业＋学号命名的文件夹中。

【提示】　如果用户想要更改收件人列表，可单击"做出更改"选项组中的"编辑收件人列表"超链接，在随后打开的"邮件合并收件人"对话框中进行更改。如果用户想从最终的输出文档中删除当前显示的输出文档，可单击"排除此收件人"按钮。

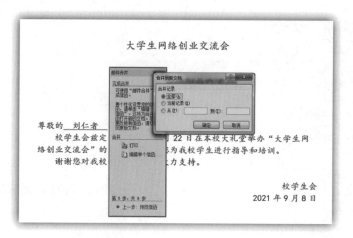

图 3-86   "邮件合并分步向导"的最后一步

3.5   Word 2016 表格处理

在文档中使用表格是一种简明扼要的表达方式,它以行和列的形式组织信息,结构严谨,效果直观。一张表格常常可以代表大篇的文字描述,所以在各种经济、科技等书刊和文章中越来越多地使用表格。

3.5.1   插入表格

1. 表格工具

在 Word 文档中插入表格后会增加"表格工具-设计/布局"选项卡。

"表格工具-设计"选项卡中包括"表格样式选项""表格样式"和"边框"3 个组,如图 3-87 所示。"表格样式"组中提供了"普通表格""网格表"和"清单表"共 105 个内置表格样式,便于用户应用各种表格样式及设置表格底纹;"边框"组便于用户快速地绘制表格,设置表格边框。

图 3-87   "表格工具-设计"选项卡

"表格工具-布局"选项卡中包括"表""绘图""行和列""合并""单元格大小""对齐方式"和"数据"7 个组,主要提供了表格布局方面的功能,如图 3-88 所示。利用"表"组可方便地查看和定位表对象,利用"绘图"组可快速地绘制表格,利用"行和列"组可方便地增加或删除表格中的行和列,"合并"组用于合并或拆分单元格,"单元格大小"组用于调整行高和列宽,"对齐方式"组提供了文字在单元格内的对齐方式和文字方向,"数据"组用于数据计算和排序等。

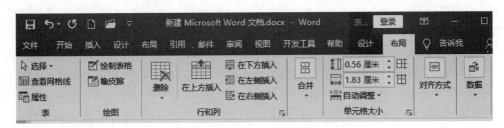

图 3-88 "表格工具-布局"选项卡

2. 建立表格

在"插入"选项卡的"表格"组中单击"表格"按钮,在弹出的下拉列表中选择不同的选项,可用不同的方法建立表格,如图 3-89 所示。在 Word 中建立表格的方法一般有 5 种,下面逐一介绍。

1)拖动法

将光标定位到需要添加表格的位置,单击"表格"按钮,在弹出的下拉列表中按住鼠标左键拖动设置表格中的行和列,此时可在下拉列表的"表格"区中预览到表格行数、列数,待行数、列数满足要求后释放鼠标左键,即可在光标定位处插入一个空白表格。图 3-89 所示为使用拖动法建立 6 行 7 列的表格。用这种方法建立的表格不能超过 8 行 10 列。

2)对话框法

在"表格"下拉列表中选择"插入表格"选项,打开"插入表格"对话框,如图 3-90 所示,输入或选择行数、列数及设置相关参数,然后单击"确定"按钮,即可在光标指定位置插入一个空白表格。

图 3-89 "表格"下拉列表

图 3-90 "插入表格"对话框

3)手动绘制法

在"表格"下拉列表中选择"绘制表格"选项,鼠标指针变成铅笔状,同时系统会自动弹出

"表格工具-设计/布局"选项卡,此时用铅笔状鼠标指针可在文档中的任意位置绘制表格,并且还可利用展开的"表格工具-设计/布局"选项卡中的相应按钮设置表格边框线或擦除绘制的错误表格线等。

4) 组合符号法

将光标定位在需要插入表格的位置,输入一个"+"号(代表列分隔线),然后输入若干个"−"号("−"号越多代表列越宽),再输入一个"+"号和若干个"−"号,以此类推,然后再输入一个"+"号,如图 3-91 所示,最后按 Enter 键,则一个一行多列的表格插入到文档中,如图 3-92 所示。再将光标定位到行尾连续按 Enter 键,这样一个多行多列的表格就创建完成了。

图 3-91　"组合符号"法 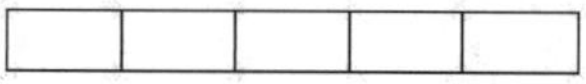　　　　　　　　图 3-92　一行多列表格

5) 将文字转换成表格

在 Word 中可以将一个具有一定行、列宽度的格式文字转换成多行多列的表格。

【例 3.6】　进入"例 3.6"文件夹,打开"文本转换成 Word 表格(素材).docx"文档,将文档中后 5 行文字转换成表格,如图 3-93 所示。

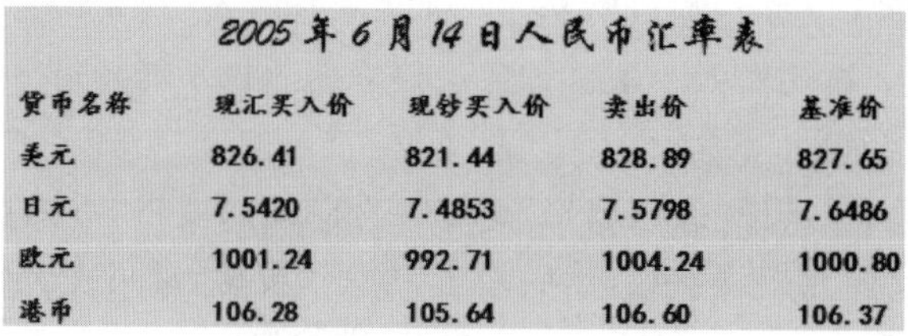

2005 年 6 月 14 日人民币汇率表				
货币名称	现汇买入价	现钞买入价	卖出价	基准价
美元	826.41	821.44	828.89	827.65
日元	7.5420	7.4853	7.5798	7.6486
欧元	1001.24	992.71	1004.24	1000.80
港币	106.28	105.64	106.60	106.37

图 3-93　需要转换成表格的文本

操作步骤如下:

(1) 选中文档中后 5 行文字。

(2) 在"插入"选项卡的"表格"组中单击"表格"按钮,在弹出的下拉列表中选择"文本转换成表格"选项。

(3) 打开"将文字转换成表格"对话框,选择一种文字分隔符,如图 3-94 所示。

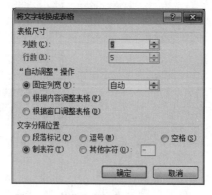

图 3-94　"将文字转换成表格"对话框

（4）单击"确定"按钮关闭对话框，转换后的表格如图 3-95 所示。

2005年6月14日人民币汇率表				
货币名称	现汇买入价	现钞买入价	卖出价	基准价
美元	826.41	821.44	828.89	827.65
日元	7.5420	7.4853	7.5798	7.6486
欧元	1001.24	992.71	1004.24	1000.80
港币	106.28	105.64	106.60	106.37

图 3-95 转换后的表格

3.5.2 编辑表格

在 Word 中对表格的编辑操作包括调整表格的行高与列宽、添加或删除行与列、对表格的单元格进行拆分和合并等。

1．选定表格的编辑区

如果要对表格进行编辑操作，需要先选定表格后操作。
选定表格编辑区的方法如下。

- 选中一个单元格：用鼠标指针指向单元格的左侧，当鼠标指针变成实心斜向上的箭头时单击。
- 选中整行：用鼠标指向行左侧，当鼠标指针变成空心斜向上的箭头时单击。
- 选中整列：用鼠标指向列上边界，当鼠标指针变成实心垂直向下的箭头时单击。
- 选中连续多个单元格：用鼠标从左上角单元格拖动到右下角单元格，或按住 Shift 键选定。
- 选中不连续多个单元格：按住 Ctrl 键用鼠标分别选定每个单元格。
- 选中整个表格：将鼠标定位在单元格中，单击表格左上角出现的移动控制点。

2．调整行高和列宽

1）用鼠标在表格线上拖动
（1）移动鼠标指针到要改变行高或列宽的行表格线或列表格线上。
（2）当鼠标指针变成上下双箭头或左右双箭头形状时按住鼠标左键拖动行表格线或列表格线，当行高或列宽合适后释放鼠标左键。
2）用鼠标在标尺的行、列标记上拖动
（1）先选中表格或单击表格中任意单元格。
（2）分别沿水平或垂直方向拖动"标尺"的列或行标记用于调整列宽和行高，如图 3-96 所示。
3）用"表格属性"对话框
用"表格属性"对话框可以对选定区域或整个表格的行高和列宽进行精确的设置，操作步骤如下：
（1）选中需要设置行高或列宽的区域。

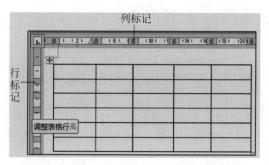

图 3-96 拖动列或行"标记"调整列宽或行高

（2）在"表格工具-布局"选项卡的"表"组中单击"属性"按钮，打开"表格属性"对话框，切换到"行"或"列"选项卡，对"指定高度"或"指定宽度"的行高或列宽进行精确的设置，分别如图 3-97 和图 3-98 所示。

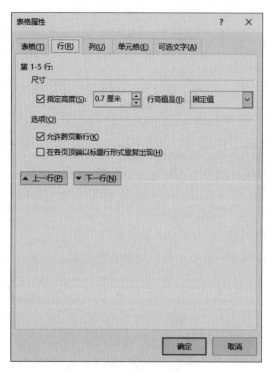

图 3-97 设置行高

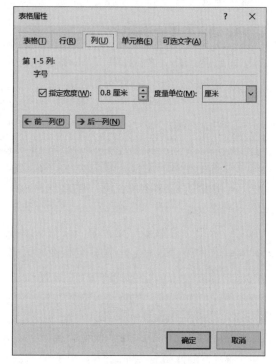

图 3-98 设置列宽

（3）单击"确定"按钮。

3. 删除行或列

1）使用功能按钮

选中需要删除的行或列，在"表格工具-布局"选项卡的"行和列"组中单击"删除"按钮，弹出下拉列表，如图 3-99 所示，选择"删除行"或"删除列"选项，即可删除选定的行或列。在该下拉列表中还包括"删除单元格"和"删除表格"选项。

2）使用快捷菜单

（1）右击表格中需要删除的行或列，在弹出的快捷菜单中选择"删除单元格"选项。

（2）打开"删除单元格"对话框，选中"删除整行"或"删除整列"单选按钮，如图 3-100 所示，即可删除选中的行或列。

图 3-99　"删除"按钮的下拉列表

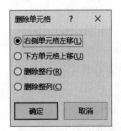

图 3-100　"删除单元格"对话框

4．插入行或列

1）使用功能按钮

（1）选中表格中的一行（或多行）一列（或多列），激活"表格工具-布局"选项卡。

（2）在"行和列"组中选择在"在上方插入""在下方插入""在左侧插入"或"在右侧插入"，如图 3-101 所示；如果选中的是多行多列，则插入的也是同样数目的多行多列。

2）使用快捷菜单

（1）右击表格中的一行（或多行）一列（或多列）。

（2）在弹出的快捷菜单中选择"插入"选项，然后在打开的级联菜单中选择相应的选项，便可在指定位置插入一行（或多行）一列（或多列），如图 3-102 所示。

图 3-101　用功能按钮插入行和列

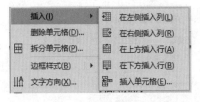

图 3-102　用快捷菜单插入行或列

3）在表格底部添加空白行

在表格底部添加空白行，可以使用下面两种更简单的方法。

- 将插入点移到表格右下角的单元格中，然后按 Tab 键。
- 将插入点移到表格最后一行右侧的行结束处，然后按 Enter 键。

5．合并和拆分单元格

使用合并和拆分单元格功能可以将表格变成不规则的复杂表格。

1）合并单元格

（1）选定需要合并的多个单元格，激活"表格工具-布局"选项卡。

（2）在"合并"组中单击"合并单元格"按钮，或右击选中的单元格，在弹出的快捷菜单中选择"合并单元格"选项，选定的多个单元格将被合并成为一个单元格，如图 3-103 所示。

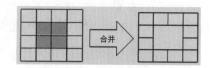

图 3-103　合并单元格

2）拆分单元格

（1）选定需要拆分的单元格。

（2）在"表格工具-布局"选项卡的"合并"组中单击"拆分单元格"按钮；或右击选中的单元格，在弹出的快捷菜单中选择"拆分单元格"选项，打开"拆分单元格"对话框，如图 3-104 所示，在该对话框中输入要拆分的行数和列数，然后单击"确定"按钮，拆分效果如图 3-105 所示。

图 3-104　"拆分单元格"对话框

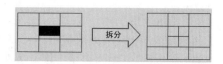

图 3-105　拆分单元格效果

3.5.3　设置表格格式

在创建一个表格后，就要对表格进行格式化了。在进行表格格式化操作时，仍需利用"表格工具-设计"或"表格工具-布局"选项卡中的相应功能按钮完成。

图 3-106　单元格对齐方式

1．设置单元格对齐方式

单元格对齐方式有 9 种。选定需要设置对齐方式的单元格区域，在"对齐方式"组中单击相应的对齐方式按钮，如图 3-106 所示，或右击选中的单元格区域，在弹出的快捷菜单中选择"单元格对齐方式"选项，然后在打开的 9 个选项中选择一种对齐方式。

2．设置边框和底纹

1）设置表格边框

（1）选定需要设置边框的单元格区域或整个表格。

（2）在"表格工具-设计"选项卡的"边框"组中选择"边框样式"、边框线粗细和笔颜色（即边框线颜色），如图 3-107 所示。

（3）在"表格工具-设计"选项卡的"边框"组中单击"边框"的下三角按钮，在弹出的下拉列表中选择相应的表格边框线，如图 3-108 所示。

图 3-107 设置表格边框

2）设置表格底纹

（1）选定需要设置底纹的单元格区域或整个表格。

（2）在"表格工具-设计"选项卡的"表格样式"组中单击"底纹"按钮，从弹出的下拉列表中选择一种颜色，如图 3-109 所示。

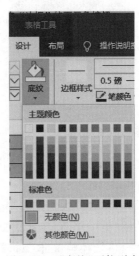

图 3-108 "边框"下拉列表   图 3-109 "底纹"下拉列表

3．设置表格样式

在"表格工具-设计"选项卡的"表格样式"组中单击"其他"按钮，在弹出的下拉列表中列出了 105 种表格样式，如图 3-110 所示，选择其中任何一种，可将表格设置为指定的表格样式。

4．设置文字排列方向

单元格中文字的排列方向分为横向和纵向两种，其设置方法是在"表格工具-布局"选项卡的"对齐方式"组中单击"文字方向"按钮，如图 3-106 所示。

5．设置斜线表头

首先选中需要设置斜线表头的单元格，然后在"边框"的下拉列表中选择"斜下框线"或

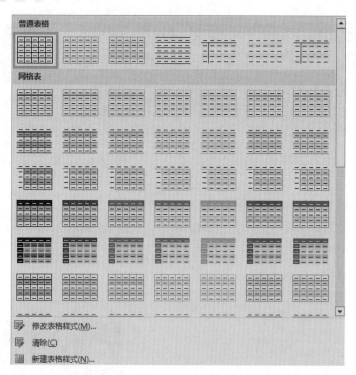

图 3-110 设置表格样式

"斜上框线"选项,如图 3-108 所示。

6. 将表格转换成文本

【例 3.7】 将如图 3-111 所示表格转换成文本。

操作步骤如下:

(1) 选中表格,弹出"表格工具-布局"选项卡。

(2) 在"数据"组中单击"转换成文本"按钮。

(3) 打开"表格转换成文本"对话框,选择一种文字分隔符,如图 3-112 所示,单击"确定"按钮即可将表格转换成文本。

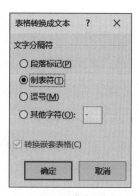

职工登记表				
职工号	姓名	单位	职称	工资
HG001	孙亮	化工	教授	720
JS001	王大明	计算机	教授	680
DZ003	张卫	电子	副教授	600
HG002	陆新	化工	副教授	580

图 3-111 需要转换成文本的表格

图 3-112 "表格转换成文本"对话框

3.5.4 表格中的数据统计和排序

1. 表格中的数据统计

Word 提供了在表格中快速进行数值的加、减、乘、除及求平均值等计算功能；还提供了常用的统计函数供用户调用，包括求和(SUM)、求平均值(AVERAGE)、求最大值(MAX)、求最小值(MIN)和条件函数(IF)等。同 Excel 一样，表格中的每一行号依次用数字 1、2、3 等表示，每一列号依次用字母 A、B、C 等表示，每一单元格号为行列交叉号，即交叉的列号加上行号，例如 H5 表示第 H 列第 5 行的单元格。如果要表示表格中的单元格区域，可采用"左上角单元格号：右下角单元格号"。

在"表格工具-布局"选项卡的"数据"组中，"公式"和"排序"按钮分别用于表格中数据的计算和排序，如图 3-113 所示。

【例 3.8】 如图 3-114 所示，要求计算学号为"12051"学生的计算机、英语、数学、物理、电路 5 个科目的总成绩，结果置于 G2 单元格。

图 3-113 "数据"组　　　　　　　　　　　图 3-114 求和

操作步骤如下：

(1) 选中 G2 单元格，单击"公式"按钮，打开"公式"对话框，如图 3-114 所示。

(2) 在"公式"对话框中从"粘贴函数"下拉列表中选择 SUM 函数，将其置入"公式"文本框中，并输入函数参数"b2：f2"。

(3) 单击"确定"按钮，关闭"公式"对话框。同理，用以上方法可计算出其他学号的学生的 5 科总成绩。

如图 3-115 所示，如要计算"计算机"单科成绩的平均分，首先选中"B6"单元格，在"公式"对话框中选择粘贴的函数为 AVERAGE，输入函数参数为"b2：b5"，单击"确定"按钮。然后用同样方法计算出其他单科成绩的平均分。

2. 表格中的数据排序

【例 3.9】 在如图 3-116 所示的表格中，要求按"物理"成绩"降序"排序，如果"物理"成绩相同，则按"电路"成绩"升序"排序。

操作步骤如下：

(1) 选中表格中的任意单元格，在"表格工具-布局"选项卡的"数据"组中单击"排序"按钮,打开"排序"对话框,如图 3-117 所示。

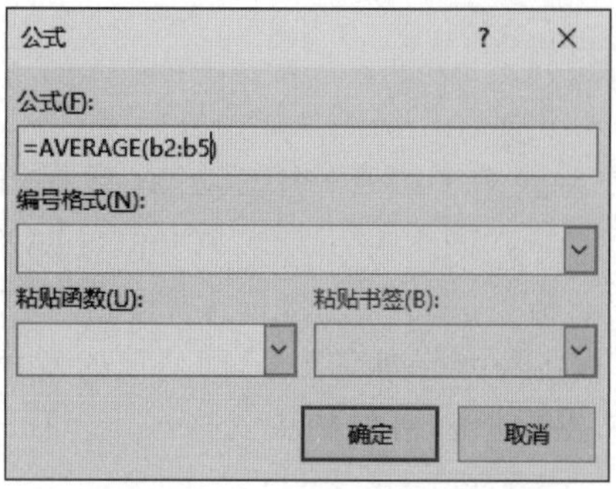

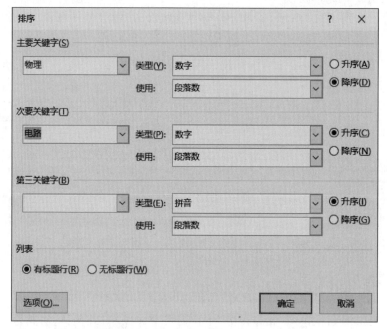

图 3-115 求单科平均分

学号	计算机	英语	数学	物理	电路	求和
12051	72	82	91	55	62	362
12052	85	90	54	70	94	393
12053	76	87	92	65	90	410
12054	67	74	58	65	86	350

图 3-116 需要排序的数据表格

图 3-117 "排序"对话框

(2)"主要关键字"选择"物理",并选中"降序"单选按钮;"次要关键字"选择"电路",并选中"升序"单选按钮。"类型"均选择"数字"。

(3)单击"确定"按钮关闭对话框,排序效果如图 3-118 所示。

学号	计算机	英语	数学	物理	电路	求和
12052	85	90	54	70	94	393
12054	67	74	58	65	86	350
12053	76	87	92	65	90	410
12051	72	82	91	55	62	362

图 3-118 经过排序以后的数据表格

3.6 Word 2016 图文混排

Word 2016 具有强大的图形处理功能,它不仅提供了大量图形及多种形式的艺术字,而且支持多种绘图软件创建的图形,从而帮助用户轻而易举地实现图片和文字的混排。

3.6.1 绘制图形

1. 用绘图工具手工绘制图形

Word 2016 中包含一套手工绘制图形的工具,主要包括直线、箭头、各种形状、流程图、星与旗帜等,称为自选图形或形状。

例如插入一个"笑脸"形状的图形,在"插入"选项卡的"插图"组中单击"形状"下拉按钮,弹出下拉列表,如图 3-119 所示。

在"基本形状"栏中单击选中"笑脸"图形,然后用鼠标在文档中画出一个图形,如图 3-120 所示。选中图形后右击,在弹出的快捷菜单中选择"添加文字"选项,可在图形中添加文字。

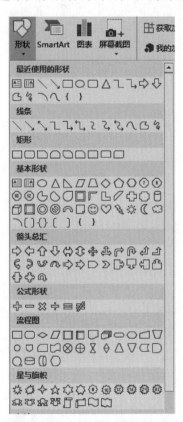

图 3-119 "形状"下拉列表

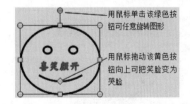

图 3-120 新建自选图形"笑脸"

用鼠标单击图形上方的绿色按钮,可任意旋转图形;用鼠标拖动"笑脸"图形中的黄色按钮向上移动,可把"笑脸"变为"哭脸",如图 3-121 所示。

图 3-121 "哭脸"图形

2. 设置图形格式

选中图形,会弹出"绘图工具-格式"选项卡,该选项卡包括"插入形状""形状样式""艺术字样式""文本""排列"和"大小"6 个组的选项卡,如图 3-122 所示,根据需要选择相应功能组中的命令按钮进行图形格式设置。

图 3-122 "绘图工具-格式"选项卡

3.6.2 插入图片

用户可以在 Word 中绘制图形,也可以在 Word 中插入图片、编辑图片和对图片进行格式设置。

1. 插入图片

向文档中插入的图片可以是"联机图片",也可以是利用其他图形处理软件制作的图片或者从网上下载的图片,这些图片以文件的形式保存在"此电脑"中的某个文件夹中。

1) 插入"联机图片"

计算机必须处于联网状态才能插入联机图片,操作步骤如下:

(1) 定位插入点到需要插入联机图片的位置,在"插入"选项卡的"插图"组中单击"图片"按钮,在弹出的下拉列表中选择"联机图片"选项,如图 3-123 所示。

图 3-123 "图片"按钮的下拉列表

(2) 打开"插入图片"对话框,在"必应图像搜索"文本框中输入想要插入的图片名字,如输入文字"蝴蝶"并单击文本框右侧的"必应图像搜索"按钮,如图 3-124 所示。

(3) 打开"bing 蝴蝶"对话框,选择某个图片单击"插入"按钮,关闭对话框。即可在文档指定位置插入联机图片,如图 3-125 所示。

2) 插入"剪贴画"

插入"剪贴画"的操作只需在"搜索必应"文本框中输

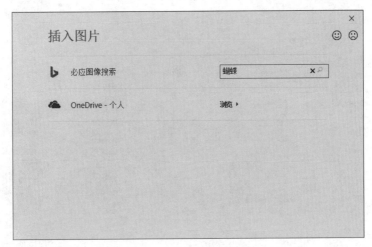

图 3-124 "插入图片"对话框

图 3-125 "bing 蝴蝶"对话框

入"剪贴画-剪贴画名",如"剪贴画-蝴蝶",然后单击"搜索必应"按钮,其他操作与插入"联机图片"的操作完全相同。

3)插入图片

插入图片的操作,需要在"插入"选项卡的"插图"组中单击"图片"按钮,在弹出的下拉列表中选择"此设备"选项,如图 3-123 所示,打开"插入图片"对话框,如图 3-126 所示,根据图片存放位置查找并选择所需图片,单击"插入"按钮即可。

2. 图片的编辑和格式化

对 Word 文档中插入的图片,可以进行编辑和格式化,包括以下几种操作。

(1)缩放、裁剪、复制、移动、旋转等编辑操作。

(2)组合与取消组合、叠放次序、文字环绕方式等图文混排操作。

图 3-126 "插入图片"对话框

（3）图片样式、填充、边框线、颜色、对比度、水印等格式化操作。

设置图片格式的方法是对选中的图片单击，打开包括"调整""图片样式""排列"和"大小"4个组的选项卡，如图 3-127 所示，根据需要选择相应功能组的命令按钮进行设置。

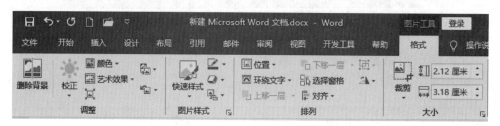

图 3-127 "图片工具-格式"选项卡

【例 3.10】 某中学需要制作一份科普知识简报，其中一篇是关于"蝴蝶效应"的文章，输入下列文字并在文档中插入一张蝴蝶图片，并对文字进行排版、对图片进行编辑和格式化，最终的效果如图 3-128 所示，也可以进入"第 3 章素材库\例题 3"下的"例 3.10"文件夹打开"蝴蝶效应_排版结果.docx"文档查看。文字素材和图片素材均保存在"例 3.10"文件夹中。

操作步骤如下：

（1）进入"例 3.10"文件夹，打开"蝴蝶效应.docx"文档。字号设置为小四，段前、段后间距均为 1 行，行距为固定值-20 磅。第 3 自然段分为等宽的两栏。

（2）在"插入"选项卡的"插图"组中选择任意一种方法插入"蝴蝶"图片。选中图片，在弹出的"图片工具-格式"选项卡的"排列"组中单击"环绕文字"按钮，在弹出的下拉列表中选择"四周型"选项，如图 3-129 所示。将图片拖移至第 2 自然段中间合适位置。

气象学家 Lorenz 提出一篇论文，名叫《一只蝴蝶拍一下翅膀会不会在 Texas 州引起龙卷风？》论述某系统如果条件差一点点，结果会很不稳定，他把这种现象戏称作"蝴蝶效应"。就像我们掷骰子两次，无论我们如何去投掷骰子，两次的投出的点数也不

表现形式和一定是相同写这篇论文

该故事发生冬天，他如往操作气象计算机将温度、湿据输入，计算机建的微分方刻可能的气出气象变化图。

的。Lorenz 为何要呢？

在 1961 年的某个常一样在办公室。平时，他只想度、压力等气象数就会依据三个内程式，计算出下一象数据，由此模拟

这一天，Lorenz 想更进一步了解某段记录的后续变化，他把某时刻的气象数据重新输入计算机，让计算机计算出更多的后续结果。当时，计算机处理数据资料的速度不快，在结果出来之前，足够他喝杯咖啡并和友人闲聊一阵。在一个小时后，结果出来了，不过令他目瞪口呆，结果和原信息相比较，初期数据还差不多，越到后期，数据相差就越大了，就像是不同的两条信息。而问题并不出在计算机，问题是他输入的数据差 0.000127，而这细微的差异却造成天壤之别。所以长期准确预测天气是不可能的。

图 3-128　文档排版效果

（3）选中图片，在"图片工具-格式"选项卡的"大小"组中，将其"高度"值调整为"5 厘米"，"宽度"值调整为"7.5 厘米"，如图 3-130 所示。

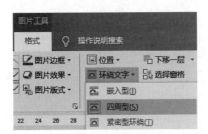

图 3-129　"环绕文字"按钮下拉列表　　　　　图 3-130　设置图片大小

（4）确认图片被选中，在"图片工具-格式"选项卡的"图片样式"组中单击"其他"按钮，在弹出的下拉列表中选择"映像圆角矩形"选项，如图 3-131 所示。

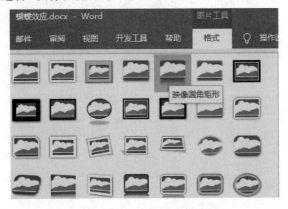

图 3-131　设置图片样式

(5) 在右侧打开的"设置图片格式"选项框中选择"发光"选项,并单击"预设"按钮,在弹出的下拉列表中选择"发光变体"中的"发光:11磅;橙色,主题色2"选项,如图3-132所示。

(6) 选择"柔化边缘"选项,并单击"预设"按钮,在弹出的下拉列表中选择"柔化边缘变体"中的"2.5磅"选项,如图3-133所示。

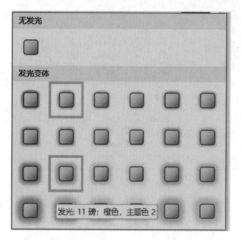

图 3-132　图片的"发光"设置

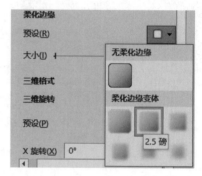

图 3-133　图片的"柔化边缘"设置

(7) 最后,以"蝴蝶效应_排版结果.docx"为文件名保存到"例3.10"文件夹中。

3.6.3　插入 SmartArt 图形

SmartArt 图形是用一些特定的图形效果样式来显示文本信息。SmarArt 图形具有多种样式,如列表、流程、循环、层次结构、关系、矩阵和棱锥图等。不同的样式可以表达不同的意思,用户可以根据需要选择适合自己的 SmarArt 图形。

【例 3.11】　贵阳幼高专需要举办一场运动会,欲将运动会组织结构图上传到学校网站,以便学校各个班级对运动会后勤服务组织有一个清晰的了解。该运动会组织结构图样例如图 3-134 所示,要求按样例设计制作,并以"贵阳幼高专学生运动会组织结构图.docx"为文件名保存到"第3章素材库\例题3"下的"例3.11"文件夹中。

贵阳幼高专学生运动会组织结构图

图 3-134　例 3.11 的设计样例

操作步骤如下：

（1）启动 Word 2016，创建新文档，按照样例，输入文本"贵阳幼高专学生运动会组织结构图"，设置为"楷体""小一""红色"，按 Enter 键，另起一段。

（2）插入 SmartArt 图形。在"插入"选项卡的"插图"组中单击"SmartArt"按钮，如图 3-135 所示，在弹出的下拉列表中选择"层次结构"选项，在右侧的列表中选择第 2 行第 1 列的"层次结构"样式，如图 3-136 所示。

图 3-135　"插入"选项卡的"插图"组

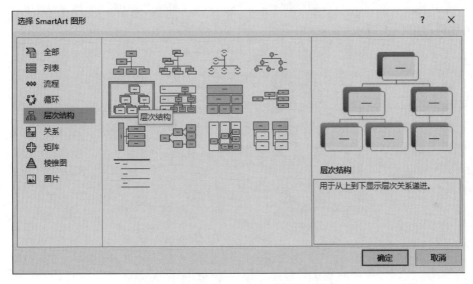

图 3-136　"选择 SmartArt 图形"对话框

（3）添加/删除形状。通常，插入的 SmartArt 图形形状都不能完全符合要求，当形状不够时需要添加，当形状多余时需要删除。

- 形状的添加：单击要向其添加外框的 SmartArt 图形，再单击靠近要添加新框的现有框；在"SmartArt 工具-设计"选项卡下的"创建图形"组中单击"添加形状"的下三角形按钮，在弹出的下拉列表中选择其中之一，实现在后面、在前面、在上方或在下方添加形状，如图 3-137 所示。
- 形状的删除：若要删除形状，单击要删除形状的边框，然后按 Delete 键。

根据题目要求，按照样例，添加形状并在其中输入对应的文本，字号大小设置为 14 磅。

（4）设置 SmartArt 图形样式。插入的 SmartArt 图形本身带有一定的格式，用户也可以通过系统提供的图形样式快速修改当前

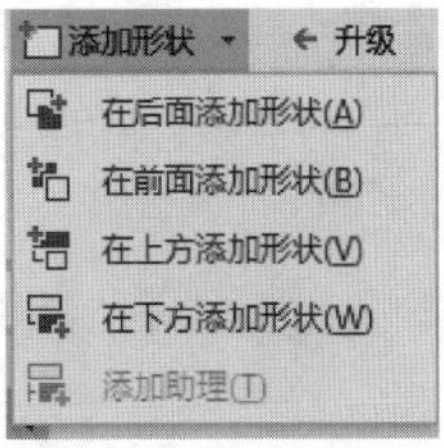

图 3-137　添加形状

SmartArt 图形的样式。方法如下:

① 选中 SmartArt 图形,按照样例,在"SmartArt 工具-设计"选项卡下的"SmartArt 样式"组的样式列表框中选择所需的样式,在此选择"卡通"样式,如图 3-138 所示。

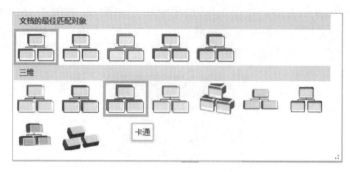

图 3-138   选择"卡通"样式

② 选中 SmartArt 图形,按照样例,单击"SmartArt 样式"组中的"更改颜色"按钮,在弹出的下拉列表中选择"彩色-个性色"选项,如图 3-139 所示。

图 3-139   选择"彩色-个性色"颜色方案

(5) 保存。以"贵阳幼高专学生运动会组织结构图.docx"为文件名保存到"第 3 章素材库\例题 3"下的"例 3.11"文件夹中。

3.6.4   插入艺术字

大家在报刊杂志上经常会看到形式多样的艺术字,这些艺术字可以给文章增添强烈的视觉冲击效果。使用 Word 2016 可以创建出形式多样的艺术字效果,甚至可以把文本扭曲成各种各样的形状或设置为具有三维轮廓的效果。

【例 3.12】进入"例 3.11"文件夹,打开"贵阳幼高专学生运动会组织结构图.docx"文档,将标题文字设置为艺术字,其设计效果如图 3-140 所示,还可参见"例 3.12"文件夹中的艺术字设计样例。

贵阳幼高专学生运动会组织结构图

图 3-140   艺术字设计样例

操作步骤如下：

（1）创建艺术字。建立艺术字的方法通常有两种，一种是先选中文字，再将选中的文字转换为艺术字样式；另一种方法是先选择艺术字样式，再输入文字。

进入"例3.11"文件夹，打开"贵阳幼高专学生运动会组织结构图.docx"文档，选中标题文字并将其字号修改为"一号"；在"插入"选项卡的"文本"组中单击"艺术字"按钮，在弹出的下拉列表中选择第1行第3列的"填充：橙色，主题色2；边框：橙色，主题色2"样式，如图3-141所示。

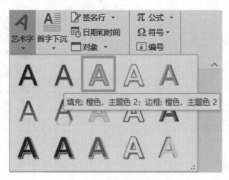

图3-141　选择艺术字样式

（2）对艺术字进行编辑和格式化设置。

选中艺术字，弹出"绘图工具-格式"选项卡，其中包括"艺术字样式""文本""排列"和"大小"等6个组。利用各组中的命令按钮可以对艺术字进行编辑和格式设置，如图3-142所示。

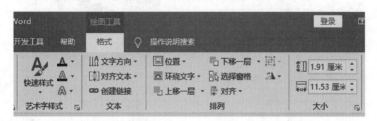

图3-142　"绘图工具-格式"选项卡

按照设计样例，选中艺术字，进行如下设置。

① 在"排列"组中单击"环绕文字"按钮，在弹出的下拉列表中选择"四周型"选项，如图3-143所示。

② 经在"大小"组中将艺术字高度值调整为"2厘米"，宽度值调整为"12厘米"，如图3-144所示。

图3-143　"环绕文字"下拉列表　　　　　　　图3-144　"大小"组

③ 在"艺术字样式"组中单击"文本效果"按钮,在弹出的下拉列表中选择"映像"→"映像变体"中的"半映像:接触"选项,如图 3-145 所示。

④ 在"艺术字样式"组中单击"文本效果"按钮,在弹出的下拉列表中选择"发光"→"发光变体"中的"发光:8 磅;橙色,主题色 2"选项,如图 3-146 所示。

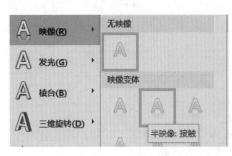

图 3-145　选择"映像"选项

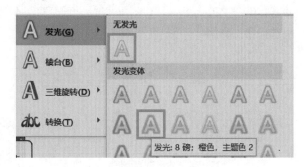

图 3-146　选择"发光"选项

⑤ 在"艺术字样式"组中单击"文本效果"按钮,在弹出的下拉列表中选择"棱台"→"棱台"中的"角度"选项,如图 3-147 所示。

⑥ 在"艺术字样式"组中单击"文本效果"按钮,在弹出的下拉列表中选择"三维旋转"→"角度"中的"透视:适度宽松"选项,如图 3-148 所示。

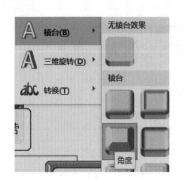

图 3-147　选择"棱台"选项

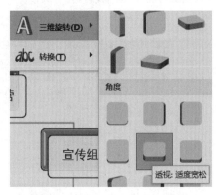

图 3-148　选择"三维旋转"选项

(3) 保存文档。全部设计完成后,以"艺术字设计结果.docx"为文件名保存到"例 3.12"文件夹中。

3.6.5　使用文本框

文本框是实现图文混排时非常有用的工具,它如同一个容器,在其中可以插入文字、表格、图形等不同的对象,可置于页面的任何位置,并可随意调整其大小,放到文本框中的对象会随着文本框一起移动。在 Word 中,文本框用来建立特殊的文本,并且可以对其进行一些特殊处理,如设置边框、颜色和版式格式等。

Word 2016 提供了几种内置文本框,如简单文本框、奥斯汀提要栏和运动型引述等。通过插入这些内置文本框可以快速地制作出形式多样的优秀文档。

用户除了可以插入内置的文本框外,还可以根据需要手动绘制横排或竖排文本框,该文本框主要用于插入图片、表格和文本等对象。

【例3.13】 进入"例3.13"文件夹打开"竖排文本(素材).docx"文档,将横排文本转换成竖排文本,并设置适当的格式。

操作步骤如下:

(1) 打开"竖排文本(素材).docx"文档。

(2) 在"插入"选项卡的"文本"组中单击"文本框"按钮。

(3) 在弹出的下拉列表中选择"绘制竖排文本框"选项,如图3-149所示,此时鼠标指针变成"+"字形。

(4) 将"+"字形鼠标指针移动到文档中合适的位置,然后按住左键拖动鼠标指针绘制竖排文本框,释放鼠标左键后即可完成"竖排文本框"的绘制操作。

(5) 将横排文本剪切后粘贴至竖排文本框中,然后选中文本框,单击"形状填充"按钮,在其下拉列表中设置为浅绿色填充;单击"形状轮廓"按钮,在其下拉列表中选择"无轮廓"选项;适当调整文本框大小;切换至"开始"选项卡的"字体"组和"段落"组中设置字体格式和文本段落格式,最终效果如图3-150所示。

图3-149 绘制竖排文本框

图3-150 竖排文本设置效果

3.6.6 制表位设计

(1) 制表位是指在水平标尺上的位置,指定文字缩进的距离或一栏文字开始之处。单击水平标尺左端的按钮,直至出现所需制表位类型,如图3-151所示。然后单击标尺,即可设置制表位。

① "左对齐式制表符"制表位设置文本的起始位置。在键入时文本将移动到右侧。

② "居中式制表符"制表位设置文本的中间位置。在键入时,文本以此位置为中心显示。

③ "右对齐式制表符"制表位设置文本的右端位置。在键入时,文本移动到左侧。

④ "小数点对齐式制表符"制表位使数字按照小数点对齐。无论位数如何,小数点始终位于相同位置。

⑤ "竖线对齐式制表符"制表位不定位文本。它在制表符的位置插入一条竖线。

在编辑区按Tab键插入制表位"→",然后输入文字,在标尺上标记不同制表符类型,其对齐方式就不一样,如图3-152所示。

【例3.14】 "例3.14"文件夹打开"制作位(素材).docx"文档,设置制表位对齐类型方式。

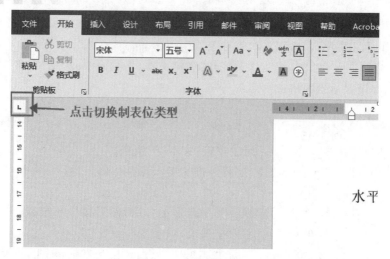

图 3-151　制表位类型

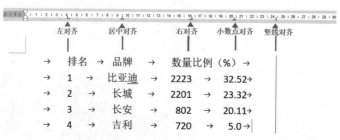

图 3-152　不同类型制表位的效果

（2）设置制表位的引导符的方法是，执行"开始"→"段落"→"制表位"命令（或双击标尺），打开"制表位"对话框，如图 3-153 所示，在"制表位位置"文本框中，输入新制表符的位置，然后单击"设置"按钮，也可在列表框中选择要为其添加引导符的已有制表位，如图 3-154 所示。

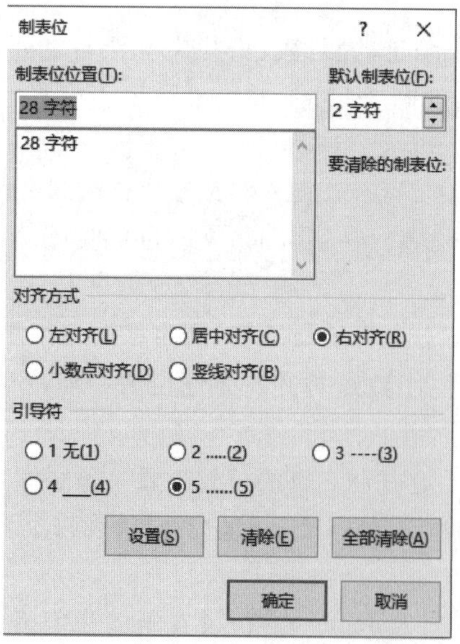

图 3-153　"制表位"对话框

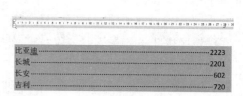

图 3-154　制表位引导符效果

3.6.7 设置水印

在 Word 中,水印是显示在文档文本后面的半透明图片或文字,它是一种特殊的背景,在文档中使用水印可增加趣味性,水印一般用于标识文档,在页面视图模式或打印出的文档中才可以看到水印。

【例 3.15】 进入"例 3.15"文件夹打开"设置水印(素材).docx"文档,设置文字水印。

操作步骤如下:

(1) 在"设计"选项卡的"页面背景"组中单击"水印"按钮。

(2) 在弹出的"水印"按钮的下拉列表中选择"自定义水印"选项,如图 3-155 所示。

(3) 如果制作图片水印,则选中"图片水印"单选按钮,并勾选"冲蚀"复选框,单击"选择图片"按钮,打开"插入图片"对话框,选择一张图片插入,然后单击"确定"按钮,即插入了图片水印。

(4) 本例要求制作文字水印,所以选中"文字水印"单选按钮,在"文字"下拉列表中输入文字,再设置字体、字号、字体颜色,并勾选"半透明"复选框,选中"斜式"或"水平"单选按钮,然后单击"确定"或"应用"按钮,再单击"关闭"按钮关闭对话框,如图 3-156 所示,即插入了文字水印。设置效果可进入"例 3.14"文件夹打开"设置文字水印(样张).docx"文档查看。

图 3-155 "水印"按钮的下拉列表

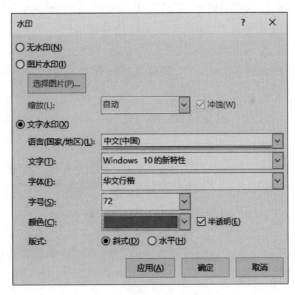

图 3-156 "水印"对话框

第 4 章

Excel 2016电子表格处理

Excel 2016 是微软公司 Office 2016 系列办公软件中的重要组成部分,是一款集数据表格、数据库、图表等于一身的优秀电子表格软件。其功能强大,技术先进,使用方便,不仅具有 Word 表格的数据编排功能,而且提供了丰富的函数和强大的数据分析工具,可以简单、快捷地对各种数据进行处理、统计和分析,可以通过各种统计图表的形式把数据形象地表示出来。由于 Excel 2016 可以使用户愉快轻松地组织、计算和分析各种类型的数据,因此被广泛应用于财务、行政、金融、统计和审计等众多领域。

学习目标:

- 理解 Excel 2016 电子表格的基本概念。
- 掌握 Excel 2016 的基本操作及编辑、格式化工作表的方法。
- 掌握公式、函数和图表的使用方法。
- 掌握常用的数据管理与分析方法。
- 熟悉 Excel 2016 的数据综合管理与决策分析功能应用方法。

4.1 Excel 2016 概述

Excel 2016 是一款非常出色的电子表格软件,它具有界面友好、操作简便、易学易用等特点,在人们的工作和学习中起着越来越重要的作用。

4.1.1 Excel 2016 的基本功能

Excel 2016 到底能够解决我们日常工作中的哪些问题呢? 下面简要介绍其 4 个方面的实际应用。

1. 表格制作

制作或者填写一个表格是用户经常遇到的工作内容,手工制作表格不仅效率低,而且格式单调,难以制作出一个好的表格。但是,利用 Excel 2016 提供的丰富功能可以轻松、方便地制作出具有较高专业水准的电子表格,以满足用户的各种需要。

2. 数据运算

在 Excel 2016 中,用户不仅可以使用自己定义的公式,而且可以使用系统提供的九大类函数,以完成各种复杂的数据运算。

3. 数据处理

在日常生活中有许多数据都需要处理,Excel 2016 具有强大的数据库管理功能,利用它所提供的有关数据库操作的命令和函数可以十分方便地完成排序、筛选、分类汇总、查询及数据透视表等操作,Excel 2016 的应用也因此更加广泛。

4. 建立图表

Excel 2016 提供了 14 大类图表,每一大类又有若干子类。用户只需使用系统提供的图表向导功能和选择表格中的数据就可方便、快捷地建立一个既实用又具有多种风格的图表。使用图表可以直观地表达工作表中的数据,增加了数据的可读性。

4.1.2 Excel 2016 的窗口和文档格式

在 Office 2016 中,Excel 文档的新建、保存、打开和关闭与 Word 文档的操作类似,在此不再赘述。下面主要介绍 Excel 2016 窗口和 Excel 文档格式。

1. Excel 2016 窗口

启动 Excel 2016 程序后,即打开 Excel 2016 窗口,如图 4-1 所示。

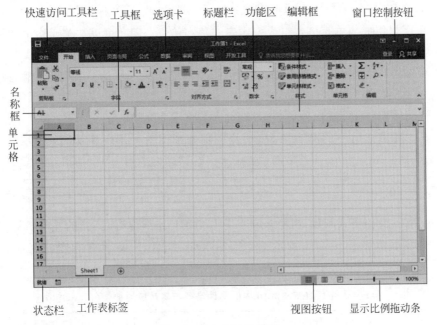

图 4-1　Excel 2016 窗口

Excel 2016 窗口与 Word 2016 窗口有相似之处,但也有自己的特色。Excel 2016 窗口由标题栏、选项卡、功能区、数据编辑区、工作表、工作表标签和状态栏等组成。

（1）标题栏:位于窗口的最上端,其中从左至右显示的是快速访问工具栏、当前正打开的 Excel 文件名称、功能区显示选项按钮、最小化按钮、最大化按钮、还原按钮和关闭按钮。

(2)“文件”按钮或选项卡:单击“文件”按钮(选项卡),可打开 Backstage 视图,该视图用于完成文档的相关操作,如新建、打开、关闭和保存文档等。

在“文件”按钮右侧排列着“开始”“插入”“页面布局”“公式”“数据”“审阅”和“视图”选项卡,单击不同的选项卡,可以打开相应的命令,这些命令按钮按功能显示在不同的功能区中。

(3)功能区:同一类操作命令会放在同一个功能区中。例如,“开始”选项卡主要包括剪贴板、字体、对齐方式、数字、样式、单元格和编辑等功能组。在功能组右下角有带↘标记的按钮,单击此按钮将弹出对应此功能组的设置对话框。

(4)数据编辑区:可以对工作表中的数据进行编辑。它由名称框、工具框和编辑框 3 部分组成。

① 名称框:由列标和行号组成,用来显示编辑的位置,如名称框中的 A1,表示当前选中的是第 A 列第 1 行的单元格,称为 A1 单元格。

② 工具框:单击“√”按钮可以确认输入内容;单击“×”按钮可以取消已输入的内容;单击“f_x”按钮可以在打开的“插入函数”对话框中选择要插入的函数。

③ 编辑框:其中显示的是单元格中已输入或编辑的内容,也可以在此直接输入或编辑内容。例如,在 A1 单元格对应的编辑框内,可以输入数值、文本或者插入公式和函数等操作。

(5)行号和列标:行号在工作表的左侧,以数字形式显示;列标在工作表的上方,以大写英文字母形式显示,起到坐标的作用。

(6)工作表:工作表是操作的主体,Excel 中的表格、图形和图表就是放在工作表中的,它由若干单元格组成。单元格是组成工作表的基本单位。用户可以在单元格中编辑数字和文本,也可以在单元格区域插入和编辑图表等。

(7)状态栏:位于窗口的最下端,左侧显示当前光标插入点的位置等,右侧是显示视图按钮和显示比例尺等。

(8)视图按钮:可以选择普通视图、页面布局和分页预览视图。

(9)显示比例拖动条:用户可以拖动此控制条来调整工作表显示的缩放大小,右侧显示缩放比例。

2. Excel 2016 的文档格式

Excel 2016 文档格式与以前版本不同,它以 XML 格式保存,其新的文件扩展名是在以前文件扩展名后添加 x 或 m,x 表示不含宏的 XML 文件,m 表示含有宏的 XML 文件,如表 4-1 所示。

表 4-1 Excel 2016 中的文件类型与其对应的扩展名

文件类型	扩展名
Excel 2016 工作簿	. xlsx
Excel 2016 启用宏的工作簿	. xlsm
Excel 2016 模板	. xltx
Excel 2016 启用宏的模板	. xltxm

4.1.3　Excel 电子表格的结构

1. 工作簿

工作簿是计算和存储数据的 Excel 文件,是 Excel 2016 文档中一张或多张工作表的集合,其扩展名为. xlsx。每个工作簿可由一张或多张工作表组成,新建一个 Excel 文件时默认包含一张工作表(Sheet1),用户可根据需要插入或删除工作表。一个工作簿中最多可包含 255 张工作表,最少 1 张,Sheet1 默认为当前活动工作表。如果把一个 Excel 工作簿看成一个账本,那么一页就相当于账本中的一张工作表。

2. 工作表

工作表由行号、列标和网格线组成,即由单元格构成,也称为电子表格。一张 Excel 工作表最多有 1 048 576 行、16 348 列组成,即最多可以有 1 048 576×16 348 个单元格。行号用数字 1~1 048 576 表示,列标用字母 A~Z,AA~AZ,BA~BZ,…,XFD 表示。

3. 活动工作表

Excel 的工作簿中可以有多张工作表,但一般来说,只有一张工作表位于最前面,这张处于正在操作状态的电子表格称为活动工作表,例如,单击工作表标签中的 Sheet2 标签,就可以将其设置为活动工作表。

4. 单元格

单元格是组成工作表的基本元素,工作表中行列的交叉位置就是单元格。单元格内输入和保存的数据,既可以包含文字、数字或公式,也可以包含图片和声音等。除此之外,对于每个单元格中的内容,用户还可以设置格式,如字体、字号、对齐方式等。所以,一个单元格由数据内容、格式等部分组成。

在 Excel 中,所有对工作表的操作都是建立在对单元格操作的基础上,因此对单元格的选中与数据输入及编辑是最基本的操作。

5. 单元格的地址

单元格的地址由列标＋行号组成,如第 C 列第 5 行交叉处的单元格,其地址是 C5。单元格的地址可以作为变量名用在表达式中,如"A2＋B3"表示将 A2 和 B3 这两个单元格的数值相加。单击某个单元格,该单元格就成为当前单元格,在该单元格右下角有一个小方块,这个小方块称为填充柄或复制柄,用来进行单元格内容的填充或复制。当前单元格和其他单元格的区别是呈突出显示状态。

6. 单元格区域

在利用公式或函数进行运算时,若参与运算的是由若干相邻单元格组成的连续区域,可以使用区域的表示方法进行简化。只写出区域开始和结尾的两个单元格的地址,两个地址之间用冒号(:)隔开,即可表示包括这两个单元格在内的它们之间所有的单元格。如表示

A1～A8 这 8 个单元格的连续区域可表示为"A1:A8"。

区域表示法有以下 3 种情况。

① 同一行的连续单元格。如 A1:F1 表示第 1 行中的第 A 列到第 F 列的 6 个单元格,所有单元格都在同一行。

② 同一列的连续单元格。如 A1:A10 表示第 A 列中的第 1 行到第 10 行的 10 个单元格,所有单元格都在同一列。

③ 矩形区域中的连续单元格。如 A1:C4 则表示以 A1 和 C4 作为对角线两端的矩形区域,共 3 列 4 行 12 个单元格。如果要对这 12 个单元格的数值求平均值,就可以使用求平均值函数"AVERAGE(A1:C4)"来实现。

4.2　Excel 2016 的基本操作

对工作簿的操作,也就是对 Excel 文档的操作,与 Word 基本相似。下面主要介绍工作表的基本操作、输入数据、编辑工作表、格式化工作表和打印工作表。

4.2.1　工作表的基本操作

新建立的工作簿中只包含 1 张工作表,用户还可以根据需要添加工作表,如前所述,最多可以增加到 255 张。对工作表的操作是指对工作表进行选择、插入、删除、移动、复制和重命名等操作,所有这些操作都可以在 Excel 窗口的工作表标签上进行。

1. 选择工作表

选择工作表操作可以分为选择单张工作表和选择多张工作表。

1) 选择单张工作表

选择单张工作表时只需单击某个工作表的标签即可,该工作表的内容将显示在工作簿窗口中,同时对应的标签变为白色。

2) 选择多张工作表

• 选择连续的多张工作表可先单击第一张工作表的标签,然后按住 Shift 键单击最后一张工作表的标签。

• 选择不连续的多张工作表可按住 Ctrl 键后分别单击要选择的每一张工作表的标签。

对于选定的工作表,用户可以进行复制、删除、移动和重命名等操作。最快捷的方法是右击选定工作表的工作表标签,然后在弹出的快捷菜单中选择相应的操作命令。快捷菜单如图 4-2 所示。用户还可利用快捷菜单选定全部工作表。

图 4-2　工作表标签的快捷菜单

2. 插入工作表

如果要在某个工作表前面插入一张新工作表,操作步骤如下：

（1）右击工作表标签，弹出其快捷菜单，如图 4-2 所示，选择"插入"选项，打开"插入"对话框，如图 4-3 所示。

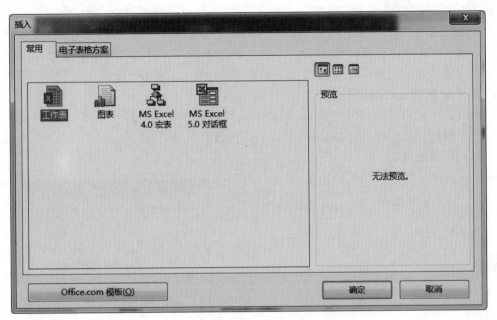

图 4-3　"插入"对话框

（2）切换到"常用"选项卡，选择"工作表"，或者切换到"电子表格方案"选项卡，选择某个固定格式表格，然后单击"确定"按钮关闭对话框。

插入的新工作表会成为当前工作表。其实，插入新工作表最快捷的方法还是单击工作表标签右侧的"新工作表"按钮。

3．删除工作表

删除工作表的方法是首先选定要删除的的工作表，然后右击工作表标签，在弹出的快捷菜单中选择"删除"选项。

如果工作表中含有数据，则会弹出确认删除对话框，如图 4-4 所示，单击"删除"按钮，则该工作表即被删除，该工作表对应的标签也会消失。被删除的工作表无法用"撤销"命令来恢复。

图 4-4　确认删除对话框

如果要删除的工作表中没有数据，则不会弹出确认删除对话框，工作表将被直接删除。

4. 移动或复制工作表

工作表在工作簿中的顺序并不是固定不变的,用户可以通过移动重新安排它们的排列次序。移动或复制工作表的方法如下:

- 选定要移动的工作表,在标签上按住鼠标左键拖动,在拖动的同时可以看到鼠标指针上多了一个文档标记,同时在工作表标签上有一个黑色箭头指示位置,拖到目标位置处释放左键,即可改变工作表的位置,如图 4-5 所示。按住 Ctrl 键拖动实现的是复制操作。
- 右击工作表标签,选择快捷菜单中的"移动或复制"选项,打开"移动或复制工作表"对话框,如图 4-6 所示,选择要移动到的位置。如果勾选"建立副本"复选框,则实现的是复制操作。

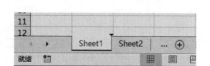

图 4-5　拖动工作表标签　　　　　图 4-6　"移动或复制工作表"对话框

5. 重命名工作表

Excel 2016 在建立一个新的工作簿时只有一个工作表且以"Sheet"1 命名。但在实际工作中,这种命名不便于记忆,也不利于进行有效管理,用户可以为工作表重新命名。重命名工作表常采用如下两种方法:

- 双击工作表标签。
- 右击工作表标签,选择快捷菜单中的"重命名"选项。

【说明】 上述两种方法均会使工作表标签变成黑底白字,输入新的工作表名后单击工作表中其他任意位置或按 Enter 键即可确认重命名。

4.2.2　输入数据

1. 输入数据的基本方法

输入数据的一般操作步骤如下:

(1) 单击某个工作表标签,选择要输入数据的工作表。

(2) 单击要输入数据的单元格,使之成为当前单元格,此时名称框中显示该单元格的名称。

（3）向该单元格直接输入数据，也可以在编辑框输入数据，输入的数据会同时显示在该单元格和编辑框中。

（4）如果输入的数据有错，可单击工具框中的"×"按钮或按 Esc 键取消输入，然后重新输入。如果正确，可单击工具框中的"√"按钮或按 Enter 键确认。

（5）继续向其他单元格输入数据。选择其他单元格可用如下方法：

- 按方向键→、←、↓、↑。
- 按 Enter 键。
- 直接单击其他单元格。

2．各种类型数据的输入

在每个单元格中可以输入不同类型的数据，如数值、文本、日期和时间等。输入不同类型的数据时必须使用不同的格式，只有这样 Excel 才能识别输入数据的类型。

1）文本型数据的输入

文本型数据即字符型数据，包括英文字母、汉字、数字及其他字符。显然，文本型数据就是字符串，在单元格中默认左对齐。在输入文本时，如果输入的是数字字符，则应在数字文本前加上单引号以示区别，而输入其他文本时可直接输入。

数字字符串是指全由数字字符组成的字符串，如学生学号、身份证号和邮政编码等。这种数字字符串是不能参与诸如求和、求平均值等运算的。所以在此特别强调，输入数字字符串时不能省略单引号，这是因为 Excel 无法判断输入的是数值还是字符串。

2）数值型数据的输入

数值型数据可直接输入，在单元格中默认的是右对齐。在输入数值型数据时，除了 $0\sim9$、正负号和小数点外还可以使用以下符号。

- E 和 e 用于指数符号的输入，例如"5.28E+3"。
- 以"$"或"￥"开始的数值表示货币格式。
- 圆括号表示输入的是负数，例如，"(735)"表示 -735。
- 逗号","表示分节符，例如"1,234,567"。
- 以符号"％"结尾表示输入的是百分数，例如 50％。

如果输入的数值长度超过单元格的宽度，将会自动转换成科学记数法，即指数法表示。例如，如果输入的数据为 123456789，则会在单元格中显示 1.234567E+8。

3）日期型数据的输入

日期型数据的输入格式比较多，例如要输入日期 2011 年 1 月 25 日。

（1）如果要求按年月日顺序，常使用以下 3 种格式输入。

- 11/1/25。
- 2011/1/25。
- 2011-1-25.

上述 3 种格式输入确认后，单元格中均显示相同格式，即 2011-1-25。在此要说明的是，第 1 种输入格式中年份只用了两位，即 11 表示 2011 年。但如果要输入 1909，则年份就必须按 4 位格式输入。

（2）如果要求按日月年顺序，常使用以下两种格式输入，输入结果均显示为第 1 种格式。

- 11-Jan-11。
- 11/Jan/11。

如果只输入两个数字,则系统默认为输入的是月和日。例如,如果在单元格中输入 2/3,则表示输入的是 2 月 3 日,年份默认为系统年份。如果要输入当天的日期,可按 Ctrl+;组合键。

输入的日期型数据在单元格中默认右对齐。

4) 时间型数据的输入

在输入时间时,时和分之间、分和秒之间均用冒号(:)隔开,也可以在时间后面加上 A 或 AM、P 或 PM 等分别表示上、下午,即使用格式"hh:min:ss[a/am/p/pm]",其中秒 ss 和字母之间应该留有空格,例如"7:30 AM"。

另外,也可以将日期和时间组合输入,输入时日期和时间之间要留有空格,例如"2009-1-5 10:30"。

若要输入当前系统时间,可以按 Ctrl+Shift+;组合键。

输入的时间型数据和输入的日期型数据一样,在单元格中默认右对齐。

5) 分数的输入

由于分数线、除号和日期分隔符均使用同一个符号"/",所以为了使系统区分输入的是日期还是分数,规定在输入分数时要在分数前面加上 0 和空格。例如,输入分数 1/3,则应先在单元格输入 0 和空格,再输入 1/3,即"0 1/3",这时编辑框显示的是 0.333333333333333,而单元格仍显示 1/3。如果要输入 5/3,应向单元格输入"0 5/3"或输入"1 2/3"。

6) 逻辑值的输入

在单元格中对数据进行比较运算时可得到 True(真)或 False(假)两种比较结果,逻辑值在单元格中的对齐方式默认为居中。

3. 自动填充有规律性的数据

如果要在连续的单元格中输入相同的数据或具有某种规律的数据,如数字序列中的等差序列、等比序列和有序文字(即文字序列)等,使用 Excel 的自动填充功能可以方便、快捷地完成输入操作。

1) 自动填充相同的数据

在单元格的右下角有一个黑色的小方块,称为填充柄或复制柄,当鼠标指针移至填充柄处时鼠标指针的形状变成"+"字形。选定一个已输入数据的单元格后拖动填充柄向相邻的单元格移动,可填充相同的数据,如图 4-7 所示。

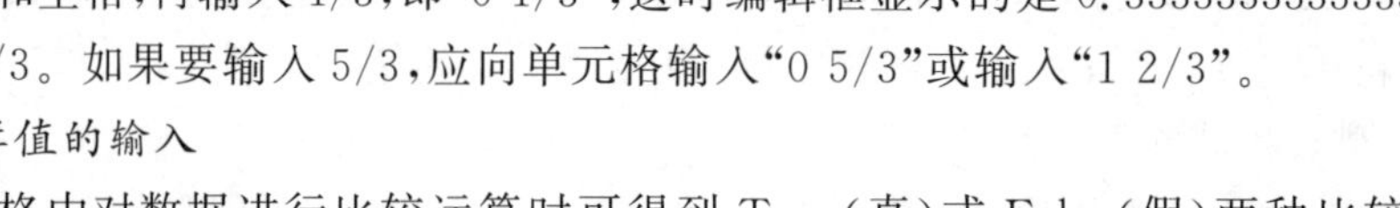

图 4-7　自动填充相同数据

2) 自动填充数字序列

如果要输入的数字型数据具有某种特定规律,如等差序列或等比序列(又称为数字序列),也可使用自动填充功能。

【例 4.1】 在 A1:G1 单元格区域的单元格中分别输入数字 1、3、5、7、9、11、13,如图 4-8 所示。

图 4-8 使用填充柄填充数字序列和文字序列

本例要输入的是一个等差序列,操作步骤如下:

(1) 在 A1 和 B1 单元格中分别输入两个数字 1 和 3。

(2) 选中 A1、B1 两个单元格,此时这两个单元格被黑框包围。

(3) 将鼠标指针移动到 B1 单元格右下角的填充柄处,指针变为细十字形状"+"。

(4) 按住鼠标左键拖动"+"形状控制柄到 G1 单元格后释放,这时 C1 到 G1 单元格即会分别填充数字 5、7、9、11 和 13。

【说明】 用鼠标拖动填充柄填充的数字序列默认为填充等差序列,如果要填充等比序列,则要在"开始"选项卡的"编辑"组中单击"填充"按钮。

【例 4.2】 在 A3:G3 单元格区域的单元格中分别输入数字 1、2、4、8、16、32、64,如图 4-8 所示。

本例要输入的是一个等比序列,操作步骤如下:

(1) 在 A3 单元格输入第一个数字 1。

(2) 选中 A3：G3 单元格区域。

(3) 在"开始"选项卡的"编辑"组中单击"填充"按钮右侧的下拉按钮,在弹出的下拉列表中选择"系列"选项,打开"序列"对话框,如图 4-9 所示。

(4) 在"序列产生在"选项组中选中"行"单选按钮;在"类型"选项组中选中"等比序列"单选按钮;在"步长值"文本框中输入数字 2;由于在此之前已经选中 A3：G3 单元格区域,因此"终止值"文本框中就不需要输入任何值。

(5) 单击"确定"按钮关闭对话框。这时 A3:G3 单元格区域的单元格中即分别填充了数字 1、2、4、8、16、32、64。从对话框可以看出,使用填充命令还可以进行日期的填充。

图 4-9 "序列"对话框

3) 自动填充文字序列

用上述方法不仅可以输入数字序列,而且还可以输入文字序列。

【例 4.3】 利用填充法在 A5:G5 单元格区域的单元格中分别输入星期一至星期日。如图 4-8 所示。

本例要输入的是一个文字序列,操作步骤如下:

(1) 在 A5 单元格输入文字"星期一"。

(2) 单击选中 A5 单元格,并将鼠标指针移动到该单元格右下角的填充柄处,此时指针变成十字形状"+"。

（3）拖动填充柄到 G5 单元格后释放鼠标,这时 A5:G5 单元格区域的单元格中即分别填充了所要求的文字。

【注意】　本例中的"星期一""星期二"……"星期日"等文字是 Excel 预先定义好的文字序列,所以,在 A5 单元格输入了"星期一"后,拖动填充柄时,Excel 就会按该序列的内容依次填充"星期二"……"星期日"等。如果序列的数据用完了,会再使用该序列的开始数据继续填充。

Excel 在系统中已经定义了以下常用文字序列:

- 日、一、二、三、四、五、六。
- Sunday、Monday、Tuesday、Wednesday、Thursday、Friday、Saturday。
- Sun、Mon、Tue、Wed、Thur、Fri、Sat。
- 一月、二月、……
- January、Februay、……
- Jan、Feb、……

4.2.3　编辑工作表

编辑工作表的操作主要包括修改内容、复制内容、移动内容、删除内容、增删行/列等,在进行编辑之前首先要选择对象。

1. 选择操作对象

选择操作对象主要包括选择单个单元格、选择连续区域、选择不连续多个单元格或区域以及选择特殊区域。

1）选择单个单元格

选择单个单元格可以使某个单元格成为活动单元格。单击某个单元格,该单元格以黑色方框显示,即表示被选中。

2）选择连续区域

选择连续区域的方法有以下 3 种(以选择 A1:F5 为例)。

- 单击区域左上角的单元格 A1,然后按住鼠标左键拖动到该区域的右下角单元格 F5。
- 单击区域左上角的单元格 A1,然后按住 Shift 键后单击该区域右下角的单元格 F5。
- 在名称框中输入"A1:F5",然后按 Enter 键。

3）选择不连续多个单元格或区域

按住 Ctrl 键分别选择各个单元格或单元格区域。

4）选择特殊区域

特殊区域的选择主要是指以下不同区域的选择:

- 选择某个整行:直接单击该行的行号。
- 选择连续多行:在行号区按住鼠标左键从首行拖动到末行。
- 选择某个整列:直接单击该列的列标。
- 选择连续多列:在列标区按住鼠标左键从首列拖动到末列。
- 选择整个工作表:单击工作表的左上角(即行号与列标相交处)的"全部选定区"按

钮或按 Ctrl＋A 组合键。

2.修改单元格内容

修改单元格内容的方法有以下两种：

- 双击单元格或选中单元格后按 F2 键，使光标变成闪烁的方式，便可直接对单元格的内容进行修改。
- 选中单元格，在编辑框中进行修改。

3.移动单元格内容

若要将某个单元格或某个区域的内容移动到其他位置上，可以使用鼠标拖动法或剪贴板法。

1）鼠标拖动法

首先将鼠标指针移动到所选区域的边框上，然后按住鼠标左键拖动指针到目标位置即可。在拖动过程中，边框显示为虚框。

2）剪贴板法

操作步骤如下：

（1）选定要移动内容的单元格或单元格区域。

（2）在"开始"选项卡的"剪贴板"组中单击"剪切"按钮。

（3）单击目标单元格或目标单元格区域左上角的单元格。

（4）在"剪贴板"组中单击"粘贴"按钮。

4.复制单元格内容

若要将某个单元格或某个单元格区域的内容复制到其他位置，同样也可以使用鼠标拖动法或剪贴板的方法。

1）鼠标拖动法

首先将鼠标指针移动到所选单元格或单元格区域的边框，然后同时按住 Ctrl 键和鼠标左键拖动鼠标到目标位置即可。在拖动过程中边框显示为虚框。同时鼠标指针的右上角有一个小的十字符号"＋"。

2）剪贴板法

使用剪贴板复制的过程与移动的过程是一样的，只是要单击"剪贴板"组中的"复制"按钮。

5.清除单元格

清除单元格或某个单元格区域不会删除单元格本身，而只是删除单元格或单元格区域中的内容、格式等之一或全部清除。

操作步骤如下：

（1）选中要清除的单元格或单元格区域。

（2）在"开始"选项卡的"编辑"组中单击"清除"按钮，在其下拉列表中选择"全部清除""清除格式""清除内容"等选项之一，即可实现相应项目的清除操作，如图 4-10 所示。

图 4-10 "清除"选项

【注意】 选中某个单元格或某个单元格区域后按 Delete 键,只能清除该单元格或单元格区域的内容。

6. 行、列、单元格的插入与删除

1) 插入行、列

在"开始"选项卡的"单元格"组中单击"插入"按钮,在弹出的下拉列表中选择"插入工作表行"或"插入工作表列"选项即可插入行或列。插入的行或列分别显示在当前行或当前列的上端或左端。

2) 删除行、列

选中要删除的行或列或该行或该列所在的一个单元格,然后单击"单元格"组中的"删除"按钮,在下拉列表中选择"删除工作表行"或"删除工作表列"选项,可将该行或列删除。

3) 插入单元格

选中要插入单元格的位置,单击"单元格"组中的"插入"按钮,在弹出的下拉列表中选择"插入单元格"选项,打开"插入"对话框,如图 4-11 所示,选中"活动单元格右移"或"活动单元格下移"单选按钮,单击"确定"按钮即可插入新的单元格。插入后原活动单元格会右移或下移。

4) 删除单元格

选中要删除的单元格,单击"单元格"组中的"删除"按钮,在弹出的下拉列表中选择"删除单元格"选项,打开"删除"对话框,如图 4-12 所示,选中"右侧单元格左移"或"下方单元格上移"单选按钮,单击"确定"按钮,该单元格即被删除。如果选中"整行"或"整列"单选按钮,则该单元格所在行或列会被删除。

图 4-11 "插入"对话框

图 4-12 "删除"对话框

4.2.4 格式化工作表

工作表由单元格组成,因此格式化工作表就是对单元格或单元格区域进行格式化。格式化工作表包括调整行高和列宽、设置单元格格式及设置条件格式。

1. 调整行高和列宽

工作表中的行高和列宽是 Excel 默认设定的,行高自动以本行中最高的字符为准,列宽默认为 8 个字符宽度。用户可以根据自己的实际需要调整行高和列宽。操作方法有以下两种。

1）使用鼠标拖动法

将鼠标指针指向行号或列标的分界线上，当鼠标指针变成双向箭头时按下左键拖动鼠标即可调整行高或列宽。这时鼠标上方会自动显示行高或列宽的数值，如图4-13所示。

2）使用功能按钮精确设置

选定需要设置行高或列宽的单元格或单元格区域，然后在"单元格"组中单击"格式"按钮，在下拉列表中选择"行高"或"列宽"选项，如图4-14所示，打开"行高"对话框或"列宽"对话框，输入数值后单击"确定"按钮关闭对话框，即可精确设置行高和列宽。如果选择"自动调整行高"或"自动调整列宽"选项，系统将自动调整到最佳行高或列宽。

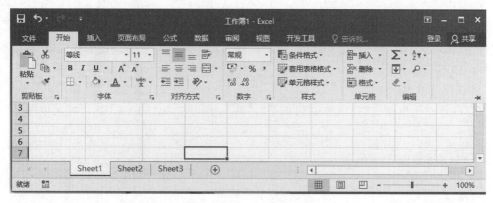

图4-13　显示列宽　　　　　　　　　　图4-14　"格式"下拉列表

2. 设置单元格格式

在一个单元格中输入了数据内容后可以对单元格格式进行设置，设置单元格格式可以使用"开始"选项卡中的功能按钮，如图4-15所示。

图4-15　"开始"选项卡

"开始"选项卡中包括"字体""对齐方式""数字""样式""单元格"组,主要用于单元格或单元格区域的格式设置;另外还有"剪贴板"和"编辑"两个组,主要用于进行 Excel 文档的编辑输入、单元格数据的计算等。

单击"单元格"组中的"格式"按钮,在其下拉列表中选择"设置单元格格式"选项;或者单击"字体"组、"对齐方式"组和"数字"组的"设置单元格格式"按钮,均可打开"设置单元格格式"对话框,如图 4-16 所示,用户可以在该对话框中设置"数字""对齐""字体""边框""填充"和"保护"6 项格式。

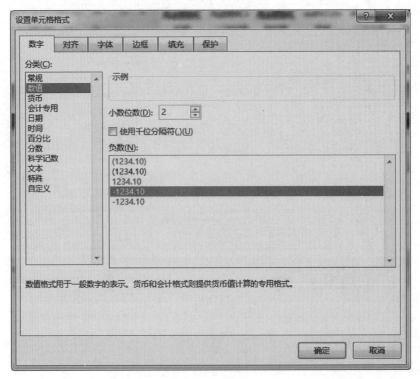

图 4-16　"设置单元格格式"对话框中的"数字"选项卡

1) 设置数字格式

Excel 2016 提供了多种数字格式,在对数字格式化时可以通过设置小数位数、百分号、货币符号等来表示单元格中的数据。在"设置单元格格式"对话框中切换至"数字"选项卡,在"分类"列表框中选择一种分类格式,在对话框的右侧窗格进一步设置小数位数、货币符号等即可,如图 4-16 所示。

2) 设置字体格式

在"设置单元格格式"对话框中切换至"字体"选项卡,如图 4-17 所示,可对字体、字形、字号、颜色、下画线及特殊效果等进行设置。

3) 设置对齐方式

在"设置单元格格式"对话框中切换至"对齐"选项卡,如图 4-18 所示,可实现水平对齐、垂直对齐、改变文本方向、自动换行及合并单元格等的设置。

【例 4.4】 设置"学生成绩表"标题行居中。

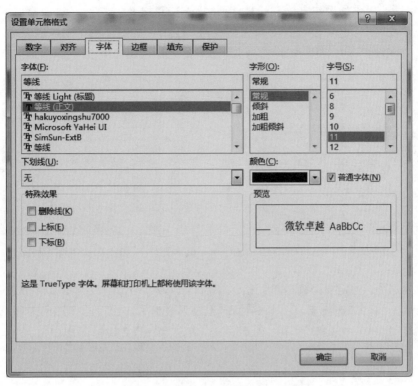

图 4-17　"设置单元格格式"对话框中的"字体"选项卡

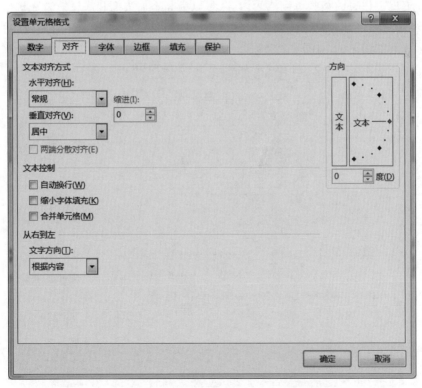

图 4-18　"设置单元格格式"对话框中的"对齐"选项卡

设置标题行居中的操作方法有两种,具体操作步骤如下:

- 合并及居中:选中要合并的单元格区域 A1:D1,如图 4-19 所示,然后单击"对齐方式"组中的"合并后居中"按钮,则所选的单元格区域合并为一个单元格 A1,并且标题文字居中放置,如图 4-20 所示。

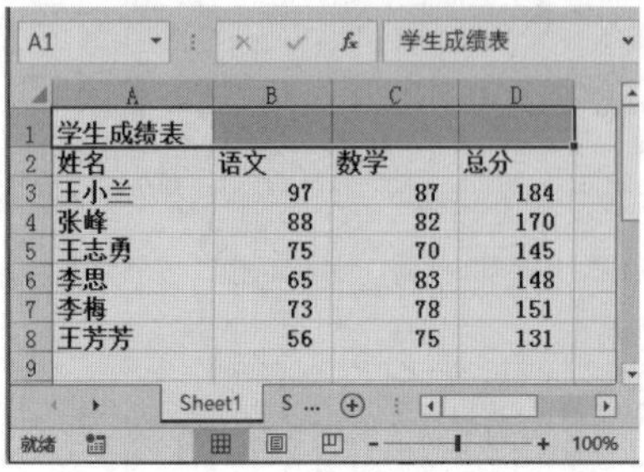

图 4-19　选中要合并的单元格区域 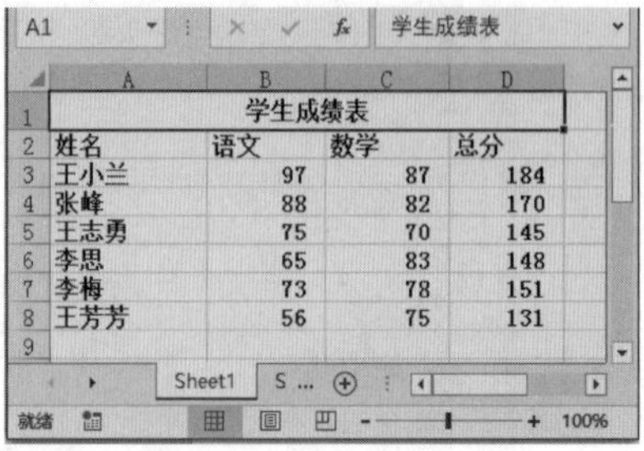　　　　　图 4-20　合并后居中效果

- 跨列居中:选定要跨列的单元格区域 A1:D1,然后打开"设置单元格格式"对话框并切换至"对齐"选项卡,在"水平对齐"下拉列表框中选择"跨列居中"选项,在"垂直对齐"下拉列表中选择"居中",然后单击"确定"按钮,此时标题居中放置了,但是单元格并没有合并。

4) 设置边框和底纹

在 Excel 工作表中可以看到灰色的网格线,但如果不进行设置,这些网格线是打印不出来的,为了突出工作表或某些单元格的内容,可以为其添加边框和底纹。首先选定要设置边框和底纹的单元格区域,然后在"设置单元格格式"对话框的"边框"或"填充"选项卡中进行设置即可,分别如图 4-21 和图 4-22 所示。

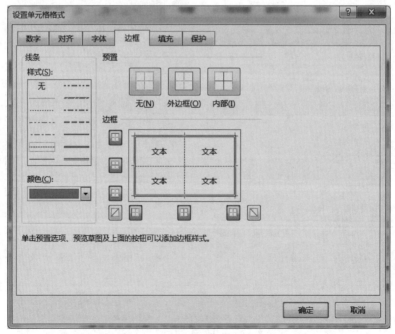

图 4-21　"设置单元格格式"对话框中的"边框"选项卡

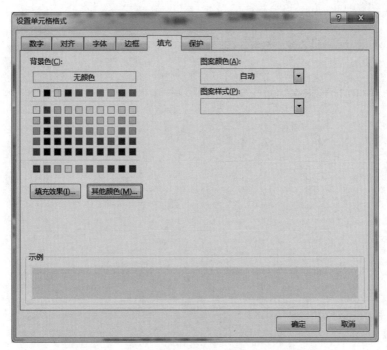

图 4-22 "设置单元格格式"对话框中的"填充"选项卡

- 设置边框：在"边框"选修卡中，首先选择线条"样式"和"颜色"，然后在"预置"组中选择"内部"或"外边框"选项，分别设置内外线条。
- 设置填充：在"填充"选项卡中设置单元格底纹的"颜色"或"图案"，可以设置选定区域的底纹与填充色。

5）设置保护

设置单元格保护是为了保护单元格中的数据和公式，其中有锁定和隐藏两个选项。

锁定可以防止单元格中的数据被更改、移动，或单元格被删除；隐藏可以隐藏公式，使得编辑栏中看不到所应用的公式。

首先选定要设置保护的单元格区域，打开"设置单元格格式"对话框，在"保护"选项卡中即可设置其锁定和隐藏，如图 4-23 所示。但是，只有在工作表被保护后锁定单元格或隐藏公式才生效。

【例 4.5】 工作表格式化。对"学生成绩表"的标题行设置跨列居中，将字体设置为楷体、20 磅、加粗、红色，添加浅绿色底纹；表格中其余数据水平和垂直居中，设置保留两位小数；为工作表中的 A2:D8 数据区域添加虚线内框线、实线外框线。

操作步骤如下：

（1）选中 A1:D1 单元格区域。

（2）打开"设置单元格格式"对话框，切换至"对齐"选项卡，在"水平对齐"下拉列表中选择"跨列居中"选项，在"垂直对齐"下拉列表中选择"居中"选项；切换至"字体"选项卡，从"字体"列表框中选择"楷体"选项，在"字形"列表框中选择"加粗"选项，在"字号"列表框中选择"20"选项，设置颜色为"红色"；切换至"填充"选项卡，在"背景栏"选项组中设置颜色为"浅绿色"，然后单击"确定"按钮关闭对话框。

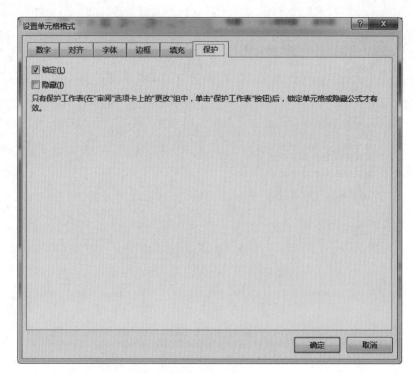

图 4-23　"设置单元格格式"对话框中的"保护"选项卡

（3）选中 A2:D8 单元格区域。

（4）打开"设置单元格格式"对话框，切换至"对齐"选项卡，在"水平对齐"和"垂直对齐"两个下拉列表中均选择"居中"选项；切换至"数字"选项卡，在"分类"列表框中选择"数值"选项，在"小数位数"数值框中输入"2"或调整为"2"；切换至"边框"选项卡，在"线条样式"列表框中选择"实线"选项，在"预置"选项组中选择"外边框"选项，再从"线条样式"列表框中选择"虚线"选项，然后在"预置"选项组中选择"内部"选项。单击"确定"按钮关闭对话框。

格式化后的工作表效果如图 4-24 所示。

图 4-24　格式化工作表示例效果

3. 设置条件格式

利用 Excel 2016 提供的条件格式化功能可以根据指定的条件设置单元格的格式，如改变字形、颜色、边框和底纹等，以便在大量数据中快速查阅到所需要的数据。

【例 4.6】　在 C 班学生成绩表中，利用条件格式化功能，指定当成绩大于 90 分时字形格式为"加粗"，字体颜色为"蓝色"，并添加黄色底纹。

操作步骤如下：

（1）选定要进行条件格式化的区域。

（2）在"开始"选项卡的"样式"组中执行"条件格式"→"突出显示单元格规则"→"大于"命令，打开"大于"对话框，如图 4-25 所示，在"为大于以下值的单元格设置格式"文本框中输入"90"，在其右边的"设置为"下拉列表框中选择"自定义格式"选项，打开"设置单元格格式"

对话框,如图 4-26 所示。

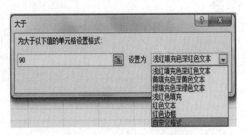

图 4-25　"大于"对话框

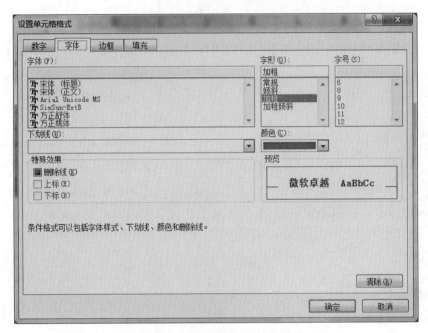

图 4-26　"设置单元格格式"对话框

（3）在"设置单元格格式"对话框中切换至"字体"选项卡,将字形设置为"加粗",字体颜色设置为"蓝色";切换至"填充"选项卡,将底纹颜色设置为"黄色",然后单击"确定"按钮返回"大于"对话框,再单击"确定"按钮关闭对话框,设置效果如图 4-27 所示。

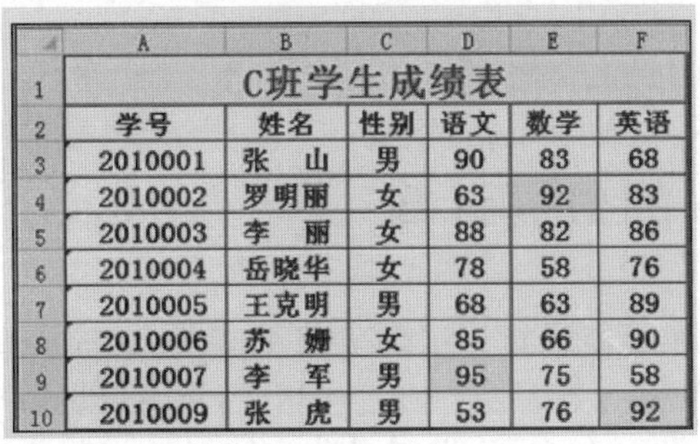

C班学生成绩表					
学号	姓名	性别	语文	数学	英语
2010001	张　山	男	90	83	68
2010002	罗明丽	女	63	92	83
2010003	李　丽	女	88	82	86
2010004	岳晓华	女	78	58	76
2010005	王克明	男	68	63	89
2010006	苏　姗	女	85	66	90
2010007	李　军	男	95	75	58
2010009	张　虎	男	53	76	92

图 4-27　设置效果图

（4）如果还需要设置其他条件,按照上面的方法步骤继续操作即可。

4.2.5 打印工作表

对工作表的数据输入、编辑和格式化工作完成后,为了提交阅读方便和以备用户存档,常常需要将它们打印出来。在打印之前,可以对打印的内容先进行预览或进行一些必要的设置。所以,打印工作表一般可分为两个步骤:打印预览和打印输出。另外,还可以对工作表进行页面设置,以便使工作表有更好的打印输出效果。

Excel 2016 提供了打印预览功能,打印预览可以在屏幕上显示工作表的实际打印效果,如页面设置,纸张、页边距、分页符效果等。如果用户不满意可及时调整,以避免打印后不符合要求而造成不必要的浪费。

要对工作表打印预览,只需将工作表打开,单击"文件"选项卡,在打开的 Backstage 视图中选择"打印"命令,如图 4-28 所示,这时在窗口的右侧将显示工作表的预览效果。

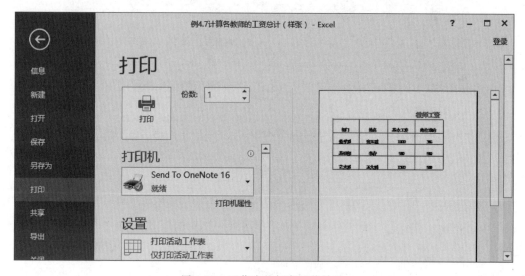

图 4-28　工作表的打印预览效果

如果用户对工作表的预览结果十分满意就可以立即打印输出了。在打印之前,可在 Backstage 视图的中间区域对各项打印属性进行设置,包括打印的份数、页边距、纸型、纸张方向、打印的页码范围等。全部设置完成后,只需单击"打印"按钮,即可打印出用户所需的工作表。

4.3　Excel 2016 的数据计算

Excel 电子表格系统除了能进行一般的表格处理外,最主要的是它的数据计算功能。在 Excel 中,用户可以在单元格中输入公式或使用 Excel 提供的函数完成对工作表中的数据计算,并且当工作表中的数据发生变化时计算的结果也会自动更新,可以帮助用户快速、准确地完成数据计算。

4.3.1 使用公式

Excel 中的公式由等号、运算符和运算数 3 个部分构成，运算数包括常量、单元格引用值、名称和工作表函数等元素。使用公式是实现电子表格数据处理的重要手段，它可以对数据进行加、减、乘、除及比较等多种运算。

1. 运算符

用户可以使用的运算符有算术运算符、比较运算符、文本运算符和引用运算符 4 种。

1）算术运算符

算术运算符包括加（＋）、减（－）、乘（＊）、除（/）、百分数（％）及乘方（^）等。当一个公式中包含多种运算时要注意运算符之间的优先级。算术运算符运算的结果为数值型。

2）比较运算符

比较运算符包括等于（＝）、大于（＞）、小于（＜）、大于或等于（＞＝）、小于或等于（＜＝）及不等于（＜＞）。比较运算符运算的结果为逻辑值 True 或 False。例如，在 A1 单元格中输入数字"8"，在 B1 单元格输入"＝A1＞5"，由于 A1 单元格中的数值 8＞5，因此为真，B1 单元格中会显示"True"，且居中显示；如果在 A1 单元格输入数字"3"，则 B1 单元格中会居中显示"False"。

3）文本运算符

文本运算符也就是文本连接符（&），用于将两个或多个文本连接为一个组合文本。例如"中国"&"北京"的运算结果即为"中国北京"。

4）引用运算符

引用运算符用于将单元格区域合并运算，包括冒号、逗号和空格。

- 冒号运算符用于定义一个连续的数据区域，例如"A2:B4"表示 A2 到 B4 的 6 个单元格，即包括 A2、A3、A4、B2、B3、B4。
- 逗号运算符称为并集运算符，用于将多个单元格或单元格区域合并成一个引用。例如，要求将 C2、D2、F2、G2 单元格的数值相加，结果数值放在 E2 单元格中。则 E2 单元格中的计算公式可以用"＝SUM（C2，D2，F2，G2）"表示，结果示例如图 4-29 所示。

	A	B	C	D	E	F	G
					E2	fx	=SUM(C2,D2,F2,G2)
1	部门	姓名	基本工资	岗位津贴	总计	绩效工资	福利工资
2	数学系	张玉霞	1100	356	3862	2356	50
3	基础部	李青	980	550		2340	100
4	艺术系	王大鹏	1380	500		1500	100

图 4-29 并集运算求和

- 空格运算符称为交集运算符，表示只处理区域中互相重叠的部分。例如公式"SUM（A1:B2 B1:C2）"表示求 A1:B2 区域与 B1:C2 区域相交部分，也就是单元格 B1、B2 的和。

【说明】 运算符的优先级由高到低依次为冒号、逗号、空格、负号、百分号、乘方、乘和除、加和减、文本连接符、比较运算符。

2. 输入公式

在指定的单元格内可以输入自定义的公式,其格式为"＝公式"。

操作步骤如下:

(1) 选定要输入公式的单元格。

(2) 输入等号"＝"作为公式的开始。

(3) 输入相应的运算符,选取包含参与计算的单元格的引用。

(4) 按 Enter 键或者单击编辑栏中的"输入"按钮确认。

【说明】　在输入公式时,等号和运算符号必须采用半角英文符号。

3. 复制公式

如果有多个单元格用的是同一种运算公式,可使用复制公式的方法简化操作。选中被复制的公式,先"复制"然后"粘贴"即可;或者使用公式单元格右下角的复制柄拖动复制,也可以直接双击填充柄实现快速公式自动复制。

【例 4.7】　在如图 4-30 所示的表格中计算出教师的工资。

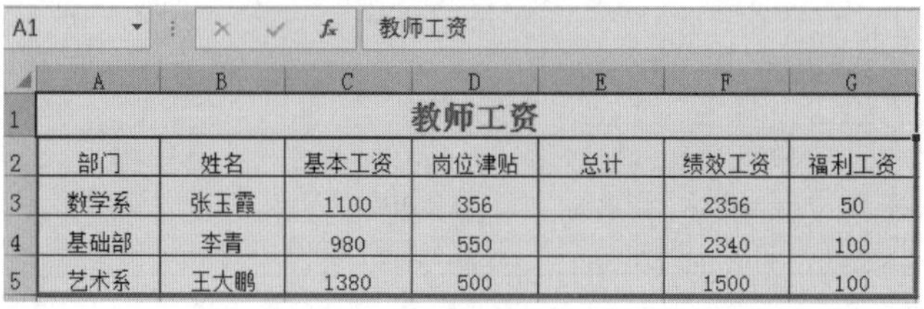

图 4-30　计算教师工资

操作步骤如下:

(1) 选定要输入公式的单元格 E3。

(2) 输入等号和公式"＝C3＋D3＋F3＋G3",这里的单元格引用可直接单击单元格,也可以输入相应单元格地址。

(3) 按 Enter 键或者单击编辑栏中的"输入"按钮,计算结果即出现在 E2 单元格。

(4) 按住鼠标左键拖动 E2 单元格右下角的复制柄至 E4 单元格,完成公式复制,结果如图 4-31 所示。

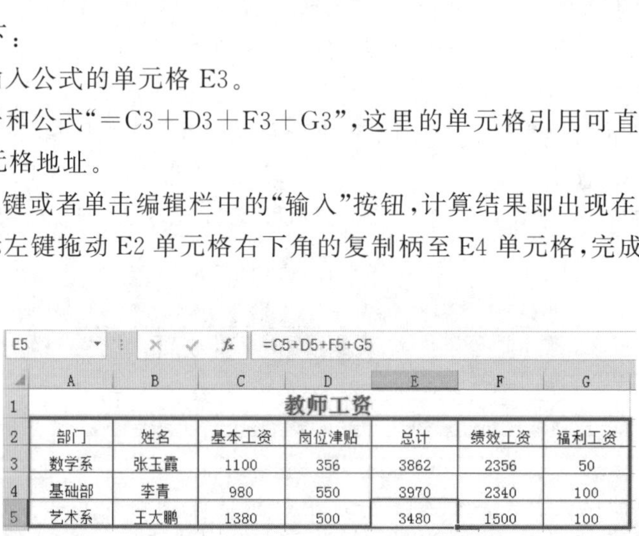

图 4-31　教师工资计算结果

【例 4.8】　在如图 4-32 所示的表格中计算出各商品的销售额。

操作步骤如下:

(1) 在 G4 单元格输入公式"＝E4＊F4",按 Enter 健。

某商场销售详情日期：2008-2-15						
员工编号	部门	商品名称	单位	单价	销售量	销售额
1002	食品	糖果	千克	45.8	10.5	
2001	服装	西装	套	478	2	
1001	食品	糖果	千克	25.2	20.5	
5003	电器	电视机	台	4888	5	
1002	食品	水果	千克	5.8	2.85	
2001	服装	皮鞋	双	176	1	
5002	电器	电视机	台	12000	1	
5003	电器	冰箱	台	2999	1	
2001	服装	毛衣	件	99	1	
1002	食品	腊肉	千克	55.8	18.5	
1001	食品	腊肉	千克	55.8	56.8	
1002	食品	牛奶	盒	2.5	60	

图 4-32　某商场商品销售明细

（2）拖动 G4 单元格右下角的复制柄到 G15 单元格，完成公式复制。计算结果如图 4-33所示。

某商场销售详情日期：2008-2-15						
员工编号	部门	商品名称	单位	单价	销售量	销售额
1002	食品	糖果	千克	45.8	10.5	480.9
2001	服装	西装	套	478	2	956
1001	食品	糖果	千克	25.2	20.5	516.6
5003	电器	电视机	台	4888	5	24440
1002	食品	水果	千克	5.8	2.85	16.53
2001	服装	皮鞋	双	176	1	176
5002	电器	电视机	台	12000	1	12000
5003	电器	冰箱	台	2999	1	2999
2001	服装	毛衣	件	99	1	99
1002	食品	腊肉	千克	55.8	18.5	1032.3
1001	食品	腊肉	千克	55.8	56.8	3169.44
1002	食品	牛奶	盒	2.5	60	150

图 4-33　某商场商品销售额计算结果

4.3.2　使用函数

使用公式计算虽然很方便，但只能完成简单的数据计算，对于复杂的运算需要使用函数来完成。函数是预先设置好的公式，Excel 提供了几百个内置函数，可以对特定区域的数据实施一系列操作。利用函数进行复杂的运算比利用等效的公式计算更快、更灵活、效率更高。

1. 函数的组成

函数是公式的特殊形式，其格式为函数名(参数 1，参数 2，参数 3，…)

其中，函数名是系统保留的名称，圆括号中可以有一个或多个参数，参数之间用逗号隔开，也可以没有参数，当没有参数时，函数名后的圆括号是不能省略的。参数是用来执行操作或计算的数据，可以是数值或含有数值的单元格引用。

例如，函数“SUM(A1,B1,D2)”即表示对 A1、B1、D2 三个单元格的数值求和，其中SUM 是函数名；A1、B1、D2 为 3 个单元格引用，它们是函数的参数。

又例如函数“SUM(A1,B1:B3,C4)”中有 3 个参数，分别是 A1 单元格、B1:B3 单元格区域和 C4 单元格。

而函数 PI()则没有参数,它的作用是返回圆周率 π 的值。

2. 函数的使用方法

下面通过例题说明函数的使用方法。

1) 利用"插入函数"按钮。

包括函数库和工具框中的"插入函数"按钮。

【例 4.9】 在成绩表中计算出每个学生的平均成绩,如图 4-34 所示。

	A	B	C	D	E	F
1	A班四门课成绩表					
2	姓名	语文	数学	物理	化学	平均成绩
3	韩凤	86	87	89	97	
4	田艳	57	83	79	46	
5	彭华	66	68	98	70	

图 4-34 A 班学生四门课程成绩表

操作步骤如下:

(1) 选定要存放结果的单元格 F3。

(2) 在"公式"选项卡的"函数库"组中单击"插入函数"按钮或单击工具框左侧的 f_x 按钮,打开"插入函数"对话框,如图 4-35 所示。

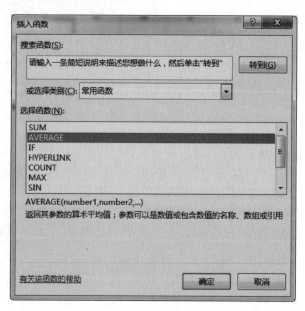

图 4-35 "插入函数"对话框

(3) 在"或选择类别"下拉列表框中选择"常用函数"选项,在"选择函数"列表框中选择 AVERAGE 选项,然后单击"确定"按钮,打开"函数参数"对话框,如图 4-36 所示。

(4) 在 Number1 编辑框中输入函数的正确参数,如 B3:E3,或者单击参数 Number1 编辑框后面的数据拾取按钮,当函数参数对话框缩小成一个横条,如图 4-37 所示,然后用鼠标拖动选取数据区域,然后按 Enter 键或再次单击拾取按钮,返回"函数参数"对话框,最后单击"确定"按钮。

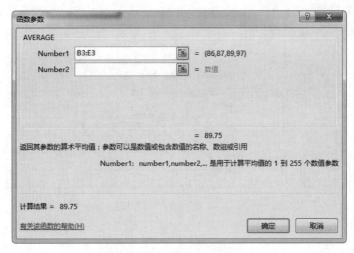

图 4-36 "函数参数"对话框

图 4-37 函数参数的拾取

（5）拖曳 F3 单元格右下角的复制柄到 F5 单元格。这时在 F3～F5 单元格分别计算出了 3 个学生的平均成绩。计算结果如图 4-38 所示。

	A	B	C	D	E	F
1	A班四门课成绩表					
2	姓名	语文	数学	物理	化学	平均成绩
3	韩凤	86	87	89	97	89.75
4	田艳	57	83	79	46	66.25
5	彭华	66	68	98	70	75.5

图 4-38 平均成绩计算结果

2）利用名称框中的公式选项列表

首先选定要存放结果的单元格 F3，然后输入"="，再单击名称框右边的下三角按钮，在下拉列表中选择相应的函数选项，如图 4-39 所示，后面的操作和利用功能按钮插入函数的方式完全相同。

AVERAGE ▼	✕ ✓ fx	=				
AVERAGE	B	C	D	E	F	
SUM	A班四门课成绩表					
IF						
HYPERLINK	语文	数学	物理	化学	平均成绩	
COUNT	86	87	89	97	=	
MAX						
SIN	57	83	79	46		
SUMIF						
PMT	66	68	98	70		
STDEV						
其他函数...						

图 4-39 利用编辑栏中的公式选项列表

3）使用"自动求和"按钮

选定要存放结果的单元格 F3，单击"函数库"中或"编辑"组中"自动求和"的下三角按钮,在下拉列表中选择相应函数,本例选择"平均值"选项,如图 4-40 所示,再单击工具框中的"输入"按钮或按 Enter 键即可。

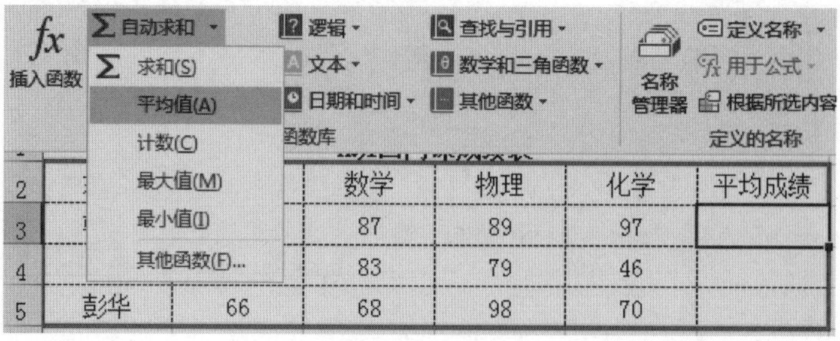

图 4-40　使用自动求和按钮

3. 常用函数介绍

Excel 提供了 12 大类几百个内置函数,这些函数的涵盖范围包括财务、日期与时间、数学与三角函数、统计、查找与引用、数据库、文本、逻辑、信息、工程、多维数据集和兼容性等。下面仅就常用函数作以简单介绍。

1）求和函数 SUM

函数格式为:

SUM(number1,[number2],…)。

该函数用于将指定的参数 number1、number2……相加求和。

参数说明:至少需要包含一个参数 number1,每个参数都可以是区域、单元格引用、数组、常量、公式或另一个函数的结果。

2）平均值函数 AVERAGE

函数格式为:

AVERAGE(number1,[number2],…)。

该函数用于求指定参数 number1、number2……的算术平均值。

参数说明:至少需要包含一个参数 number1,且必须是数值,最多可包含 255 个。

3）最大值函数 MAX

函数格式为:

MAX(number1,[number2],…)。

该函数用于求指定参数 number1、number2……的最大值。

参数说明:至少需要包含一个参数 number1,且必须是数值,最多可包含 255 个。

4）最小值函数 MIN

函数格式为:

MIN (number1,[number2],…)。

该函数用于求指定参数 number1、number2……的最小值。

参数说明:至少需要包含一个参数 number1,且必须是数值,最多可包含 255 个。

5）计数函数 COUNT

函数格式为:

COUNT(value1,[value2],…)。

该函数用于统计指定区域中包含数值的个数,只对包含数字的单元格进行计数。

参数说明:至少需要包含一个参数 value1,最多可包含 255 个。

6)逻辑判断函数 IF(或称条件函数)

函数格式为:

IF(logical_test,[value_if_true],[value_if_false])。

该函数实现的功能:如果 logical_test 逻辑表达式的计算结果为 TRUE,IF 函数将返回某个值,否则返回另一个值。

参数说明如下:

- logical_test:必需的参数,作为判断条件的任意值或表达式。在该参数中可使用比较运算符。
- value_if_true:可选的参数,logical_test 参数的计算结果为 TRUE 时所要返回的值。
- value_if_false:可选的参数,logical_test 参数的计算结果为 FALSE 时所要返回的值。

例如,IF(5>4,"A","B")的结果为"A"。

IF 函数可以嵌套使用,最多可以嵌套 7 层。

【例 4.10】 在图 4-41 所示的工作表中按英语成绩所在的不同分数段计算对应的等级。

等级标准的划分原则:90～100 为优,80～89 为良,70～79 为中,60～69 为及格,60 分以下为不及格。

【分析】 很显然,这一问题需要使用逻辑判断函数即条件函数完成计算。

操作步骤如下:

(1)选中 D3 单元格,向该单元格中输入公式"=IF(C3>=90,"优",IF(C3>=80,"良",IF(C3>=70,"中",IF(C3>=60,"及格","不及格"))))"。

该公式中使用的 IF 函数嵌套了 4 层。

(2)单击编辑栏中的"输入"按钮或按 Enter 键,D3 单元格中显示的结果为"中"。

(3)将鼠标指针移到 D3 单元格边框右下角的黑色方块,当指针变成"+"形状时按住左键拖动鼠标到 D7 单元格,在 D4:D7 单元格区域进行公式复制。

计算后的结果如图 4-42 所示。

	A	B	C	D
1	A班英语成绩统计表			
2	学号	姓名	英语	等级
3	201001	陈卫东	75	
4	201002	黎明	86	
5	201003	汪洋	54	
6	201004	李一兵	65	
7	201005	肖前卫	94	

图 4-41 英语成绩

	A	B	C	D
1	A班英语成绩统计表			
2	学号	姓名	英语	等级
3	201001	陈卫东	75	中
4	201002	黎明	86	良
5	201003	汪洋	54	不及格
6	201004	李一兵	65	及格
7	201005	肖前卫	94	优

图 4-42 计算后的结果

7)条件计数函数 COUNTIF

函数格式为:

COUNTIF(range,criteria)。

该函数用于计算指定区域中满足给定条件的单元格个数。

参数说明如下：

- range：必需的参数，计数的单元格区域。
- criteria：必需的参数，计数的条件，条件的形式可以为数字、表达式、单元格地址或文本。

【例4.11】　利用条件计数函数 COUNTIF 计算 F 班学生成绩表中成绩等级为中等的学生人数，将其置于 D12 单元格中，如图4-43所示。

	A	B	C	D
1	F班数学成绩表			
2	学号	姓名	数学	成绩等级
3	20130101	张三	91	优秀
4	20130102	李四	86	良好
5	20130103	王五	78	中等
6	20130104	汪明	81	良好
7	20130105	赵峰	65	及格
8	20130106	刘姗	75	中等
9	20130107	何达	72	中等
10	20130108	张丽	98	优秀
11	20130109	李丽	63	及格
12	数学成绩为中等的人数			

图4-43　计算学生成绩等级为中等的人数

操作步骤如下：

(1) 选中 D12 单元格。

(2) 在工具框单击 fx 按钮，在打开的"插入函数"对话框中选择"统计"类的"COUNTIF"函数，如图4-44所示。

图4-44　"插入函数"对话框

(3) 单击"确定"按钮，打开"函数参数"对话框，在"Range"框输入 D3：D11，或用拾取按钮选择 D3：D11，在"criteria"框输入"中等"或选择 D5 单元格，如图4-45所示。

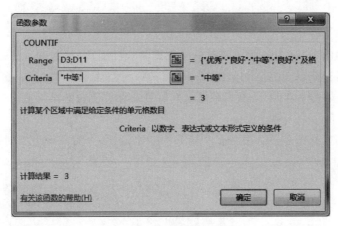

图 4-45　"函数参数"对话框

（4）单击"确定"按钮，计算结果如图 4-46 所示。

	A	B	C	D
1	F班数学成绩表			
2	学号	姓名	数学	成绩等级
3	20130101	张三	91	优秀
4	20130102	李四	86	良好
5	20130103	王五	78	中等
6	20130104	汪明	81	良好
7	20130105	赵峰	65	及格
8	20130106	刘姗	75	中等
9	20130107	何达	72	中等
10	20130108	张丽	98	优秀
11	20130109	李丽	63	及格
12	数学成绩为中等的人数			3

图 4-46　计算学生成绩为中等的人数统计结果

8）条件求和函数 SUMIF

函数格式为：

SUMIF(range,criteria,sum_range)。

该函数用于对指定单元格区域中符合指定条件的值求和。

参数说明如下：

- range：必需的参数，用于条件判断的单元格区域。
- criteria：必需的参数，求和的条件，其形式可以为以数字、表达式、单元格引用、文本或函数。
- sum_range：可选参数区域，要求和的实际单元格区域，如果 sum_range 参数被省略，Excel 会对在 Range 参数中指定的单元格求和。

9）排位函数 RANK

函数格式为：

RANK(number,ref,order)。

该函数用于返回某数字在一列数字中相对于其他数值的大小排位。

参数说明如下：

- number：必需的参数，为指定的排位数字。
- ref：必需的参数，为一组数或对一个数据列表的引用(绝对地址引用)。
- order：可选参数，为指定排位的方式，0 值或忽略表示降序，非 0 值表示升序。

【例 4.12】 如图 4-47 所示，对 F 班学生的数学成绩进行排位，结果置于 D3:D11 单元格中。
操作步骤如下：

(1) 选中 D3 单元格，单击"插入函数"按钮，打开"插入函数"对话框，选择函数"RANK"，如图 4-48 所示。

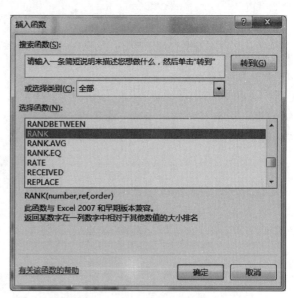

图 4-47　对 F 班学生的数学成绩进行排位　　　　图 4-48　"插入函数"对话框

(2) 单击"确定"按钮，打开"函数参数"对话框，在"Number"参数框输入 C3 或选择单元格 C3(单元格相对引用)，在"Ref"参数框输入"＄C＄3:＄C＄11"(单元格绝对引用)，在"Order"参数框输入"0"或为空，如图 4-49 所示。

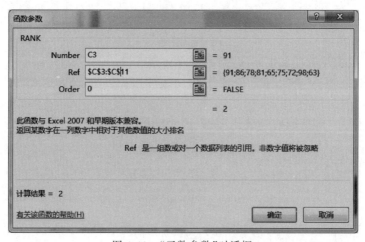

图 4-49　"函数参数"对话框

（3）单击"确定"按钮。拖动 D3 单元格右下角
的复制柄到 D11 单元格，完成公式复制，排位结果
如图 4-50 所示。

10）截取字符串函数 MID

函数格式为：

MID(text,start_num,num_chars)。

该函数用于从文本字符串中的指定位置开始
返回特定个数的字符。

	A	B	C	D
1	F班数学成绩表			
2	学号	姓名	数学	名次
3	20130101	张三	91	2
4	20130102	李四	86	3
5	20130103	王五	78	5
6	20130104	汪明	81	4
7	20130105	赵峰	65	8
8	20130106	刘姗	75	6
9	20130107	何达	72	7
10	20130108	张丽	98	1
11	20130109	李丽	63	9

图 4-50　F班学生数学成绩排位结果

参数说明如下：

- text：必需的参数，包含要截取字符的文本字符串。
- start_num：必需的参数，文本中要截取字符的第 1 个字符的位置。文本中第 1 个字符的位置为 1，以此类推。
- num_chars：必需的参数，指定希望从文本串中截取的字符个数。

11）取年份值函数 YEAR

函数格式为：

YEAR(serial_number)。

该函数用于返回指定日期对应的年份值。返回值为 1900 到 9999 之间的值。

参数说明：serial_number 为必需的参数，是一个日期值，其中必须要包含查找的年份值。

12）文本合并函数 CONCATENATE

函数格式为：

CONCATENATE(text1,[text2],…)。

该函数用于将几个文本项合并为一个文本项，可将最多 255 个文本字符串连接成一个
文本字符串。连接项可以是文本、数字、单元格地址或这些项目的组合。

参数说明：至少必须有一个文本项，最多可以有 255 个，文本项之间用逗号分隔。

【提示】　用户也可以用文本连接运算符"&"代替 CONCATENATE 函数来连接文本
项。例如，"=A1&B1"与"=CONCATENATE(A1,B1)"返回的值相同。

4.3.3　单元格引用

在例 4.8 中进行公式复制时，Excel 并不是简单地将公式复制下来，而是会根据公式的
原来位置和目标位置计算出单元格地址的变化。

例如，原来在 F3 单元格中插入的函数是"=AVERAGE(B3:E3)"，当复制到 F4 单元格
时，由于目标单元格的行标发生了变化，这样复制的函数中引用的单元格的行标也会相应发
生变化，函数变成了"=AVERAGE(B4:E4)"。这实际上是 Excel 中单元格的一种引用方
式，称为相对引用。除此之外，还有绝对引用和混合引用。

1. 相对引用

Excel 2010 默认的单元格引用为相对引用。相对引用是指在公式或者函数复制、移动时
公式或函数中单元格的行标、列标会根据目标单元格所在的行标、列标的变化自动进行调整。

相对引用的表示方法是直接使用单元格的地址，即表示为"列标行标"，如单元格 A6、单

元格区域 B5:E8 等,这些写法都是相对引用。

2. 绝对引用

绝对引用是指在公式或者函数复制、移动时不论目标单元格在什么位置,公式中单元格的行标和列标均保持不变。

绝对引用的表示方法是在列标和行标前面加上符号"＄",即表示为"＄列标＄行标",如单元格＄A＄6、单元格区域＄B＄5:＄E＄8 都是绝对引用的写法。下面举例说明单元格的绝对引用。

【**例 4.13**】 在图 4-51 所示的工作表中计算出各种书籍的销售比例。

操作步骤如下:

(1) 计算各种书籍销售合计并置于 B7 单元格。

(2) 选中单元格 C3,向 C3 单元格输入公式"＝B3/＄B＄7",然后按 Enter 键。

(3) 选中单元格 C3,设置其百分数格式。在"开始"选项卡的"数字"组中直接单击"百分比"按钮,再单击"增加小数位数"或"减少小数位数"按钮以调整小数位数,如图 4-52 所示;或者打开"设置单元格格式"对话框,切换到"数字"选项卡,在"分类"列表框中选择"百分比"选项,并调整小数位数,然后单击"确定"按钮关闭对话框。

各种书籍的销售情况		
书名	销售数量	所占百分比
计算机基础	526	
微机原理	158	
汇编语言	261	
计算机网络	328	
合计		

图 4-51 各种书籍销售数量

图 4-52 "开始"选项卡的"数字"组

(4) 再次选中单元格 C3,拖动其右下角的复制柄到 C6 单元格后释放。这样 C3 到 C6 单元格中就存放了各种书籍的销售比例。

各种书籍的销售情况		
书名	销售数量	所占百分比
计算机基础	526	41.32%
微机原理	158	12.41%
汇编语言	261	20.50%
计算机网络	328	25.77%
合计	1273	

图 4-53 各种书的销售比例

【**分析**】 百分比为每一种书的销售量除以销售总计,由于在格式复制时,每一种书的销售量在单元格区域 B3:B6 中是相对可变的,因此分子部分的单元格引用应为相对引用;而在公式复制时,销售总计的值是固定不变的且存放在 B7 单元格,因此公式中的分母部分的单元格引用应为绝对引用。由于得到的结果是小数,然后通过第(3)步将小数转换成百分数,第(4)步则是完成公式的复制。计算的结果如图 4-53 所示。

3. 混合引用

如果在公式复制、移动时公式中单元格的行标或列标只有一个要进行自动调整,而另一个保持不变,这种引用方式称为混合引用。

混合引用的表示方法是在行标或列标中的一个前面加上符号"＄",即"列标＄行标"或"＄列标行标",如 A＄1、B＄5:E＄8、＄A1、＄B5:＄E8 等都是混合引用的方法。

在例 4.13 的公式复制中,由于目标单元格 C3、C4、C5 的行标有变化而列标不变,因此在 C3 单元格输入的公式中,分母部分也可以使用混合引用的方法,即输入"=B3/B\$6"。

这样,一个单元格的地址引用时就有 3 种方式 4 种表示方法,这 4 种表示方法在输入时可以互相转换,在公式中用鼠标选定引用单元格的部分,反复按 F4 键,便可在这 4 种表示方法之间进行循环转换。

如公式中对 B3 单元的引用,反复按 F4 键时引用方法按下列顺序变化:

$$B3 \rightarrow \$B\$3 \rightarrow B\$3 \rightarrow \$B3$$

4.3.4 常见出错信息及解决方法

在使用 Excel 公式进行计算时有时不能正确地计算出结果,并且在单元格内会显示出各种错误信息,下面介绍几种常见的错误信息及处理方法。

1.

这种错误信息常见于列宽不够。

解决方法:调整列宽。

2. #DIV/0!

这种错误信息表示除数为 0,常见于公式中除数为 0 或在公式中除数使用了空单元格的情况下。

解决方法:修改单元格引用,用非零数字填充。如果必须使用"0"或引用空单元格,也可以用 IF 函数使该错误信息不再显示。例如,该单元格中的公式原本是"=A5/B5",若 B5 可能为零或空单元格,那么可将该公式修改为"=IF(B5=0,"",A5/B5)",这样当 B5 单元格为零或为空时就不显示任何内容,否则显示 A5/B5 的结果。

3. #N/A

这种错误信息通常出现在数值或公式不可用时。例如,想在 F2 单元格中使用函数"=RANK(E2,\$E\$2:\$E\$96)"求 E2 单元格数据在 E2:E96 单元格区域中的名次,但 E2 单元格中却没有输入数据时,则会出现此类错误信息。

解决方法:在单元格 E2 中输入新的数值。

4. #REF!

这种错误信息的出现是因为移动或删除单元格导致了无效的单元格引用,或者是函数返回了引用错误信息。例如 Sheet2 工作表的 C 列单元格引用了 Sheet1 工作表的 C 列单元格数据,后来删除了 Sheet1 工作表中的 C 列,就会出现此类错误。

解决方法:重新修改公式,恢复被引用的单元格范围或重新设定引用范围。

5. #!

这种错误信息常出现在公式使用的参数错误的情况下。例如,要使用公式"=A7+A8"计算 A7 与 A8 两个单元格的数字之和,但是 A7 或 A8 单元格中存放的数据是姓名不是数字,这时就会出现此类错误。

解决方法:确认所用公式参数没有错误,并且公式引用的单元格中包含有效的数据。

6. ♯NUM!

这种错误出现在当公式或函数中使用无效的参数时,即公式计算的结果过大或过小,超出了 Excel 的范围(正负 10 的 307 次方之间)时。例如,在单元格中输入公式"=10^300 * 100^50",按 Enter 键后即会出现此错误。

解决方法:确认函数中使用的参数正确。

7. ♯NULL!

这种错误信息出现在试图为两个并不相交的区域指定交叉点时。例如,使用 SUM 函数对 A1:A5 和 B1:B5 两个区域求和,使用公式"=SUM(A1:A5 B1:B5)"(注意:A5 与 B1 之间有空格),便会因为对并不相交的两个区域使用交叉运算符(空格)而出现此错误。

解决方法:取消两个范围之间的空格,用逗号来分隔不相交的区域。

8. ♯NAME?

这种错误信息出现在 Excel 不能识别公式中的文本。例如函数拼写错误、公式中引用某区域时没有使用冒号、公式中的文本没有用双引号等。

解决方法:尽量使用 Excel 所提供的各种向导完成函数输入。例如使用插入函数的方法来插入各种函数,用鼠标拖动的方法来完成各种数据区域的输入等。

另外,在某些情况下很可能会产生错误。如果希望打印时不打印错误信息,可以单击"文件"按钮,在打开的 Backstage 视图中单击"打印"命令,再单击"页面设置"命令,打开"页面设置"对话框,切换至"工作表"选项卡,在"错误单元格打印为"下拉列表中选择"空白"选项,确定后将不会打印错误信息,如图 4-54 所示。

图 4-54 "页面设置"对话框

4.4　Excel 2016 的图表

Excel 可将工作表中的数据以图表的形式展示,这样可使数据更直观、更易于理解,同时也有助于用户分析数据,比较不同数据之间的差异。当数据源发生变化时,图表中对应的数据也会自动更新。Excel 的图表类型有包括二维图表和三维图表在内的十几类,每一类又有若干子类型。

根据图表显示的位置不同可以将图表分为两种,一种是嵌入式图表,它和创建图表使用的数据源放在同一张工作表中;另一种是独立图表,即创建的图表另存为一张工作表。

4.4.1　图表概述

如果要建立 Excel 图表,首先要对需要建立图表的 Excel 工作表进行认真分析,一是要考虑选取工作表中的哪些数据,即创建图表的可用数据;二是要考虑建立什么类型的图表;三是要考虑对组成图表的各种元素如何进行编辑和格式设置。只有这样,才能使创建的图表形象、直观,具有专业化和可视化效果。

创建一个专业化的 Excel 图表一般采用如下步骤。

(1)选择数据源:从工作表中选择创建图表的可用数据。

(2)选择合适的图表类型及其子类型,创建初始化图表。"插入"选项卡的"图表"组如图 4-55 所示。"图表"组主要用于创建各种类型的图表,创建方法常用下面 2 种。

- 如果已经确定需要创建某种类型的"图表",如饼图或圆环图,则直接在"图表"组单击饼图和圆环图的下三角形按钮,在下拉列表中选择一个子类型即可,如图 4-56 所示。

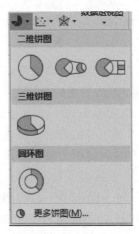

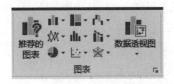

图 4-55　"插入"选项卡的"图表"组　　　　图 4-56　饼图和圆环图的下拉列表

- 如果创建的图表不在"图表"组所列项中,则可单击"查看所有图表"按钮,打开"插入图表"对话框,该对话框包括"推荐的图表"和"所有图表"两个选项,推荐的图表是根据你所选数据源,由系统建议你使用的图表决定,例如,当你选择的数据源属于学生成绩分布类或者数据比例类,则系统会建议你使用饼图。如果对系统推荐的图表类型不满意,可切换至"所有图表"选项卡,则列出所有图表类型,然后在对话框左侧列表中选择一种类型,右侧可预览效果。例如在左侧选择柱形图,在右侧选择族状柱形图,如图 4-57 所示。图表类型选择后单击"确定"按钮。

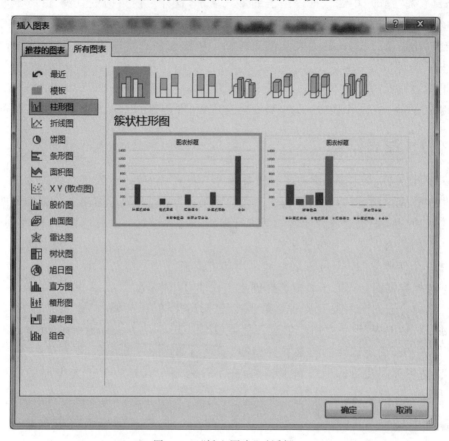

图 4-57　"插入图表"对话框

　　通过以上 2 种方法创建的图表仅为一个没有经过编辑和格式设置的初始化图表。

　　(3) 对第(2)步创建的初始化图表进行编辑和格式化设置,以满足自己的需要。

　　如图 4-57 所示,Excel 2016 中提供了 15 种图表类型,每一种图表类型中又包含了少到几种多到十几种不等的若干子图表类型,在创建图表时需要针对不同的应用场合和不同的使用范围选择不同的图表类型及其子类型。为了便于读者创建不同类型的图表,以满足不同场合的需要,下面对几种常见图表类型及其用途作简要说明。

- 柱形图:用于比较一段时间中两个或多个项目的相对大小。
- 折线图:按类别显示一段时间内数据的变化趋势。
- 饼图:在单组中描述部分与整体的关系。
- 条形图:在水平方向上比较不同类型的数据。
- 面积图:强调一段时间内数值的相对重要性。
- XY(散点图):描述两种相关数据的关系。
- 股价图:综合了柱形图的折线图,专门设计用来跟踪股票价格。

- 曲面图：一个三维图，当第 3 个变量变化时跟踪另外两个变量的变化。
- 圆环图：以一个或多个数据类别来对比部分与整体的关系，在中间有一个更灵活的饼状图。
- 气泡图：突出显示值的聚合，类似于散点图。
- 雷达图：表明数据或数据频率相对于中心点的变化。

4.4.2 创建初始化图表

下面以一个学生成绩表为例说明创建初始化图表的过程。

【例 4.14】 根据图 4-58 所示的 A 班学生成绩表创建每位学生三门科目成绩的简单三维簇状柱形图表。

姓名	性别	数学	英语	计算机
\multicolumn{5}{c}{A班学生成绩表}				
张蒙丽	女	88	81	76
王华志	男	75	49	86
吴宇	男	68	95	76
郑霞	女	96	69	78
许芳	女	78	89	92
彭树三	男	67	85	65
许晓兵	男	85	71	79
刘丽丽	女	78	68	90

图 4-58　A 班学生成绩表

操作步骤如下：

（1）选定要创建图表的数据区域，这里所选区域为 A2：A10 和 C2：E10。

（2）在"插入"选项卡的"图表"组中单击"柱形图"下三角按钮，如图 4-59 所示，从下拉列表的子类型中选择"三维簇状柱形图"，生成的图表如图 4-60 所示。

图 4-59　选择三维簇状柱形图

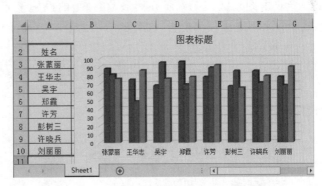

图 4-60　A 班学生成绩简单三维簇状柱形图

图 4-60 所示图表仅为初始化图表或简单图表，对图表中各元素作进一步的编辑和格式化设置后，并为图表中各元素作出标识，如图 4-61 所示。

【说明】 图 4-60 所示图表为嵌入式图表，其图表和工作表位于一张表上，该表的名称为"sheet1"，而图 4-61 所示图表为独立式图表，图表名称为"图表"，数据表名称为"数据表"，该名称均可更改。

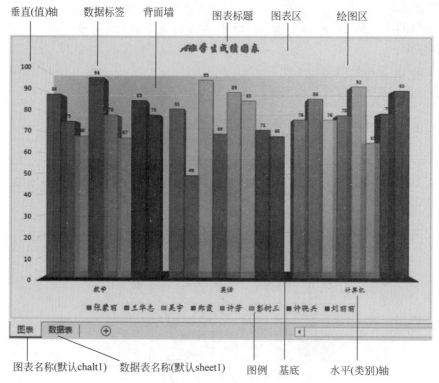

图 4-61 经过编辑和格式化设置并为图表中各元素作出标识

4.4.3 图表的编辑和格式化设置

在初始化图表建立以后,往往需要使用"图表工具-设计/格式"选项卡中的相应功能按钮,或者双击图表区某元素所在区域,在弹出的设置某元素格式的选项框中选择相应的选项,或者右击图表区任何位置,在弹出的快捷菜单中选择相应的选项,从而实现对初始化图表进行编辑和格式化设置。

单击选中图表或图表区的任何位置,即会弹出"图表工具-设计"选项卡,如图 4-62 所示。下面先简单介绍这两个选项卡的使用,然后用例题说明如何对初始化图表进行编辑和格式化设置。

图 4-62 "图表工具-设计"选项

"图表工具-设计"选项卡,主要包括图表布局、图表样式、数据、类型和位置等 5 个功能组,如图 4-62 所示。图表布局功能组包括添加图表元素和快速布局两个按钮。添加图表元素按钮主要用于图表标题、数据标签和图例的设置。快速布局按钮用于布局类型的设置。图表样式功能组用于图表样式和颜色的设置。数据功能组包括切换行/列和选择数据两个按钮，主要用于行、列的切换和选择数据源。类型功能组主要用于改变图表类型。位置功能组用于创建嵌入式或独立式图表。

“图表工具-格式”选项卡，主要包括当前所选内容、插入形状、形状样式、艺术字样式、排列和大小等几个功能组，主要用于图表格式的设置，如图 4-63 所示。图表格式设置还可双击图表中某元素所在区域，在弹出的选项框中进行设置。

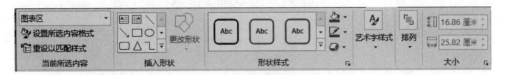

图 4-63 “图表工具-格式”选项卡

【例 4.15】 根据图 4-64 所示的 A 班学生成绩表，创建刘丽丽同学三门科目成绩的三维饼图。要求图表独立放置，图表名和图表标题均为“刘丽丽三门课成绩分布图”，图表标题放于图表上方，图表标题字体为“华文行楷 24 磅加粗”，字体颜色为红色；图表样式选“样式 2”；图表布局选“布局 1”；数据标签选“最佳匹配”，字体选“华文行楷 16 磅”；图例选“底部”，图例字体选“华文行楷 18 磅”。图表绘图区设置为“渐变填充”。

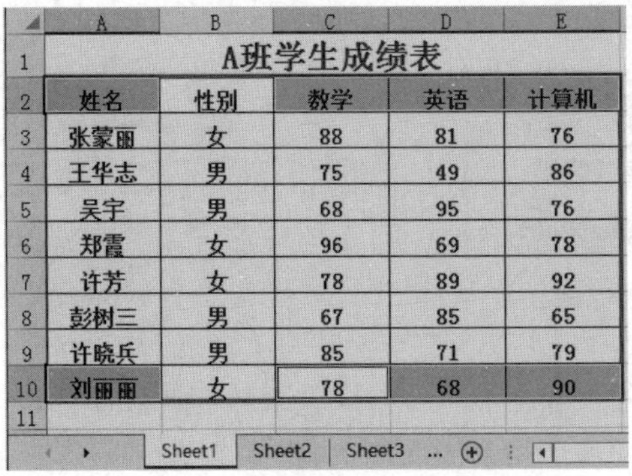

	A	B	C	D	E
1	A班学生成绩表				
2	姓名	性别	数学	英语	计算机
3	张蒙丽	女	88	81	76
4	王华志	男	75	49	86
5	吴宇	男	68	95	76
6	郑霞	女	96	69	78
7	许芳	女	78	89	92
8	彭树三	男	67	85	65
9	许晓兵	男	85	71	79
10	刘丽丽	女	78	68	90
11					

图 4-64 A 班学生成绩表

操作步骤如下：

(1) 选择数据源：按照题目要求只需选择姓名、数学、英语和计算机 4 个字段关于刘丽丽的记录，即选择 A2,A10,C2:E2,C10:E10 这些不连续的单元格和单元格区域，如图 4-64 所示。

(2) 选择图表类型及其子类型：在“插入”选项卡的“图表”组中单击“插入饼图或圆环图”的下三角形按钮，在下拉列表中选择“三维饼图”选项，如图 4-65 所示。

(3) 设置图表位置：按题目要求，应设置为独立式图表。在“图表工具-设计”选项卡的“位置”组中单击“移动图表”按钮，在打开的“移动图表”对话框中单击“新工作表”单选按钮，将图表名字“Chart1”更名为“刘丽丽三门课成绩分布图”，单击“确定”按钮关闭对话框，如图 4-66 所示。

(4) 设置图表标题：在“图表工具-设计”选项卡的“图表布局”组中单击“添加图表元素”下拉按钮，在弹出的下拉列表中选择“图表标题”→“图表上方”选项，如图 4-67 所示。在图表标题框输入文字：刘丽丽三门课成绩分布图，字体“华文行楷 24 磅”，字体颜色：红色。

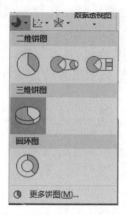

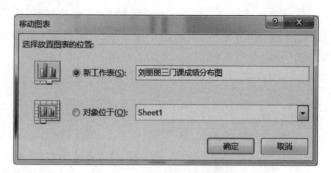

图 4-65   选择三维饼图   图 4-66   "移动图表"对话框

（5）设置图表样式：在"图表工具-设计"选项卡的"图表样式"组选择"样式 2"，如图 4-68 所示。

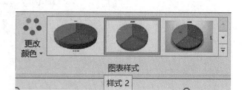

图 4-67   设置图表标题   图 4-68   设置图表样式

（6）图表布局设置：在"图表工具-设计"选项卡的"图表布局"组中单击"快速布局"按钮，在弹出的下拉列表中选择"布局 1"选项，如图 4-69 所示。

（7）设置数据标签：在"图表工具-设计"选项卡的"图表布局"组中单击"添加图表元素"按钮，在弹出的下拉列表中选择"数据标签"→"最佳匹配"选项，如图 4-70 所示。字体为"华文行楷 16 磅"。

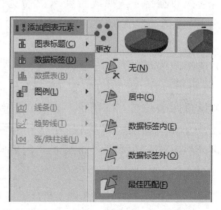

图 4-69   设置图表布局   图 4-70   设置数据标签

（8）设置图例：在"图表工具-设计"选项卡的"图表布局"组中单击"添加图表元素"按钮，在弹出的下拉列表中选择"图例"→"底部"选项，如图 4-71 所示。字体为"华文行楷 18 磅"。

（9）设置绘图区为"渐变填充"：双击绘图区，弹出"设置绘图区格式"选项框，在"绘图区选项"下方，选择"填充与线条"→"渐变填充"单选按钮，关闭选项框，如图 4-72 所示。

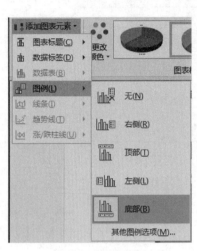

图 4-71 设置图例 　　　　　　　　　　图 4-72 设置绘图区格式

（10）调整图表大小并放置合适位置。最后设置效果如图 4-73 所示。

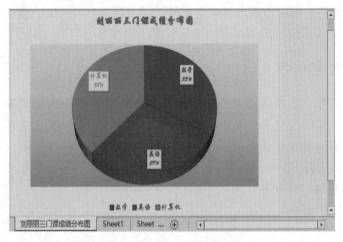

图 4-73 例 4.15 的设置效果图

4.5 Excel 2016 的数据处理

Excel 不仅具有数据计算功能，而且还具有高效的数据处理能力，它可对数据进行排序、筛选、分类汇总和创建数据透视表。其操作方便、直观、高效，比一般数据库更胜一筹，充分地发挥了它在表格处理方面的优势，使 Excel 得到广泛应用。

4.5.1　数据清单

数据清单又称数据列表,是工作表中的单元格构成的矩形区域,即一张二维表,如图 4-74 所示。特点如下。

B班学生成绩表						
学号	姓名	语文	数学	英语	化学	物理
2010011	王兰兰	87	89	85	76	80
2010012	张　雨	57	78	79	46	85
2010013	夏林虎	92	68	98	70	76
2010014	韩　青	80	98	78	67	87
2010015	郑　爽	74	78	83	92	92
2010016	程雪兰	85	68	95	55	83
2010017	王　瑞	95	52	87	87	68

图 4-74　Excel 工作表及表中数据

(1) 与数据库相对应,一张二维表被称为一个"关系";二维表中的一列为一个"字段",又称为"属性";一行为一条"记录",又称为元组;第一行为表头,又称"字段名"或"属性名"。图 4-74 所示数据表包含 7 个字段 7 个记录。

(2) 表中不允许有空行空列,因为如果出现空行空列,会影响 Excel 对数据的检测和选定数据列表。每一列必须是性质相同、类型相同的数据,如字段名是"姓名",则该列存放的数据必须全部是姓名;同时不能出现完全相同的两个数据行。

数据清单完全可以像一般工作表一样直接建立和编辑。

4.5.2　数据排序

数据排序是指按一定规则对数据进行整理、排列。数据表中的记录按用户输入的先后顺序排列以后往往需要按照某一属性(列)顺序显示。例如,在学生成绩表中统计成绩时常常需要按成绩从高到低或从低到高显示,这就需要对成绩进行排序。用户可对数据清单中一列或多列数据按升序(数字 1→9,字母 A→Z)或降序(数字 9→1,字母 Z→A)排序。数据排序分为简单排序和多重排序。

1. 简单排序

在"数据"选项卡的"排序和筛选"组中单击"升序"或"降序"按钮即可实现简单的排序,如图 4-75 所示。

图 4-75　"数据"选项卡的"排序和筛选"组

【**例 4.16**】 在 B 班学生成绩表中要求按英语成绩由高分到低分进行降序排序。

操作步骤如下：

（1）单击 B 班学生成绩表中"英语"所在列的任意一个单元格，如图 4-76 所示。

（2）切换到"数据"选项卡。

（3）在"排序和筛选"组中单击"降序"按钮，排序结果如图 4-77 所示。

<table>
<tr><th colspan="7">B班学生成绩表</th></tr>
<tr><th>学号</th><th>姓名</th><th>语文</th><th>数学</th><th>英语</th><th>化学</th><th>物理</th></tr>
<tr><td>2010011</td><td>王兰兰</td><td>87</td><td>89</td><td>85</td><td>76</td><td>80</td></tr>
<tr><td>2010012</td><td>张 雨</td><td>57</td><td>78</td><td>79</td><td>46</td><td>85</td></tr>
<tr><td>2010013</td><td>夏林虎</td><td>92</td><td>68</td><td>98</td><td>70</td><td>76</td></tr>
<tr><td>2010014</td><td>韩 青</td><td>80</td><td>98</td><td>78</td><td>67</td><td>87</td></tr>
<tr><td>2010015</td><td>郑 爽</td><td>74</td><td>78</td><td>83</td><td>92</td><td>92</td></tr>
<tr><td>2010016</td><td>程雪兰</td><td>85</td><td>68</td><td>95</td><td>55</td><td>83</td></tr>
<tr><td>2010017</td><td>王 瑞</td><td>95</td><td>52</td><td>87</td><td>87</td><td>68</td></tr>
</table>

图 4-76 简单排序前的数据表

<table>
<tr><th colspan="7">B班学生成绩表</th></tr>
<tr><th>学号</th><th>姓名</th><th>语文</th><th>数学</th><th>英语</th><th>化学</th><th>物理</th></tr>
<tr><td>2010013</td><td>夏林虎</td><td>92</td><td>68</td><td>98</td><td>70</td><td>76</td></tr>
<tr><td>2010016</td><td>程雪兰</td><td>85</td><td>68</td><td>95</td><td>55</td><td>83</td></tr>
<tr><td>2010017</td><td>王 瑞</td><td>95</td><td>52</td><td>87</td><td>87</td><td>68</td></tr>
<tr><td>2010011</td><td>王兰兰</td><td>87</td><td>89</td><td>85</td><td>76</td><td>80</td></tr>
<tr><td>2010015</td><td>郑 爽</td><td>74</td><td>78</td><td>83</td><td>92</td><td>92</td></tr>
<tr><td>2010012</td><td>张 雨</td><td>57</td><td>78</td><td>79</td><td>46</td><td>85</td></tr>
<tr><td>2010014</td><td>韩 青</td><td>80</td><td>98</td><td>78</td><td>67</td><td>87</td></tr>
</table>

图 4-77 经过简单排序后的数据表

2. 多重排序

使用"排序和筛选"组中的"升序"按钮或"降序"按钮只能按一个字段进行简单排序。当排序的字段出现相同数据项时必须按多个字段进行排序，即多重排序，多重排序就一定要使用对话框来完成。Excel 2016 中为用户提供了多级排序功能，包括主要关键字、次要关键字……每个关键字就是一个字段，每一个字段均可按"升序"（即递增方式）或"降序"（即递减方式）进行排序。

【**例 4.17**】 在 B 班学生成绩表中，要求先按数学成绩由低分到高分进行排序，若数学成绩相同，再按学号由小到大进行排序。

操作步骤如下：

（1）选定 B 班学生成绩表中的任意一个单元格。

（2）切换到"数据"选项卡。

（3）在"排序和筛选"组中单击"排序"按钮，打开"排序"对话框，如图 4-78 所示。

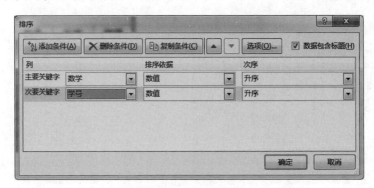

图 4-78 "排序"对话框

（4）"主要关键字"选"数学"，"排序依据"选"数值"，"次序"选"升序"。

（5）"次要关键字"选"学号"，"排序依据"选"数值"，"次序"选"升序"。

（6）设置完成后，单击"确定"按钮关闭对话框。排序结果如图 4-79 所示。用户还可以根据自己的需要，指定"次要关键字"，本例无须再选择次要关键字。

B班学生成绩表						
学号	姓名	语文	数学	英语	化学	物理
2010017	王　瑞	95	52	87	87	68
2010013	夏林虎	92	68	98	70	76
2010016	程雪兰	85	68	95	55	83
2010012	张　雨	57	78	79	46	85
2010015	郑　爽	74	78	83	92	92
2010011	王兰兰	87	89	85	76	80
2010014	韩　青	80	98	78	67	87

图 4-79　多重排序结果

4.5.3　数据的分类汇总

数据的分类汇总是指对数据清单某个字段中的数据进行分类，并对各类数据快速进行统计计算。Excel 提供了 11 种汇总类型，包括求和、计数、统计、最大、最小及平均值等，默认的汇总方式为求和。在实际工作中常常需要对一系列数据进行小计和合计，这时可以使用 Excel 提供的分类汇总功能。

需要特别指出的是，在分类汇总之前必须先对需要分类的数据项进行排序，然后再按该字段进行分类，并分别为各类数据的数据项进行统计汇总。

【例 4.18】　对图 4-80 所示的 C 班学生成绩表分别计算男生、女生的语文、数学成绩的平均值。

操作步骤如下：

（1）对需要分类汇总的字段进行排序：本例中需要对"性别"字段进行排序，选择性别字段任意一个单元格，然后在"数据"选项卡的"排序和筛选"组中单击"升序"或"降序"按钮实现简单排序。

（2）在"数据"选项卡的"分级显示"组中，如图 4-81 所示，单击"分类汇总"按钮，打开"分类汇总"对话框，如图 4-82 所示。

C班学生成绩表					
学号	姓名	性别	语文	数学	总分
2010001	张　山	男	68	84	152
2010002	李茂丽	女	95	72	167
2010003	罗　勇	男	72	69	141
2010004	岳　华	女	89	94	183
2010005	王克明	男	63	56	119
2010006	李　军	男	75	74	149
2010007	苏　玥	女	89	88	177
2010008	罗美丽	女	78	86	164
2010009	张朝江	男	92	95	187
2010010	黄蔓丽	女	95	85	180

按性别分类汇总

图 4-80　分类汇总前的 C 班学生成绩表

图 4-81　分级显示组

（3）在"分类字段"下拉列表中选择"性别"选项。

（4）在"汇总方式"下拉列表框中有求和、计数、平均值、最大、最小等，这里选择"平均值"选项。

（5）在"选定汇总项"列表框中勾选"语文""数学"复选框，取消其余默认的汇总项，如"总分"。

（6）单击"确定"按钮关闭对话框，完成分类汇总，结果显示如图 4-83 所示。

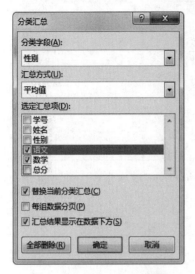

图 4-82　"分类汇总"对话框

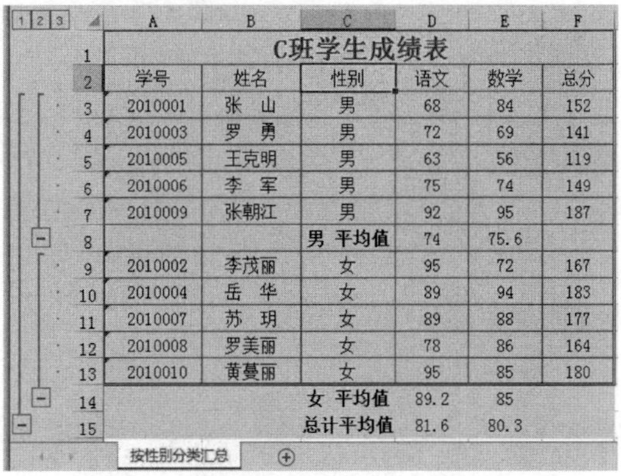

图 4-83　按"性别"字段分类汇总的显示结果

分类汇总的结果通常按 3 级显示，可以通过单击分级显示区上方的 3 个按钮"🔲1""🔲2""🔲3"进行分级显示控制。

在分级显示区中还有"➕""➖"等分级显示符号，其中，单击"➕"按钮，可将高一级展开为低一级显示；单击"➖"按钮，可将低一级折叠为高一级显示。

如果要取消分类汇总，可以在"分级显示"组中再次单击"分类汇总"按钮，在打开的"分类汇总"对话框中单击"全部删除"按钮即可。

4.5.4 数据的筛选

筛选是指从数据清单中找出符合特定条件的数据记录，也就是把符合条件的记录显示出来，而把其他不符合条件的记录暂时隐藏起来。Excel 2010 提供了两种筛选方法，即自动筛选和高级筛选。一般情况下，自动筛选就能够满足大部分的需要。但是，当需要利用复杂的条件来筛选数据时就必须使用高级筛选。

1. 自动筛选

自动筛选给用户提供了快速访问大数据清单的方法。

【例 4.19】　在 D 班学生成绩表中显示"数学"成绩排在前 3 位的记录。

操作步骤如下：

（1）选定 D 班学生成绩表中的任意一个单元格，如图 4-84 所示。

（2）在"数据"选项卡的"排序和筛选"组中单击"筛选"按钮，此时数据表的每个字段名旁边显示出下三角形箭头，此为筛选器箭头，如图 4-85 所示。

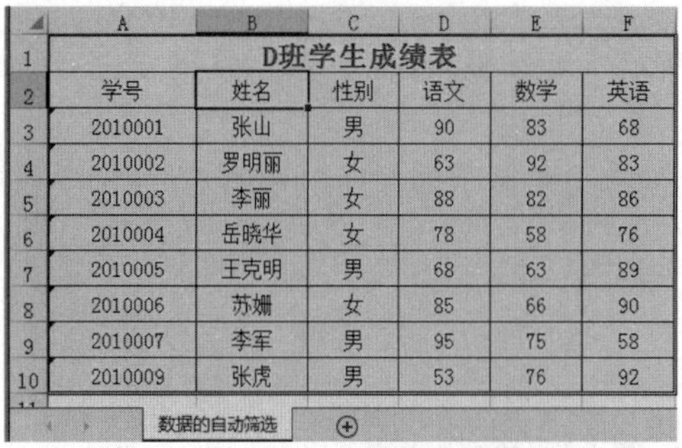

	A	B	C	D	E	F
1	D班学生成绩表					
2	学号	姓名	性别	语文	数学	英语
3	2010001	张山	男	90	83	68
4	2010002	罗明丽	女	63	92	83
5	2010003	李丽	女	88	82	86
6	2010004	岳晓华	女	78	58	76
7	2010005	王克明	男	68	63	89
8	2010006	苏姗	女	85	66	90
9	2010007	李军	男	95	75	58
10	2010009	张虎	男	53	76	92

数据的自动筛选

图 4-84　D 班学生成绩表(数据清单)

	A	B	C	D	E	F
1	D班学生成绩表					
2	学号	姓名	性别	语文	数学	英语
3	2010001	张山	男	90	83	68
4	2010002	罗明丽	女	63	92	83
5	2010003	李丽	女	88	82	86
6	2010004	岳晓华	女	78	58	76
7	2010005	王克明	男	68	63	89
8	2010006	苏姗	女	85	66	90
9	2010007	李军	男	95	75	58
10	2010009	张虎	男	53	76	92

数据的自动筛选

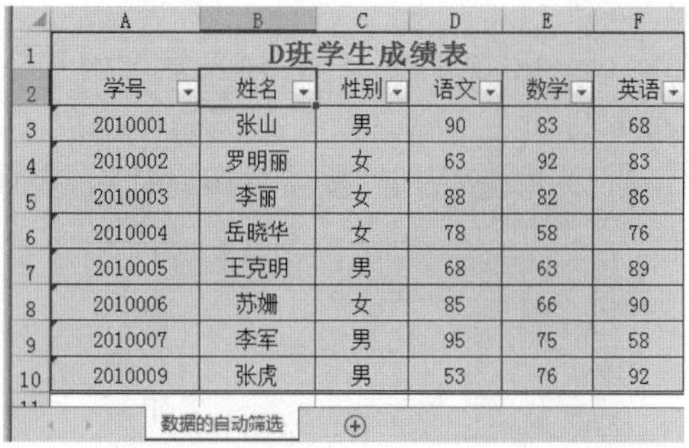

图 4-85　含有筛选器箭头的数据表

(3) 单击“数学”字段名旁边的筛选器箭头，弹出下拉列表，选择“数字筛选”→“前 10 项”选项，打开“自动筛选前 10 个”对话框，如图 4-86 所示。

(4) 在“自动筛选前 10 个”对话框中指定“显示”的条件为“最大”“3”“项”，如图 4-87 所示。

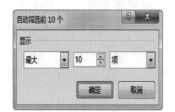

图 4-86　“自动筛选前 10 个”对话框

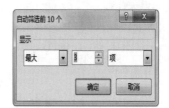

图 4-87　指定显示条件为最大 3 个

(5) 最后单击“确定”按钮关闭对话框，即会在数据表中显示出数学成绩最高的 3 条记录，其他记录被暂时隐藏起来，被筛选出来的记录行号显示为蓝色，该列的列号右边的筛选器箭头也变成蓝色，如图 4-88 所示。

	A	B	C	D	E	F
1	D班学生成绩表					
2	学号	姓名	性别	语文	数学	英语
3	2010001	张山	男	90	83	68
4	2010002	罗明丽	女	63	92	83
5	2010003	李丽	女	88	82	86

数据的自动筛选

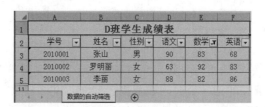

图 4-88　自动筛选数学成绩排在前三位的数据表

【例 4.20】 在 D 班学生成绩表中筛选出“英语”成绩大于 80 分且小于 90 分的记录。

操作步骤如下：

(1) 选中 D 班学生成绩表中的任一单元格。

(2) 按例 4.19 第(2)步操作将数据表置于筛选器界面。

(3) 单击“英语”字段名旁边的筛选器箭头，在弹出的下拉列表中选择“数字筛选”→“自定义筛选”选项，打开“自定义自动筛选方式”对话框，在其中一个输入条件中选择“大于”，右边的文本框中输入“80”；另一个条件中选择“小于”，右边的文本框中输入“90”，两个条件之间的关系选项中选择“与”单选按钮，如图 4-89 所示。

（4）单击"确定"按钮关闭对话框，即可筛选出英语成绩满足条件的记录，如图4-90所示。

图4-89　"自定义自动筛选方式"对话框

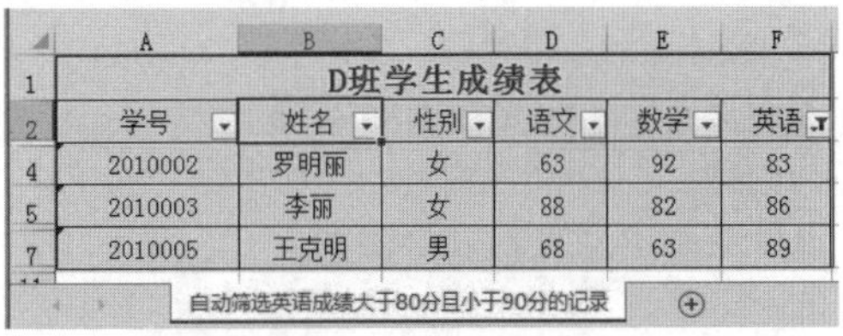

图4-90　自动筛选出英语成绩满足条件的记录

【例4.21】　在D班学生成绩表中筛选出女生中"英语"成绩大于80分且小于90分的记录。

【分析】　这是一个双重筛选的问题，例4.20已经通过"英语"字段从D班学生成绩表中筛选出"英语"成绩大于80分且小于90分的记录，所以本例只需在例4.20的基础上进行"性别"字段的筛选即可。

操作步骤如下：

（1）单击"性别"字段名旁边的筛选器箭头，从下拉列表中选择"文本筛选"→"等于"选项，打开"自定义自动筛选方式"对话框，如图4-91所示。

（2）在"等于"编辑框右边的文本框中输入文字"女"。

（3）单击"确定"按钮关闭对话框，双重筛选后的结果如图4-92所示。

图4-91　文本筛选

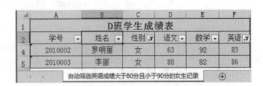

图4-92　经过双重筛选后的数据

【说明】　如果要取消自动筛选功能，只需在"数据"选项卡的"排序和筛选"组中再次单击"筛选"按钮，数据表中字段名右边的箭头按钮就会消失，数据表被还原。

2．高级筛选

下面通过实例来说明问题。

【例4.22】　在D班学生成绩表中筛选出语文成绩大于80分的男生的记录。

【分析】 要将符合两个及两个以上不同字段的条件的数据筛选出来,倘若使用自动筛选来完成,需要对"语文"和"性别"两个字段分别进行筛选,即双重筛选,在此不再阐述。

如果使用高级筛选的方法来完成,则必须在工作表的一个区域设置条件,即条件区域。两个条件的逻辑关系有"与"和"或"的关系,在条件区域"与"和"或"的关系表达式是不同的,其表达方式如下。

- "与"条件将两个条件放在同一行,表示的是语文成绩大于80分的男生,如图4-93所示。
- "或"条件将两个条件放在不同行,表示的是语文成绩大于80分或者是男生,图4-94所示。

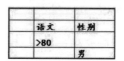

	语文	性别
	>80	男

图 4-93 "与"条件排列图

	语文	性别
	>80	
		男

图 4-94 "或"条件排列图

操作步骤如下:

(1) 输入条件区域:打开D班学生成绩表,在B12单元格中输入"语文",在C12单元格中输入"性别",在B13单元格中输入">80",在C13单元格中输入"男"。

(2) 在工作表中选中A2:F10单元格区域或其中的任意一个单元格。

(3) 在"数据"选项卡的"排序和筛选"组中单击"高级"按钮,打开"高级筛选"对话框,如图4-95所示。

(4) 在对话框的"方式"选项组中选中"将筛选结果复制到其他位置"单选按钮。

(5) 如果列表区为空白,可单击"列表区域"编辑框右边的拾取按钮,然后用鼠标从列表区域的A2单元格拖动到F10单元格,输入框中出现"$A$2:$F$10"。

(6) 单击"条件区域"编辑框右边的拾取按钮,然后用鼠标从条件区域的B12拖动到C13,输入框中出现"$B$12:$C$13"。

(7) 单击"复制到"编辑框右边的拾取按钮,然后选择筛选结果显示区域的第一个单元格A14。

(8) 单击"确定"按钮关闭对话框,筛选结果如图4-96所示。

图 4-95 "高级筛选"对话框

	A	B	C	D	E	F
1	D班学生成绩表					
2	学号	姓名	性别	语文	数学	英语
3	2010001	张山	男	90	83	68
4	2010002	罗明丽	女	63	92	83
5	2010003	李丽	女	88	82	86
6	2010004	岳晓华	女	78	58	76
7	2010005	王克明	男	68	63	89
8	2010006	苏娜	女	85	66	90
9	2010007	李军	男	95	75	58
10	2010009	张虎	男	53	76	92
11						
12		语文	性别			
13		>80	男			
14	学号	姓名	性别	语文	数学	英语
15	2010001	张山	男	90	83	68
16	2010007	李军	男	95	75	58
17						

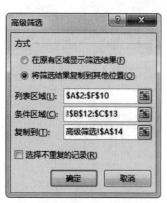

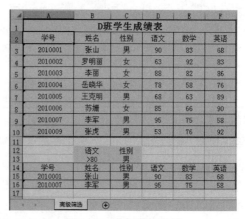

图 4-96 高级筛选结果

4.5.5　数据透视表

数据透视表是比分类汇总更为灵活的一种数据统计和分析方法。它可以同时灵活地变换多个需要统计的字段,对一组数值进行统计分析,统计可以是求和、计数、最大值、最小值、平均值、数值计数、标准偏差及方差等。利用数据透视表可以从不同方面对数据进行分类汇总。

下面通过实例来说明如何创建数据透视表。

【例 4.23】 对图 4-97 所示的"商品销售表"内的数据建立数据透视表,按行为"商品名"、列为"产地"、数据为"数量"进行求和布局,并置于现有工作表的 H2:M7 单元格区域。

操作步骤如下:

(1) 选定产品销售表 A2:F10 区域中的任意一个单元格。

(2) 在"插入"选项卡的"表格"组中单击"数据透视表"按钮,打开"创建数据透视表"对话框,如图 4-98 所示。

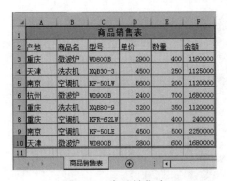

图 4-97　商品销售表

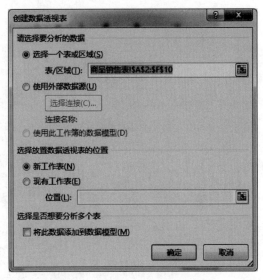

图 4-98　"创建数据透视表"对话框 1

(3) 在"请选择要分析的数据"选项组中选中"选择一个表或区域"单选按钮,并在"表/区域"框中选中 A2:F10 单元格区域(前面第(1)步已选);在"选择放置数据透视表的位置"选项组中选中"现有工作表"单选按钮,在"位置"编辑框中选中 H2:M7 单元格区域,如图 4-99 所示。

(4) 单击"确定"按钮关闭对话框,打开"数据透视表字段列表"任务窗格,拖动"商品名"到"行标签"文本框,拖动"产地"到"列标签"文本框,拖动"数量"到"Σ数值"文本框,如图 4-100 所示。

(5) 单击"数据透视表字段列表"任务窗格的关闭按钮,数据透视表创建完成。数据透视表设置效果如图 4-101 所示。

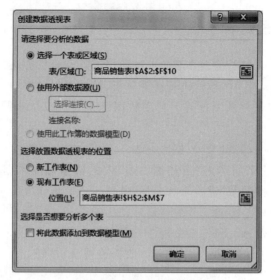

图 4-99　"创建数据透视表"对话框 2

图 4-100　"数据透视表字段"列表任务

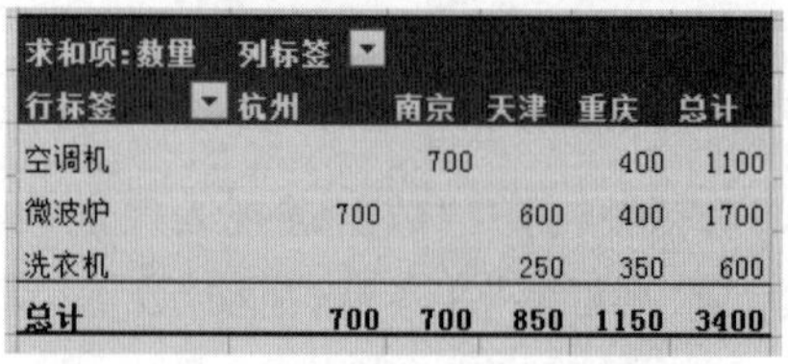

求和项:数量	列标签				
行标签	杭州	南京	天津	重庆	总计
空调机		700		400	1100
微波炉	700		600	400	1700
洗衣机			250	350	600
总计	700	700	850	1150	3400

图 4-101　商品销售的数据透视表

第 5 章 PowerPoint 2016演示文稿

Microsoft Office PowerPoint 2016 是微软公司 Office 2016 办公系列软件之一,是目前主流的一款演示文稿制作软件。它能将文本与图形图像、音频及视频等多媒体信息有机结合,将演说者的思想意图生动、明快地展现出来。PowerPoint 2016 不仅功能强大,而且易学易用、兼容性好、应用面广,是多媒体教学、演说答辩、会议报告、广告宣传及商务洽谈最有力的辅助工具。

学习目标:

- 熟悉 PowerPoint 2016 的窗口组成。
- 掌握制作演示文稿的基本流程和创建、编辑、放映演示文稿的方法。
- 掌握设计动画效果、幻灯片切换效果和设置超链接的方法。
- 学会套用设计模板、使用主题和母版。
- 了解打印和打包演示文稿的方法。

5.1 PowerPoint 2016 概述

本节将主要介绍 PowerPoint 2016 的功能,基本概念,窗口组成和常用视图方式,为学习者更好地理解和学习 PowerPoint 2016 奠定基础。

5.1.1 PowerPoint 2016 的主要功能

1. 多种媒体高度集成

演示文稿支持插入文本、图表、艺术字、公式、音频及视频等多种媒体信息。PowerPoint 2016 新增了墨迹公式、多样化图表和屏幕录制等新功能。有助于工作效率的提升,数据可视化的呈现。

2. 模板和母版自定风格

使用模板和母版能快速生成风格统一、独具特色的演示文稿。模板提供了演示文稿的格式、配色方案、母版样式及产生特效的字体样式等,PowerPoint 提供了多种美观大方的模板,也允许用户创建和使用自己的模板。

3. 内容动态演绎

动画是演示文稿的一个亮点,各幻灯片间的切换可通过切换方式进行设定、幻灯片中各对象的动态展示可通过添加动画效果来实现。PowerPoint 2016 新增了"平滑"的切换方式,可实现连贯变化的效果。

4. 共享方式多样化

演示文稿共享方式有"使用电子邮件发送""以 PDF/XPS 形式发送""创建为讲义""广播幻灯片"及"打包到 CD"等。PowerPoint 2016 将共享功能和 OneDrive 进行了整合,在"文件"按钮的"共享"界面中,可以直接将文件保存到 OneDrive 中,可实现同时多人协作编辑文档。

5. 各版本间的兼容性

PowerPoint 2016 向下兼容 PowerPoint 97-2013 版本的 PPT、PPS、POT 文件,可以打开多种格式的 Office 文档、网页文件等,保存的格式也更加多样。

5.1.2 PowerPoint 2016 窗口

PowerPoint 2016 的启动和退出操作与 Word 2016 基本相同,在此不再赘述。
启动 PowerPoint 2016 程序后即打开 PowerPoint 2016 窗口,如图 5-1 所示。

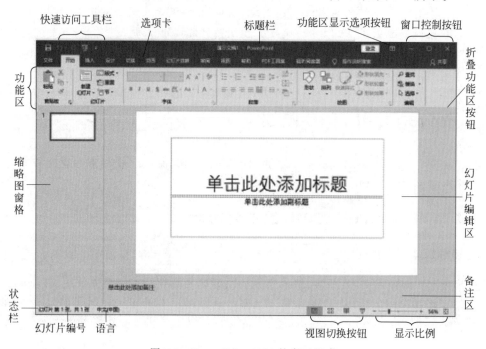

图 5-1 PowerPoint 2016 的窗口组成

PowerPoint 2016 窗口主要由标题栏、选项卡与功能区、幻灯片编辑区、缩略图窗格、状态栏、备注区和视图切换按钮等部分组成。下面就 PowerPoint 2016 窗口所特有的部分作简要介绍。

1. 标题栏

标题栏位于工作界面的顶端,其中自左至右显示的是快速访问工具栏、标题栏、登录账号、功能区显示选项按钮、窗口控制按钮。

2．快速访问工具栏

快速访问工具栏中包含常用操作的快捷按钮，方便用户使用。在默认状态下，只有"保存""撤销"和"恢复"3个按钮，单击右侧的下拉按钮可添加其他快捷按钮。

3．选项卡与功能区

PowerPoint 2016的选项卡包括文件、开始、插入、设计、切换、动画、幻灯片放映、审阅和视图等，单击某选项卡即打开相应的功能区。

（1）开始："开始"功能区包括"剪贴板""幻灯片""字体""段落""绘图"和"编辑"组，主要用于插入幻灯片及幻灯片的版式设计等。

（2）插入："插入"功能区包括"表格""图像""插图""链接""文本""符号"和"媒体"组。主要用于插入表格、图形、图片、艺术字、音频、视频等多媒体信息以及设置超链接。

（3）设计："设计"功能区包括"页面设置""主题"和"背景"组，主要用于选择幻灯片的主题及背景设计。

（4）切换："切换"功能区包括"预览""切换到此幻灯片"和"计时"组，主要用于设置幻灯片的切换效果。

（5）动画："动画"功能区包括"预览""动画""高级动画"和"计时"组，主要用于幻灯片中被选中对象的动画及动画效果设置。

（6）幻灯片放映："幻灯片放映"功能区包括"开始放映幻灯片""设置"和"监视器"组，主要用于放映幻灯片及幻灯片放映方式设置。

（7）审阅："审阅"功能区包括"校对""语言""中文简繁转换""批注"和"比较"组，主要实现文稿的校对和插入批注等。

（8）视图："视图"功能区包括"演示文稿视图""母版视图""显示""显示比例""颜色/灰度""窗口"和"宏"等几个组，主要实现演示文稿的视图方式选择。

4．幻灯片编辑区

幻灯片编辑区又名工作区，是PowerPoint的主要工作区域，在此区域可以对幻灯片进行各种操作，例如添加文字、图形、影片、声音，创建超链接，设置幻灯片的切换效果和幻灯片中对象的动画效果等。注意，工作区不能同时显示多张幻灯片的内容。

5．缩略图窗格

缩略图窗格也称大纲窗格，显示了幻灯片的排列结构，每张幻灯片前会显示对应编号，用户可在此区域编排幻灯片顺序。单击此区域中的不同幻灯片，可以实现工作区内幻灯片的切换。

6．备注区

备注区也叫作备注窗格，可以添加演说者希望与观众共享的信息或者供以后查询的其他信息。若需要向其中加入图形，必须切换到备注页视图模式下操作。

7. 状态栏和视图栏

通过单击视图切换按钮能方便、快捷地实现不同视图方式的切换,从左至右依次是"普通视图"按钮、"幻灯片浏览视图"按钮、"阅读视图"按钮、"幻灯片放映"按钮,需要特别说明的是,单击"幻灯片放映"按钮只能从当前选中的幻灯片开始放映。

5.1.3　文档格式和视图方式

1. PowerPoint 2016 文档格式

演示文稿自 PowerPoint2007 版本开始之后的版本都是基于新的 XML 的压缩文件格式,在传统的文件扩展名后面添加了字母"x"或"m","x"表示不含宏的 XML 文件,"m"表示含有宏的 XML 文件,如表 5-1 所示。

表 5-1　PowerPoint 2016 中的文件类型与其对应的扩展名

文 件 类 型	扩 展 名
PowerPoint 2016 文档	.pptx
PowerPoint 2016 启用宏的文档	.pptm
PowerPoint 2016 模板	.potx
PowerPoint 2016 启用宏的模板	.potm

2. PowerPoint 2016 视图方式

所谓视图,即幻灯片呈现在用户面前的方式。PowerPoint 2016 提供了五种不同的视图方式,分别为普通、大纲视图、幻灯片浏览、备注页和阅读视图,图 5-2 所示为 5 种视图模式切换按钮。

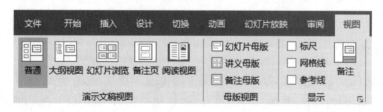

图 5-2　演示文稿视图模式切换按钮

1)普通/大纲视图

普通视图是制作演示文稿的默认视图,也是最常用的视图方式,如图 5-3 所示,几乎所有编辑操作都可以在普通视图下进行。普通视图包括幻灯片编辑区、大纲窗格和备注窗格,拖动各窗格间的分隔边框可以调节各窗格的大小。

2)幻灯片浏览

该视图以缩略图的形式显示幻灯片,可同时显示多张幻灯片,如图 5-4 所示。在该视图下对幻灯片进行操作时,是以整张幻灯片为单位,具体的操作有复制、删除、移动、隐藏及幻灯片效果切换等。

图 5-3　幻灯片普通视图

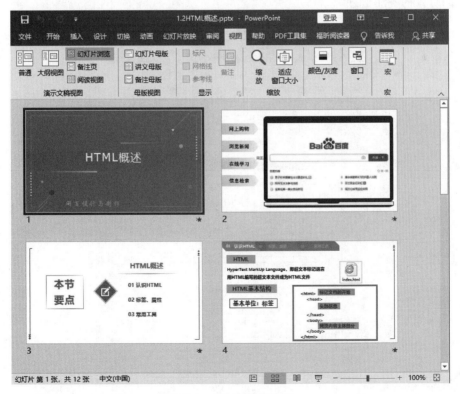

图 5-4　幻灯片浏览视图

3) 阅读视图

为加强对幻灯片的查看效果,增强用户体阅读体验感,在该视图下,幻灯片的编辑工具被隐藏,默认状态下仅保留标题栏和状态栏,若想使体验感更佳,可切换到全屏播放,如图 5-5 所示。

图 5-5　幻灯片阅读视图

4) 备注视图

备注视图用于显示和编辑备注页内容,备注视图如图 5-6 所示,上方显示幻灯片,下方显示该幻灯片的备注信息。

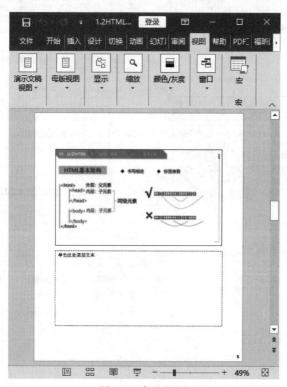

图 5-6　备注视图

5.2 PowerPoint 2016 演示文稿的制作

演示文稿是采用 PowerPoint 2016 制作的文档叫作演示文稿,扩展名为.pptx。一个演示文稿是由若干张幻灯片组成。幻灯片是构成演示文稿的基本单位,演示文稿中的各种媒体信息的添加均是以幻灯片为载体。幻灯片的放映也是以幻灯片为单位,按照顺序逐一播放。

如果要制作一个专业化的演示文稿,首先需要了解制作演示文稿的一般流程,制作演示文稿的一般流程如下。

(1)创建一个新的演示文稿:毫无疑问,这是制作演示文稿的第一步,用户也可以打开已有的演示文稿,编辑修改后另存为一个新的演示文稿。

(2)添加新幻灯片:一个演示文稿往往由若干张幻灯片组成,在制作过程中添加新幻灯片是经常进行的操作。

(3)编辑幻灯片内容:在幻灯片上输入必要的文本,插入相关图片、表格等媒体信息。

(4)美化、设计幻灯片:设置文本格式,调整幻灯片上各对象的位置,设计幻灯片的外观。

(5)放映演示文稿:设置放映时的动画效果,编排放映幻灯片的顺序,录制旁白,选择合适的放映方式,检验演示文稿的放映效果。如果用户对效果不满意,返回普通视图进行修改。

(6)保存演示文稿:如果不保存文档将前功尽弃,为防止信息意外丢失,建议在制作过程中随时保存。

(7)将演示文稿打包:这一步并非必需,需要时才操作。

【建议】 在制作演示文稿前应做好准备工作,例如构思文稿的主题、内容、结构、演说流程,收集好音乐、图片等媒体素材。

5.2.1 演示文稿的新建、保存、打开与关闭

1.新建演示文稿

启动 PowerPoint 2016 后,即进入到初始页面,单击左侧选项板的"新建"按钮后,右侧窗口显示出两种演示文稿的新建方式,分别为新建空白演示文稿和样本模板、主题的演示文稿,如图 5-7 所示。

1)新建空白演示文稿

空白演示文稿的幻灯片没有任何背景图片和内容,给予用户最大的自由,用户可以根据个人喜好设计独具特色的幻灯片,可以更加精确地控制幻灯片的样式和内容,因此创建空白演示文稿具有更大的灵活性。如图 5-6 所示,单击右侧的"空白演示文稿",即可新建名为"演示文稿 1.pptx"的文件。

2)套用模板创建演示文稿

PowerPoint 2016 为用户提供了模板功能,根据已有模板来创建演示文稿能自动、快速形成每张幻灯片的外观,而且风格统一、色彩搭配合理、美观大方,能大大提高制作效率。在

图 5-7　新建演示文稿

PowerPoint 2016 中,模板分为 3 种,与 Word 2016 相一致,可根据所需内容,选择相应的主题和模板创建演示文稿。

2. 保存、打开和关闭演示文稿

PowerPoint 2016 演示文稿的保存、打开和关闭,与 Word 2016 是相同的,在此不再赘述。

【例 5.1】　以"空白演示文稿"方式新建名为"新型冠状肺炎介绍及预防 1.pptx"的演示文稿,将其保存于"第 5 章素材库\例题 5"下的"例 5.1"文件夹。

操作步骤如下:

(1) 创建名为"演示文稿 1.pptx"的演示文稿。启动 PowerPoint 2016,执行"新建"→"空白演示文稿"命令,创建完成。

(2) 保存演示文稿。单击快速访问工具栏上的"保存"按钮,打开 Backstage 视图的"另存为"界面,如图 5-8 所示。按文件存放位置双击"例 5.1"文件夹,打开"另存为"对话框,在文件名文本框输入"新型冠状肺炎介绍及预防 1",在"保存类型"下拉列表框中选择"PowerPoint 演示文稿(＊.pptx)"选项,然后单击"保存"按钮,如图 5-9 所示。

5.2.2　幻灯片的基本操作

1. 选择幻灯片

选择幻灯片是对幻灯片进行各种编辑操作的第一步,该操作可以在普通视图或者幻灯片浏览视图中的窗格中完成。

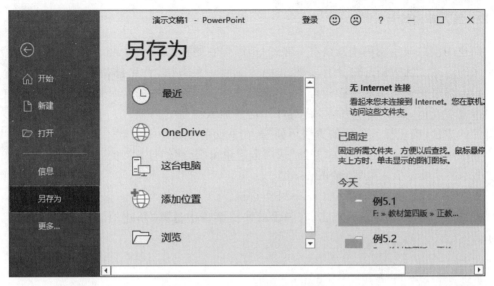

图 5-8　Backstage 视图的"另存为"

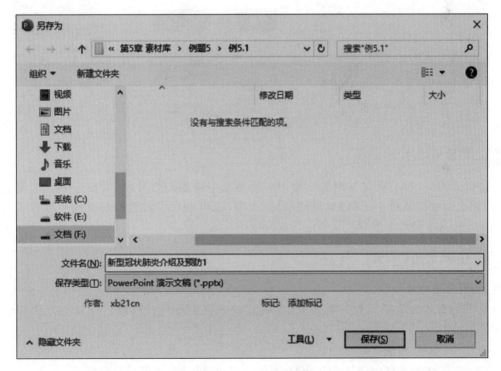

图 5-9　"另存为"对话框

- 选择一张幻灯片：单击某张幻灯片，该幻灯片就会切换成当前幻灯片。
- 选择多张连续的幻灯片：先选中第一张幻灯片，再按住 Shift 键单击最后一张幻灯片。
- 选择多张不连续的幻灯片：按住 Ctrl 键单击各张待选幻灯片。

2. 插入新幻灯片

新建的空白演示文稿中默认有一张幻灯片,但在制作幻灯片时,一个演示文稿一般需要若干张幻灯片。插入新幻灯片有多种方法,无论哪一种方法,首先都是要确定插入位置,既可以单击缩略图窗格中的某张幻灯片,也可以在缩略图窗格中的两张幻灯片之间的灰色区域单击定位光标,如图 5-10 所示,新幻灯片均在插入位置之后插入。下面介绍 4 种插入新幻灯片的方法,确定插入位置的方法可任选,在下面的步骤中不再赘述。

方法一:确定插入位置,在"开始"选项卡下单击"新建幻灯片"命令,如图 5-11 所示。

方法二:确定插入位置,按 Enter 键。

方法三:确定插入位置,按 Ctrl+M 组合键。

方法四:确定插入位置,右击,在弹出的快捷菜单中选择"新建幻灯片"选项,如图 5-12 所示。

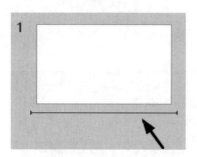
图 5-10 确定光标位置

图 5-11 幻灯片组

图 5-12 快捷菜单

3. 删除幻灯片

删除幻灯片,首先要在左侧的缩略图窗格中选中待删幻灯片,然后在选中的对象上右击,在弹出的快捷菜单中选择"删除幻灯片"选项,也可以选中待删幻灯片后直接按 Delete 键或 Backspace 键将其删除。

4. 移动、复制幻灯片

1) 移动幻灯片

移动幻灯片会改变幻灯片的位置,影响放映的先后顺序。移动幻灯片的方法有以下两种。

方法一:剪贴板法。

(1) 在缩略图窗格中选择要移动的幻灯片,可以是一张,也可以是多张。

(2) 选中幻灯片后右击,在弹出的快捷菜单中选择"剪切"选项。

(3) 右击目标位置,在弹出的快捷菜单中选择"粘贴"选项。

方法二:直接拖动法。

在缩略图窗格中选中幻灯片后,直接按住左键将其拖动到目标位置即可。

2) 复制幻灯片

复制幻灯片与移动幻灯片操作类似,只是需要选择快捷菜单中的"复制"选项;或按住

Ctrl 键同时拖动鼠标即可。如果选择快捷菜单中的"复制幻灯片"选项,则在当前选中幻灯片的后面复制一张幻灯片。

5. 设定幻灯片版式

版式是一种既定的排版格式,并通过占位符完成布局,应用幻灯片版式可对插入内容合理布局,常用的版式如图 5-13 和图 5-14 所示。占位符,一种带有虚线或阴影线边缘的框,常出现在幻灯片版式中。占位符分为标题占位符、项目符号列表占位符和内容占位符等。图 5-13 用于添加新幻灯片时设定幻灯片的版式,图 5-14 用于修改已有幻灯片的版式。

图 5-13　"新建幻灯片"下拉列表

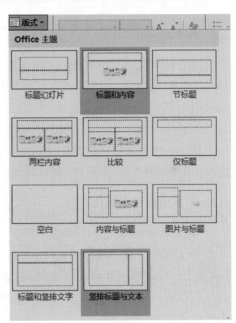

图 5-14　"版式"下拉列表

【例 5.2】　打开例题 5.1 制作的演示文稿,添加 3 张新幻灯片,其版式分别为"标题和内容""节标题""空白",以"新型冠状肺炎介绍及预防 2.pptx"为文件名保存于"第 5 章素材库\例题 5"下的"例 5.2"文件夹中。

操作步骤如下:

进入"例 5.1"文件夹打开"新型冠状肺炎介绍及预防 1.pptx"的演示文稿。

(1) 在"开始"选项卡的"幻灯片"组中单击"新建幻灯片"下三角按钮,弹出其下拉列表,如图 5-13 所示,按题目要求,添加的第 1 张幻灯片选择"标题和内容"版式。

(2) 同样操作,添加第二张版式为"节标题"和第三张版式为"空白"。

(3) 按题目要求保存演示文稿。

6. 修改幻灯片版式

对于已有的幻灯片,用户不满意可以更改其版式。

【例 5.3】　在例 5.2 制作效果的基础上,将第 2 张幻灯片的版式改为"竖排标题与文本"。

在例题 5.2 的演示文稿中继续完成如下操作。

(1) 在左侧的缩略图窗格中,单击选中编号为"2"的幻灯片。

(2) 在"开始"选项卡的"幻灯片"组中单击"版式"下三角按钮,弹出如图 5-14 所示的下拉列表,选择"竖排标题与文本"版式,修改后以"新型冠状肺炎介绍及预防 3"为文件名,将其保存在"第 5 章素材库\例题 5"下的"例 5.3"文件夹中。

5.2.3 幻灯片文本的编辑

文本是幻灯片中最基本的信息存在形式,本节将从文本的编辑和格式化两个方面进行介绍。

1. 输入文本

与 Word 不同的是,PowerPoint 不能在幻灯片中的非文本区输入文字,用户可以将鼠标移动到幻灯片的不同区域,观察鼠标指针的形状,当指针呈"I"字形时输入文字才有效,可以采取以下几种方法实现文本输入,此三种方法的具体操作将在下文介绍。

方法一:在设定了非空白版式的幻灯片中,单击占位符,便可输入文字。

方法二:在幻灯片中插入"文本框",然后在文本框中输入文字。

方法三:在幻灯片中添加"形状"图形,然后在其中添加文字。

2. 文本编辑和格式化

1) 文本编辑

对于文本的编辑一般包括选择、复制、剪切、移动、删除和撤销删除等操作,这些操作与 Word 和 Excel 章节中介绍的方法相同,请参照前面章节进行操作。但与 Word 和 Excel 不同的是,在 PowerPoint 中,文本可以添加在占位符、文本框等载体中,改变这些载体的位置,文本便可随即改变。

以占位符为例,介绍改变文本位置的操作步骤,单击选中占位符,鼠标变为十字箭头形状,此时按住鼠标左键拖动即可,如图 5-15 所示。

2) 文字格式化

文字格式化主要是指对文字的字体、字号、字体颜色和对齐方式等的设置。选中文字或文字所在的占位符后,切换到"开始"选项卡,在"字体"组可以直接单击相应按钮设置字体的格式,如图 5-16 所示。也可在"字体"对话框中设置。

图 5-15　选中占位符

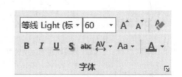

图 5-16　"字体"组

3) 段落格式化

PowerPoint 2016 也可以设置文字的"段落"格式,包括对齐方式、文字方向、项目符号和编号、行距等。选中文字或文字所在的占位符后,切换到"开始"选项卡,在"段落"组中可以直接单击相应按钮设置文字的段落格式,如图 5-17 所示。也可在"段落"对话框中设置。

【例 5.4】　在例 5.3 制作效果的基础上,为第一张幻灯片添加标题为"新型冠状肺炎介绍及预防",副标题为"班级: ","汇报人: "等信息,输入后对文字的字体和段落格式进行适当设置。完成后以"新型冠状肺炎介绍及预防 4"为文件名保存在"第 5 章素材库\例题 5"下的"例 5.4"文件夹中。

按题目要求进入"例 5.3"文件夹中打开"新型冠状肺炎介绍及预防 3"演示文稿做如下操作:

(1) 在大纲窗格中,选中编号为"1"的幻灯片,分别单击选中标题占位符和副标题占位符后按题目要求添加文字信息。

(2) 设置标题字体为"华文宋体",字号"40"字体加粗,字体颜色为"主题颜色"中的"蓝色,个性色 5,深色 50%"。

(3) 设置副标题字体为"华为宋体",字号"28",字体颜色为"主题颜色"中的"蓝色,个性色 5,深色 50%"。

(4) 选中副标题占位符,向下拖曳移到合适的位置即可,以上操作完成后,其效果如图 5-18 所示。

图 5-17　"段落"组　　　　　　图 5-18　格式化后的第一张幻灯片的文本效果

(5) 完成后将以"新型冠状肺炎介绍及预防 4"保存在"第 5 章素材库\例题 5"下的"例 5.4"文件夹中。

【例 5.5】　在例 5.4 的基础上,在第二张幻灯片中输入文字,第二张幻灯片的版式为"竖排标题与文本",在标题处添加文字"目录",在"添加文本"占位符处需要输入的文本内容在"第 5 章素材库\例题 5"下的"例 5.5"文件夹中的"例 5.5 文本.docx"文件中。修改后以"新型冠状肺炎介绍及预防 5.pptx"为文件名保存在"第 5 章素材库\例题 5"下的"例 5.5"文件夹中。

打开幻灯片后做如下操作:

(1) 参照例 5.4 第 1、2、3 步操作输入文字信息,效果如图 5-19 所示。

(2) 调整左侧文本的段落属性,文字方向设置为"横排",项目符号和编号设置为"无",行距设置为"2 倍行距",如图 5-20 所示。适当调整标题和文字内容的位置,完成后效果如图 5-21 所示。

(3) 设置所有字体为"仿宋","目录"两个字的字号为"60",且设置"目录"两个字的字符间距为"加宽",度量值为 10 磅,如图 5-22 所示;最终完成效果如图 5-23 所示。

图 5-19　输入文字后的第二张幻灯片

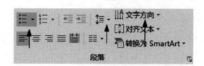

图 5-20 段落组属性

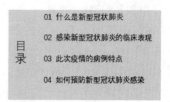

图 5-21 第一次调整后效果

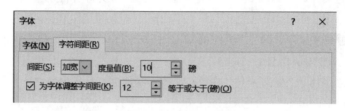

图 5-22 设置字符间距

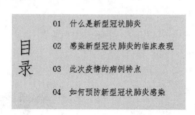

图 5-23 最终完成效果

(4) 修改后以"新型冠状肺炎介绍及预防 5"为文件名保存在"第 5 章素材库\例题 5"下的"例 5.5"文件夹中。

5.3 PowerPoint 2016 演示文稿的美化

5.3.1 幻灯片主题设置

通过设置幻灯片的主题,可以快速更改整个演示文稿的外观,而不会影响内容,就像 QQ 空间的"换肤"功能一样。

【例 5.6】 在例 5.5 的基础上使用演示文稿"设计"选项卡中的"丝状"主题来修饰全文,然后以"新型冠状肺炎介绍及预防 6.pptx"为文件名保存到"第 5 章素材库\例题 5"下的"例 5.6"文件夹中。

(1) 进入例 5.5 文件夹打开"新型冠状肺炎介绍及预防 5.pptx"文档。

(2) 在"设计"选项卡的"主题"组中单击"其他"按钮,在弹出的下拉列表中选择"丝状"选项,如图 5-24 所示。

(3) 系统中给定的主题也可以进行个性化的设置,用户可根据需求,在"设计"选项卡的"变体"组中单击"其他"按钮,在弹出的下拉列表中有颜色、字体、效果和背景样式几个选项,如图 5-25 所示。本例"颜色"选"紫罗兰色Ⅱ","背景样式"选"样式 2"。

(4) 最终效果如图 5-26 所示,最后以"新型冠状肺炎介绍及预防 6.pptx"为文件名保存在"第5章素材库\例题5"下的"例5.6"文件夹中。

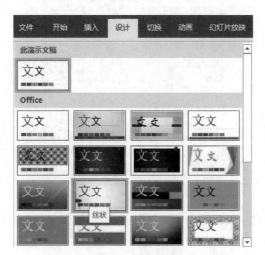

图5-24 为幻灯片选择"丝状"主题

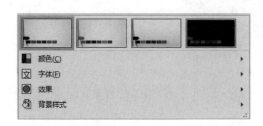

图5-25 "设计"选项卡的"变体"组

图5-26 添加主题后的效果

5.3.2 幻灯片背景设置

在以"空白演示文稿"方式新建的演示文稿中,所有幻灯片均无背景,用户可以根据需要自行添加或更改背景。

在"设计"选项卡下的"自定义"组中单击"设置背景格式"按钮,在右侧会弹出"设置背景格式"选项框,填充幻灯片背景的方式有纯色填充、渐变填充、图片或纹理填充和图案填充四种。在该对话框的下方有"应用到全部"和"重置背景"两个按钮,依次单击它们,可应用到全部幻灯片和重新设置背景,如图5-27所示。下面通过实例介绍给幻灯片添加背景的操作步骤。

【例5.7】 为例5.5制作的演示文稿中的各张幻灯片添加背景:为第1,2,3张幻灯片设置图片背景,背景图片已存放在"第5章素材库\例题5"下的"例5.7"文件夹中。其他张幻灯片设置渐变填充,渐变色为"浅色渐变-个性色5"。修改后以"新型冠状肺炎介绍及预防7.pptx"为文件名保存在"第5章素材库\例题5"下的"例5.7"文件夹中。

操作步骤如下:

(1) 进入"例5.5"文件夹打开"新型冠状肺炎介绍及预防5.pptx"文档,同时选中第1、

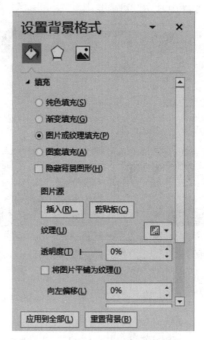

图 5-27　"设置背景格式"选项框

2、3 张幻灯片,在"设置背景格式"选项框中选择"图片或纹理填充"单选按钮,在"图片源"栏中单击"插入"按钮,如图 5-27 所示。

(2) 弹出一个选择界面,如图 5-28 所示,单击"脱机工作"按钮,打开"插入图片"对话框。

图 5-28　选择界面

(3) 在打开的"插入图片"对话框中选择图片所在的位置"第 5 章素材库\例题 5"下的"例 5.7"文件夹,单击选中"背景图片.png"文件,单击"插入"按钮,如图 5-29 所示。

(4) 设置其他幻灯片的填充方式为"渐变填充","预设渐变"为"浅色渐变-个性色 5",如图 5-30 所示。所有幻灯片的设置效果如图 5-31 所示。

(5) 修改后以"新型冠状肺炎介绍及预防 7.pptx"为文件名保存在"第 5 章素材库\例题 5"下的"例 5.7"文件夹中。

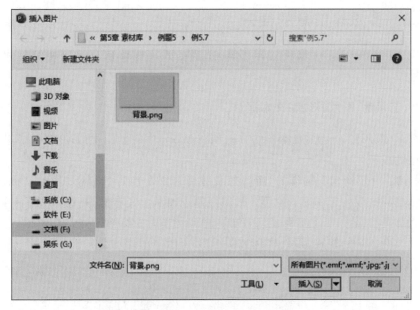

图 5-29　"插入图片"对话框

图 5-30　设置"渐变填充"

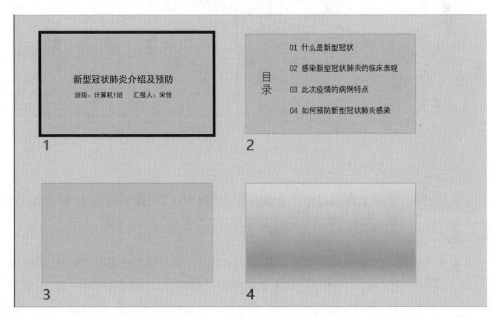

图 5-31　幻灯片的背景设置效果

5.3.3　多媒体信息的插入

只有文本内容的幻灯片难免枯燥乏味,适当插入多媒体信息可以使幻灯片更加生动形象。

1. 插入艺术字、图片、形状、文本框

插入艺术字、图片、形状、文本框的方法和在 Word 中的操作类似,在"插入"功能区中可以找到相应的按钮。

【例5.8】　打开例5.7制作的"新型冠状肺炎介绍及预防7.pptx"演示文稿,将第1张幻灯片的标题样式改为艺术字;给第3张幻灯片添加一个文本框,并输入文字内容"01 什么是新型冠状肺炎";给第1,2,3张幻灯片插入适当的图片;给第4张幻灯片插入艺术字"谢谢大家!"并设置一定的格式,设计样例如图5-32所示。图片均存放于"第5章素材库\例题5"下的"例5.8"文件夹中。

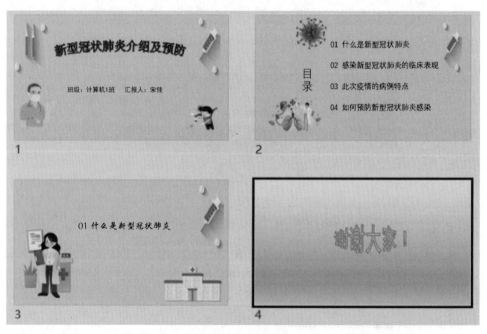

图 5-32　四张幻灯片的设置效果

操作步骤如下。

(1)添加艺术字:在大纲窗格中单击编号为"1"的幻灯片,选中标题文本"新型冠状病毒介绍及预防",在"插入"选项卡的"文本"组中单击"艺术字"按钮,在弹出的下拉列表中选择"渐变填充,灰色",如图5-33所示。

(2)编辑艺术字:艺术字具有多种格式设置,在此仅介绍"文本轮廓"和"文本效果"的设置方法。选中艺术字后,在弹出的"绘图工具-格式"选项卡的"艺术字样式"组中,在"文本轮廓"下拉列表中选择"标准色"中的"紫色"选项,如图5-34所示;在"文本效果"下拉列表中选择"转换"→"跟随路径"中的"拱形"选项,如图5-35所示。

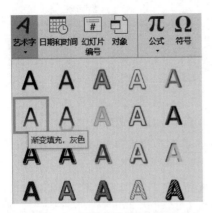

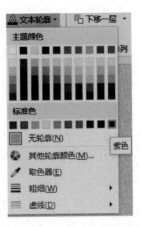

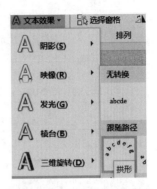

图 5-33　"艺术字"下拉列表　　　图 5-34　"文本轮廓"下拉列表　　　图 5-35　"文本效果"下拉列表

（3）插入图片：在缩略图窗格中单击编号为"1"的幻灯片，使其成为当前幻灯片，执行"插入"→"图片"→"此设备"命令，在打开的"插入图片"对话框中按存放位置找到并选中需要插入的图片，单击"插入"按钮，如图 5-36 所示。使用同样的方法，将其他图片依次插入到编号为"2"的幻灯片。

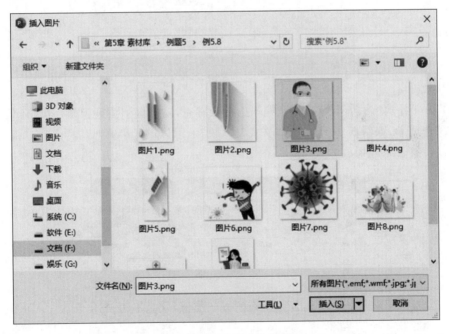

图 5-36　"插入图片"对话框

（4）在大纲窗格中单击编号为"3"的幻灯片，使其成为当前幻灯片。在"插入"功能区的"文本"组中单击"文本框"下拉按钮，再选择"横排文本框"选项，在绘制的文本框中输入文字"01 什么是新型冠状肺炎"，并设置字体和段落格式，再依次插入图片。

（5）给第 4 张幻灯片插入艺术字并参照样例设置格式。

（6）全部设置完成后以"新型冠状肺炎介绍及预防 8.pptx"为文件名保存到"第 5 章素

材库\例题 5"下的"例 5.8"文件夹中。

2. 插入表格

在"插入"功能区的"表格"组中单击"表格"按钮,在弹出的下拉列表中选择不同的方式插入表格,方法和在 Word 中一样。

3. 插入声音和影片文件

PowerPoint 2016 支持插入 MP3、WMA、MIDI、WAV 等多种格式的声音文件,这里以插入文件中的声音为例,操作步骤如下:

(1) 在"插入"功能区的"媒体"组中单击"音频"下拉按钮,在下拉列表中选择音频的来源,例如"文件中的音频"。

(2) 在打开的对话框中找到存放声音文件的位置,选中要插入的声音文件后单击"确定"按钮。

(3) 幻灯片上出现"小喇叭"图标,如图 5-37 所示,单击小喇叭图标会出现插入控制条,可以单击"播放"按钮试听插入的音乐。

图 5-37 "小喇叭"图标

(4) 设置播放方式:当"小喇叭"处于选中状态时,功能区上方会弹出一个"音频工具-格式|播放"选项卡,如图 5-38 所示,在"格式"选项卡下可以设置小喇叭的样子,在"播放"选项卡下可以设置音乐的播放方式。

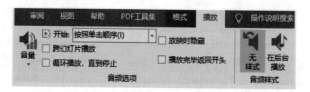

图 5-38 "音频工具-播放"选项卡

插入影片和录制屏幕方法与插入声音的方法类似,这里不再赘述。

5.3.4 幻灯片母版设置

母版用于设置演示文稿中幻灯片的默认格式,母版可以配合版式配套来进行设计,每张幻灯片的标题、正文的字体格式和位置、项目符号的样式、背景设计等。母版有"幻灯片母版""讲义母版""备注母版",本书只介绍常用的"幻灯片母版"。在"视图"功能区的"母版版式"组中单击"幻灯片母版"按钮,即可进入幻灯片母版编辑环境,如图 5-39 所示。母版视图不会显示幻灯片的具体内容,只显示版式及占位符,如图 5-40 所示。

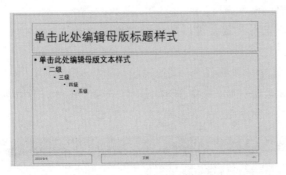

图 5-39　幻灯片母版

图 5-40　插入占位符

幻灯片母版的常用功能如下。

- 预设各级项目符号和字体：按照母版上的提示文本单击标题或正文各级项目所在位置，可以配置字体格式和项目符号，设置的格式将成为本演示文稿每张幻灯片上文本的默认格式。

【注意】　占位符标题和文本只用于设置样式，内容则需要在普通视图下另行输入。

- 调整或插入占位符：单击占位符边框，鼠标指针移到边框线上，当其变成"十"字形状时按住左键拖动可以改变占位符的位置；在"视图"功能区的"母版版式"组中单击"插入占位符"按钮，如图 5-37 所示，在下拉列表中选择需要的占位符样式（此时鼠标变成细十字形），然后拖动鼠标指针在母版幻灯片上绘制占位符。
- 插入标志性图案或文字（例如插入某公司的 logo）：在母版上插入的对象（例如图片、文本框）将会在每张幻灯片上的相同位置显示出来。在普通视图下，这些插入的对象不能删除、移动、修改。
- 设置背景：设置的母版背景会在每张幻灯片上生效。设置方法和普通视图下设置幻灯片背景的方法相同。
- 设置页脚、日期、幻灯片编号：幻灯片母版下面有 3 个区域，分别是日期区、页脚区、数字区，单击它们可以设置对应项的格式，也可以拖动它们改变位置。

要退出母版编辑状态，可以单击"视图"功能区的"关闭母版视图"按钮。

5.4　PowerPoint 2016 演示文稿的动画设置

5.4.1　幻灯片切换效果的设置

幻灯片的切换效果是指放映演示文稿时从上一张幻灯片切换到下一张幻灯片的过渡效果，为幻灯片间的切换加上动画效果会使放映更加生动、自然。

下面通过实例说明设置幻灯片切换效果的方法步骤。

【例 5.9】　进入"例 5.8"文件夹打开"新型冠状肺炎介绍及预防 8.pptx"演示文稿，为各幻灯片添加"覆盖"类型的切换效果，既可单击鼠标时切换，也可自动切换。若自动切换，切换时间为 5 秒。然后将其以"新型冠状肺炎介绍及预防 9.pptx"为文件名保存到"第 5 章素材库\例题 5"下的"例 5.9"文件夹中。

在添加幻灯片切换效果之前,建议先将演示文稿以默认的演讲者放映方式放映一次,以便体验添加切换效果前后的不同之处。

(1) 选中需要设置切换效果的幻灯片。在此任选一张幻灯片。

(2) 在"切换"选项卡下的"切换到此幻灯片"组中单击"其他"按钮,弹出灯片切换效果类型的下拉列表,如图 5-41 所示,选择一种类型,这里选择"覆盖"类型。

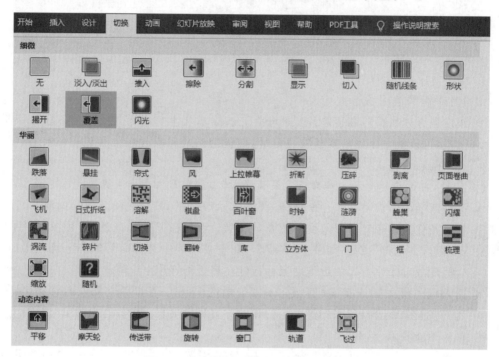

图 5-41　幻灯片切换效果类型的下拉列表

【提示】　从"切换"效果的下拉列表中可以看出幻灯片的切换效果类型包括"细微""华丽"和"动态内容"三大类几十种不同类型。

【注意】　这里设置的切换效果只针对当前选中的幻灯片,而且默认为单击鼠标时切换。

(3) 在"计时"组中设置切换的"持续时间""声音"等效果。持续时间会影响动画播放速度,在"声音"下拉列表中可以选择幻灯片切换时出现的声音。

(4) 在"切换"选项卡下的"计时"组中设置"换片方式",默认为"单击鼠标时",即单击鼠标时会切换到下一张幻灯片,这里按题目要求应同时勾选"设置自动换片时间"复选框和"单击鼠标时"复选框,然后单击数字框的向上按钮,调整时间为 5 秒,如图 5-42 所示。

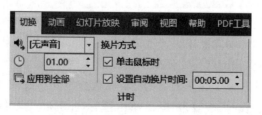

图 5-42　设置幻灯片"换片方式"

（5）选择应用范围：按本例要求应单击"应用到全部"按钮，使"自动换片方式"和"单击鼠标时"应用于演示文稿中的所有幻灯片；若不单击该按钮，则仅应用于当前幻灯片。

（6）设置完毕后建议读者将演示文稿再放映一次，以便体验幻灯片的切换效果。若要结束放映可按 Esc 键，或右击，在弹出的快捷菜单中选择"结束放映"选项，如图 5-43所示。

（7）以"新型冠状肺炎介绍及预防 9.pptx"为文件名保存到"第 5 章素材库\例题 5""例 5.9"文件夹中。

【提示】　幻灯片的切换效果还可以通过"切换到此幻灯片"组中的"效果选项"下拉列表作进一步的设置，如图 5-44 所示；若要取消幻灯片的切换效果，只需选中该幻灯片，在"切换"选项卡下的"切换到此幻灯片"组中选择"无"选项即可。

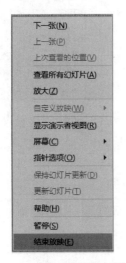

图 5-43　选择"结束放映"选项

图 5-44　"效果选项"下拉列表

5.4.2　幻灯片动画效果的设置

一张幻灯片中可以包含文本、图片等多个对象，可以为它们添加动画效果，包括进入动画、退出动画、强调动画；还可以设置动画的动作路径，编排各对象动画的顺序。

设置动画效果一般在普通视图模式下进行，动画效果只有在幻灯片放映视图或阅读视图模式下才有效。

1. 添加动画效果

要为对象设置动画效果，应首先选择对象，然后在"动画"选项卡下的"动画""高级动画"和"计时"组中进行各种设置。可以设置的动画效果有如下几类。

- "进入"效果：设置对象以怎样的动画效果出现在屏幕上。
- "强调"效果：对象将在屏幕上展示设置的动画效果。
- "退出"效果：对象将以设置的动画效果退出屏幕。

    • 动作路径：放映时对象将按事先设置好的路径运动，路径可以采用系统提供的，也可以自己绘制。

【例5.10】 打开例5.9制作的"新型冠状肺炎介绍及预防9.pptx"演示文稿，按如下要求设置后以文件名"新型冠状肺炎介绍及预防10.pptx"保存到"第5章素材库\例题5"下的"例5.10"文件夹中。

（1）为第一张幻灯片上的两个对象设置动画效果。

① 单击选中艺术字"新型冠状病毒介绍及预防"，在"动画"选项卡的"动画"组中单击"其他"按钮，在弹出的下拉列表中的"进入"栏单击"浮入"选项，如图5-45所示；然后单击右侧的"效果选项"按钮，选择动画的方向为"下浮"，如图5-46所示。

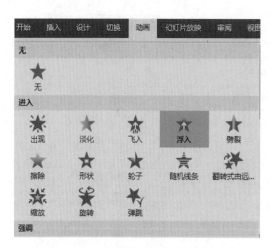

图 5-45　"动画"的"进入"效果设置

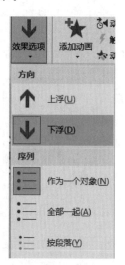

图 5-46　动画的"效果选项"设置

② 选中副标题，为它设置"强调"动画效果。单击"动画"组中的"其他"按钮，可以展开更多的动画效果选项，单击"强调"栏中的"跷跷板"按钮，如图5-47所示。

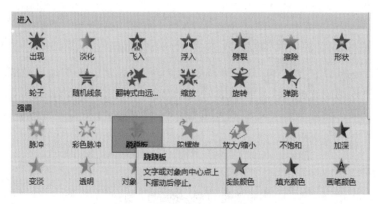

图 5-47　"动画"的"强调"效果设置

（2）切换至第2张幻灯片，为各对象设置"进入"动画效果。

① 先选中标题文本"目录"，单击"动画"组中的"飞入"按钮；并在"效果选项"下拉列表中选择"自左下部"，如图5-48所示。

图 5-48 为标题文本"目录"设置动画

② 选中"内容"文本,其动画"进入"效果为"缩放",并在"计时"组中的"开始"下拉列表中选择"上一动画之后"选项(如果不选择则默认为"单击时"),然后在"延迟"微调框中设置时间为 1 秒,如图 5-49 所示。从第 1 张幻灯片开始放映体验设置效果。

图 5-49 为"内容"文本设置上一动画之后延迟 1 秒自动播放

(3)第 3 张幻灯片不设置动画。

(4)为第 4 张幻灯片的艺术字"谢谢大家!"设置动画效果:以"飞入"方式"进入",以"收缩并旋转"方式退出,均为单击鼠标时。

① 选中第 4 张幻灯片中的艺术字,在"动画"下拉列表中的"进入"栏选择"飞入"选项。

② 确认艺术字仍被选中,在"动画"选项卡下的"高级动画"组中单击"添加动画"按钮,在弹出的下拉列表中选择"更多退出效果"选项,打开"添加退出效果"对话框,选择"收缩并旋转"选项,单击"确定"按钮,如图 5-50 所示。

③ 放映第 4 张幻灯片体验设置效果。

(5)全部设置完成后按要求保存文档。

【注意】 本例动画设置完毕后按 F5 键放映演示文稿,体验动画效果,第 3 张幻灯片没有设置对象的动画效果,请注意感受它与其他幻灯片放映时的区别。

2. 编辑动画效果

如果对动画效果设置不满意,还可以重新编辑。

1)调整动画的播放顺序

设有动画效果的对象前面具有动画顺序标志,如 0、1、2、3 这样的数字,表示该动画出现的顺序,选中某动画对象,单击"计时"组中的"向前移动"或"向后移动"按钮,就可以改变动画播放顺序。

另一种方法是在"高级动画"组中单击"动画窗格"按钮打开动画窗格,在其中进行相应设置,还可以单击"全部播放"按钮展示动画效果,如图 5-51 所示。

图 5-50 "添加退出效果"对话框

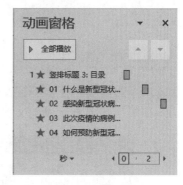

图 5-51 "动画窗格"

2) 更改动画效果

选中动画对象,在"动画"组的列表框中另选一种动画效果即可。

3) 删除动画效果

选中对象的动画顺序标志,按 Delete 键,或者在动画列表中选择"无"选项。

5.4.3 幻灯片中超链接的设置

应用超链接可以为两个位置不相邻的对象建立连接关系。超链接必须选定某一对象作为链接点,当该对象满足指定条件时触发超链接,从而引出作为链接目标的另一对象。触发条件一般为鼠标单击或鼠标移过链接点。

适当采用超链接,会使演示文稿的控制流程更具逻辑性和跳跃性,使其功能更加丰富。PowerPoint 可以选定幻灯片上的任意对象做链接点,链接目标可以是本文档中的某张幻灯片,也可以是其他文件,还可以是电子邮箱或者某个网页。

设置了超链接的文本会出现下画线标志,并且变成系统指定的颜色,当然也可以通过一系列设置改变其颜色而不影响超链接效果。

在 PowerPoint 2016 中可以使用"插入"选项卡下的"链接"组中的"链接"和"动作"按钮设置超链接,如图 5-52 所示。

1. 使用"链接"按钮

【例 5.11】 打开"例 5.10"文件夹中的演示文稿"新型冠状肺炎介绍及预防 10. pptx"文档,按如下要求进行设置。

(1) 在第 3 张幻灯片中插入横排文本框并输入文字内容(文字内容请参见"例 5.11"文

图 5-52　"插入"选项卡下的"链接"组

件夹下的"肺炎.docx"文档),设置文本的字体格式和段落格式,并拖移文本框至合适位置;再在第 4 张幻灯片中插入横排文本框,输入文字"单击此处给我发邮件"并设置文本格式。

(2) 设置超链接为:单击第 2 张幻灯片中的文本"01 什么是新型冠状肺炎"跳转至第 3 张幻灯片,单击第 3 张幻灯片右下角的图片跳转至第 4 张幻灯片,单击第 4 张幻灯片的文本"单击此处给我发邮件"可以发送邮件至李明的邮箱(liming@163.com),最后将文件以"新型冠状肺炎介绍及预防 11.pptx"为文件名保存到"第 5 章素材库\例题 5"下的"例 5.11"文件夹中。

进入"例 5.10"文件夹打开演示文稿"新型冠状肺炎介绍及预防 10.pptx"文档。分别在第 3 张和第 4 张幻灯片中插入文本框并按题目要求输入文字内容和设置文本的字符格式和段落格式。

操作步骤如下:

(1) 选中第 2 张幻灯片中的文字"01 什么是新型冠状肺炎",单击"插入"选项卡下的"链接"组中的"链接"按钮,打开"插入超链接"对话框,在左侧"链接到"栏选择"本文档中的位置",在中间的"请选择文档中的位置"框选择"3.幻灯片 3"选项,在右侧弹出的"幻灯片预览"框可预览到第 3 张幻灯片中的内容,单击"确定"按钮,如图 5-53 所示。

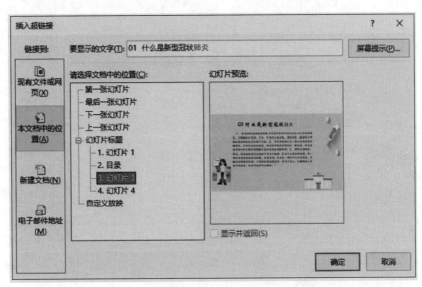

图 5-53　以文本作为链接点设置本文档中幻灯片之间的跳转

【注意】　设置超链接的文本出现下画线且改变了颜色。

(2) 选中第 3 张幻灯片右下角的图片,在"插入"选项卡的"链接"组中单击"链接"按钮,打开"插入超链接"对话框,在左侧"链接到"栏选择"本文档中的位置",在中间的"请选择文档中的位置"框选择"4.幻灯片 4"选项,在右侧弹出的"幻灯片预览"框可预览到第 4 张幻灯片中的内容,单击"确定"按钮,如图 5-54 所示。

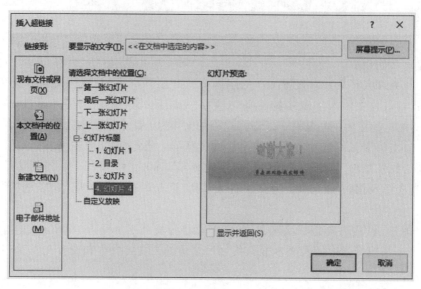

图 5-54　以图片作为链接点设置本文档中幻灯片之间的跳转

(3)选中第 4 张幻灯片中的文本"单击此处给我发邮件",在"插入"选项卡的"链接"组中单击"链接"按钮,打开"插入超链接"对话框,这里要求链接到邮箱,所以在左侧"链接到"栏选择"电子邮件地址",在中间的"电子邮件地址"框输入邮箱名"liming@163.com",其中"mailto"是系统加上的,请勿删除,在"主题"框输入"有问题请教"。单击"屏幕提示"按钮,可以在对话框中输入提示文本"请与我联系",放映时,当鼠标指针移动到链接点上时将出现这些提示文本。设置完成后单击"确定"按钮关闭对话框,如图 5-55 所示。可以看到文本"请与我联系"下方出现了下画线,而且文本的颜色也发生了改变。

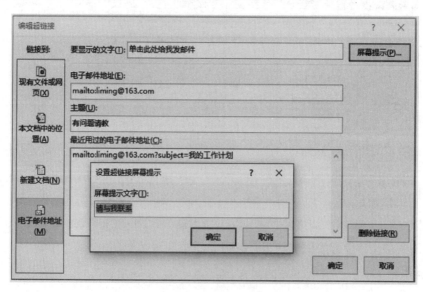

图 5-55　以文本作为链接点跳转到电子邮箱

（4）执行"文件"→"另存为"命令，然后按要求进行保存。

【注意】 超链接只有在演示文稿放映时才会生效。按 Shift＋F5 组合键放映当前幻灯片，可以看到将鼠标指针移至链接点文本"请与我联系"上时指针变为"手"形，这是超链接的标志，单击即可触发链接目标，系统会自动启动收发邮件的软件 Microsoft Outlook 2016。

2．使用"动作"按钮

【例 5.12】 在例 5.11 的基础上为第 4 张幻灯片上插入艺术字"感谢观看"，然后为其添加一个动作，使得鼠标指针移过它时发出"掌声"，然后以"新型冠状肺炎介绍及预防12．pptx"为文件名保存到"第 5 章素材库\例题 5"下的"例 5.12"文件夹中。

操作步骤如下：

（1）进入"例 5.11"文件夹打开"新型冠状肺炎介绍及预防 11．pptx"文档，在第 4 张幻灯片中插入艺术字"感谢观看"，然后选中该艺术字，切换至"插入"选项卡的"链接"组中单击"动作"按钮。

（2）打开"操作设置"对话框，切换至"鼠标悬停"选项卡，勾选"播放声音"复选框，在"播放声音"下拉列表框中选择"鼓掌"选项，单击"确定"按钮，如图 5-56 所示。此时可以发现，"感谢观看"文字改变了颜色且出现了下画线，这是超链接的标志。

（3）放映幻灯片体验效果，然后按要求保存演示文稿。

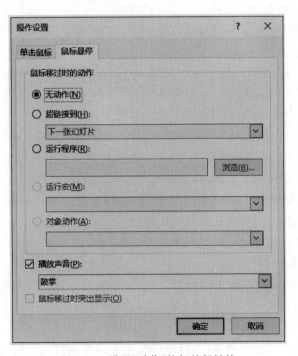

图 5-56 设置"动作"按钮的超链接

【说明】 除了前面介绍的使用"插入"选项卡下的"链接"组中的"链接"和"动作"按钮设置超链接外；还可以在"插入"选项卡的"插图"组中单击"形状"按钮，在弹出的下拉列表中的"动作按钮"组中选择相应的按钮设置超链接，如图 5-57 所示。

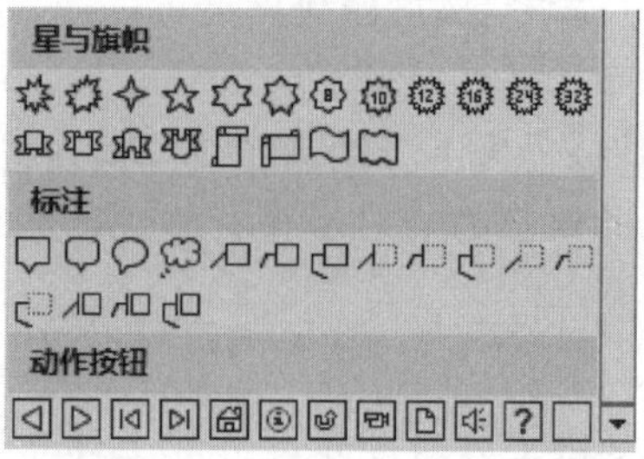

图 5-57　"形状"按钮下拉列表中的"动作按钮"组

5.5　PowerPoint 2016 演示文稿的放映和输出

5.5.1　演示文稿的放映

放映幻灯片是制作幻灯片的最终目标,在幻灯片放映视图下才可以放映幻灯片。

1. 启动放映与结束放映

放映幻灯片的方法有以下几种。

(1) 在"幻灯片放映"选项卡的"开始放映幻灯片"组中单击"从头开始"按钮,即可从第 1 张幻灯片开始放映;单击"从当前幻灯片开始"按钮,即可从当前选中的幻灯片开始放映。

(2) 单击窗口右下方的"幻灯片放映"按钮,即从当前幻灯片开始放映。

(3) 按 F5 键,从第 1 张幻灯片开始放映。

(4) 按 Shift+F5 键,从当前幻灯片开始放映。

放映幻灯片时,幻灯片会占满整个计算机屏幕,在屏幕上右击,在弹出的快捷菜单中有一系列命令可以实现幻灯片翻页、定位、结束放映等功能。为了不影响放映效果,建议演说者使用以下常用功能快捷键。

- 切换到下一张(触发下一对象):单击鼠标,或者按 ↓ 键、→键、PageDown 键、Enter 键、Space 键之一,或者鼠标滚轮向后拨。
- 切换到上一张(回到上一步):按 ↑ 键、←键、PageUp 键或 Backspace 键均可,或者鼠标滚轮向前拨。
- 鼠标功能转换:按 Ctrl+P 组合键转换成"绘画笔",此时可按住鼠标左键在屏幕上勾画做标记;按 Ctrl+A 组合键可还原成普通指针状态。
- 结束放映:按 Esc 键。

在默认状态下放映演示文稿时,幻灯片将按序号顺序播放,直到最后一张,然后计算机黑屏,退出放映状态。

2. 设置放映方式

用户可以根据不同需要设置演示文稿的放映方式。在"幻灯片放映"选项卡下的"设置"组中单击"设置幻灯片放映"按钮,打开"设置放映方式"对话框,如图 5-58 所示。可以设置放映类型、需要放映的幻灯片的范围等。其中,"放映选项"组中的"循环放映,按 Esc 键终止"适合于无人控制的展台、广告等幻灯片放映,能实现演示文稿反复循环播放,直到按 Esc 键终止。

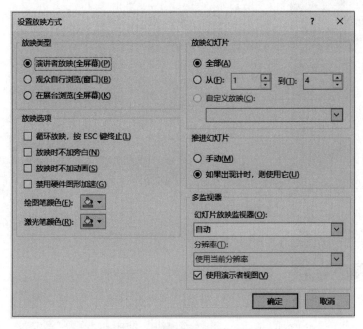

图 5-58 "设置放映方式"对话框

PowerPoint 2016 有以下 3 种放映类型可以选择。

(1) 演讲者放映。

演讲者放映是默认的放映类型,是一种灵活的放映方式,以全屏幕的形式显示幻灯片。演说者可以控制整个放映过程,也可以用"绘画笔"勾画,适用于演说者一边讲解一边放映的场合,例如会议、课堂等。

(2) 观众自行浏览。

该方式以窗口的形式显示幻灯片,观众可以利用菜单自行浏览、打印,适用于终端服务设备且同时被少数人使用的场合。

(3) 在展台浏览。

该方式以全屏幕的形式显示幻灯片。放映时,键盘和鼠标的功能失效,只保留鼠标指针最基本的指示功能,因而不能现场控制放映过程,需要预先将换片方式设为自动方式或者通过"幻灯片放映"功能区中的"排练计时"命令来设置时间和次序。该方式适用于无人看守的展台。

5.5.2 演示文稿的输出

1. 将演示文稿创建为讲义

演示文稿可以被创建为讲义,保存为 Word 文档格式,创建方法如下。

(1) 执行"文件"→"导出"命令,在"文件类型"栏中选择"创建讲义"选项,再单击右侧的

"创建讲义"按钮,如图 5-59 所示。

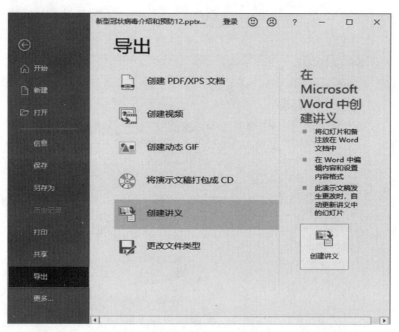

图 5-59　选择"创建讲义"选项

(2) 打开如图 5-60 所示的对话框,选择创建讲义的版式,单击"确定"按钮。

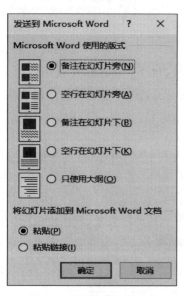

图 5-60　选择讲义的版式

(3) 系统自动打开 Word 程序,并将演示文稿内容转换至 Word 文档格式,用户可以直接保存该 Word 文档,或者做适当编辑。

2. 打包演示文稿

如果要在其他计算机上放映制作完成的演示文稿,可以有下面 3 种途径。

1) PPTX 形式

通常,演示文稿是以.pptx 类型保存的,将它复制到其他计算机上,双击打开后即可人工控制进入放映视图,使用这种方式的好处是可以随时修改演示文稿。

2) PPSX 形式

将演示文稿另存为 PowerPoint 放映类型(扩展名.ppsx),再将该 PPSX 文件复制到其他计算机上,双击该文件可立即放映演示文稿。

3) 打包成 CD 或文件夹

PPTX 形式和 PPSX 形式要求放映演示文稿的计算机安装 Microsoft Office PowerPoint 软件,如果演示文稿中包含指向其他文件(例如声音、影片、图片)的链接,还应该将这些资源文件同时复制到计算机的相应目录下,操作起来比较麻烦。在这种情况下建议将演示文稿打包成 CD。

打包成 CD 能更有效地发布演示文稿,可以直接将放映演示文稿所需要的全部资源打包,刻录成 CD 或者打包到文件夹。

从图 5-59 所示的选项面板中可以看出,PowerPoint 2016 还提供了多种共享演示文稿的方式,例如"创建视频""创建 PDF/XPS 文档"等。

3. 打印输出

将演示文稿打印出来不仅方便演讲者,也可以发给听众以供交流。

执行"文件"→"打印"命令,如图 5-61 所示,在选项面板中设置好打印信息,例如打印份数、打印机、要打印的幻灯片范围以及每页纸打印的幻灯片张数等。

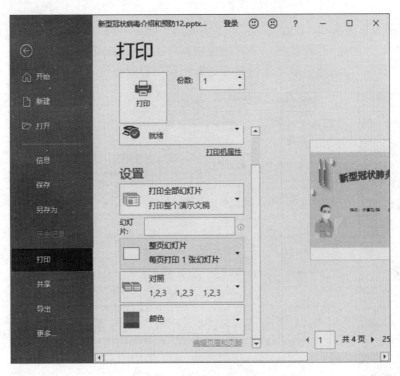

图 5-61 打印演示文稿

4. 录制幻灯片演示

录制幻灯片演示,它可以记录幻灯片的放映效果,包括用户使用鼠标、绘画笔、麦克风的痕迹,录好的幻灯片完全可以脱离演讲者来放映。录制方法如下:

(1)在"幻灯片放映"选项卡的"设置"组中勾选"播放旁白""使用计时""显示媒体控件"复选框,然后单击"录制幻灯片演示"按钮,在弹出的下拉列表中选择"从头开始录制"或者"从当前幻灯片开始录制"选项,如图 5-62 所示。

(2)在打开的"录制幻灯片演示"对话框中单击"开始录制"按钮。

(3)幻灯片进入放映状态,开始录制。注意:如果要录制旁白,需要提前准备好麦克风。

(4)如果对录制效果不满意,可以单击"录制幻灯片演示"按钮,选择"清除"计时或旁白

图 5-62 "录制幻灯片演示"下拉列表

重新录制。

（5）保存为视频文件：执行"文件"→"导出"→"创建视频"命令，在右侧面板中设置视频参数（视频的分辨率、是否使用录制时的旁白），单击"创建视频"按钮，如图 5-63 所示。最后在打开的"保存"对话框中输入文件名并选择视频的存放位置。

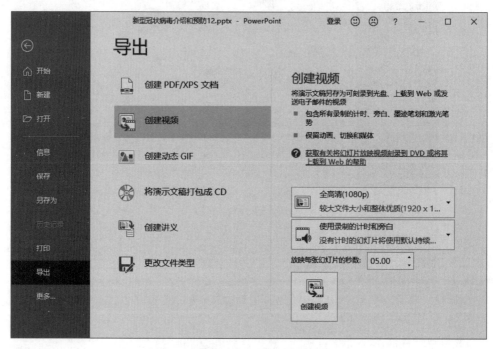

图 5-63 录制幻灯片时的视频参数设置

【例 5.13】 将例 5.12 制作完成的名为"新型冠状肺炎介绍及预防 12.pptx"的演示文稿打包到文件夹。

（1）打开"新型冠状肺炎介绍及预防 12.pptx"演示文稿，执行"文件"→"导出"命令，打开"导出"窗口。

（2）在中间窗格选择"将演示文稿打包成 CD"选项，再单击右侧的"打包成 CD"按钮，如图 5-64 所示。

（3）打开如图 5-65 所示的对话框，可以更改 CD 的名字，如果还要将其他演示文稿包含进来，可单击"添加"按钮，本例不用这一步。

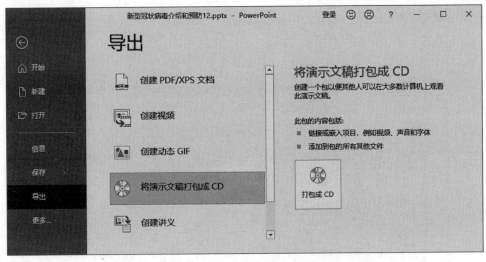

图 5-64　"导出"窗口

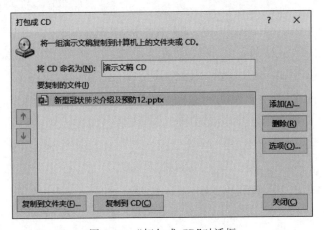

图 5-65　"打包成 CD"对话框

（4）单击"复制到文件夹"按钮，打开如图 5-66 所示的对话框。如果需要将演示文稿打包到 CD，则单击"复制到 CD"按钮。

图 5-66　"复制到文件夹"对话框

（5）单击"浏览"按钮，选择文件夹的保存位置，在此保存到"第 5 章素材库\例题 5"下的"例 5.13"文件夹中，如图 5-67 所示。

（6）单击"确定"按钮关闭对话框完成操作。

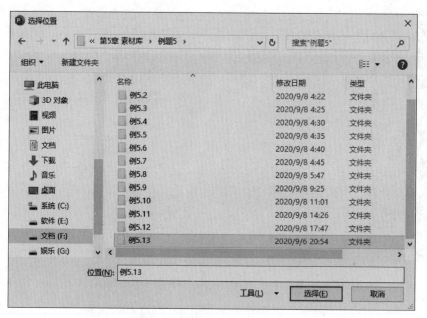

图 5-67　选择文件的保存位置

　　在打包的文件夹中包含放映演示文稿的所有资源,包括演示文稿、链接文件和PowerPoint 播放器等,在保存位置找到它,将该文件夹复制到其他计算机上,即使其他计算机没有安装 PowerPoint 软件也仍然可以正常放映。

第6章

计算机网络基础与应用

随着计算机网络技术的飞速发展,因特网(Internet)已经进入了我们生活、工作的各个领域,并影响和发挥重要的作用,是我们日常生活中不可缺少的部分。

学习目标:

1. 了解计算机网络的发展历史及趋势;掌握计算机网络概念、组成及功能发展。

2. 了解计算机病毒和计算机木马,懂得防范病毒的策略;养成良好网络使用习惯。

6.1 计算机网络概述

随着社会的发展,信息革命激发了人类历史上最活跃的生产力,人类在经历了农业社会、工业社会后,已步入信息化社会。

计算机与信息技术的迅猛发展促进了整个社会的进步,对人类的生存、生活和工作方式产生了极大的影响。尤其是计算机网络技术与应用的日益普及,给人们的工作、学习和生活带来了革命性的变化,计算机网络成为人们日常生活必不可少的工具。

计算机网络作为计算机技术与现代通信技术相结合的产物,从20世纪50年代的单机通信系统发展至今,已逐步形成了具有开放式的网络体系和高速化、智能化、应用综合化的网络技术。计算机网络已成为信息产业时代最重要、最关键的组成部分,被誉为继报纸、广播、电视之后的第四媒体。

6.1.1 计算机网络的发展

从19世纪40年代到20世纪30年代,电磁技术广泛应用于通信,1844年电报的发明,1876年电话的出现,开始了近代电信事业,为迅速传递信息提供了方便。而世界上第一台电子计算机自1946年问世后,在最初几年内,计算机和通信并没有什么关系,计算机一直以"计算中心"服务模式工作。早期的计算机系统由于没有提供管理程序与操作系统,人们要使用计算机进行科学计算只能亲自携带程序和数据并采用手工方式上机,这种工作方式对于远地用户显然是极不方便的。

1954年,一种称为收发器的终端制造出来后,人们首次使用这种终端将穿孔卡片上的数据通过电话线路传送到远方的计算机。这样就出现了所谓的"线路控制器"。在通信线路的两端还必须各加上一个调制解调器。调制解调器的主要作用是把计算机或终端使用的数字信号与电话线路上传送的模拟信号进行模数或数模转换。

随着远程终端数量的增多,为了避免一台计算机使用多个线路控制器,于 20 世纪 60 年代初期出现了多重线路控制器。它可以和多个远程终端相连接。这种最简单的联机系统也称为面向终端的计算机通信网,是最原始的计算机网络。这里,计算机是网络的中心和控制者,终端围绕中心计算机分布在各处。因此,这种系统常称为联机系统。

随着需求的不断变化,计算机网络的发展演变历史可概括地分成四个阶段:

第一阶段 20 世纪 50—60 年代诞生阶段(计算机终端网络)

这是计算机发展的早期,由于 CPU 处理速度与计算机程序员操作速度的巨大反差,CPU 的利润率很低。为此,发展了批处理技术和分时技术。

第二阶段 20 世纪 60 年代末—70 年代形成阶段(计算机通信网络)

第二代计算机网络起源于美国军方于 1969 年开始实施的 ARPANET(阿帕网)计划,其目的是建立分布式的、存活力极强的覆盖全美国的信息网络。ARPANET 是一个以多个主机通过通信线路互连起来,为用户提供服务的分布系统,它开创了计算机网络发展的新纪元。

第三阶段 20 世纪 70 年代末—80 年代互联互通阶段(开放式的标准化计算机网络)

第三阶段计算机网络是具有统一的网络体系结构,并且遵循国际标准的开放式和标准化的网络。20 世纪 70 年代后,由于大规模集成电路出现,局域网由于投资少、方便灵活而得到了广泛的应用和迅猛的发展。

第四阶段 20 世纪 80 年代末至今高速网络技术阶段(新一代计算机网络)

第四阶段计算机网络从 20 世纪 80 年代末开始至今,超文本置标语言(HTML)、网页图形浏览器和跨平台网络开发语言 Java 促进了 Internet 信息服务的发展,同时局域网技术发展成熟,出现了光纤及高速网络技术和多媒体智能网络,如图 6-1 所示。

图 6-1　计算机网络

我国计算机网络起步于 20 世纪 80 年代。1980 年进行联网试验。并组建各单位的局域网。1989 年 11 月,第一个公用分组交换网建成运行。1993 年建成新公用分组交换网 CHINANET。80 年代后期,相继建成各行业的专用广域网。1994 年 4 月,我国用专线接入因特网(64kb/s)。1994 年 5 月,设立第一个 WWW 服务器。1994 年 9 月,中国公用计算机互联网启动。目前已建成 9 个全国性公用性计算机网络(2 个在建)。2004 年 2 月,建成我国下一代互联网 CNGI 主干试验网 CERNET2 开通并提供服务(2.5~10Gb/s)。

6.1.2　计算机网络的定义和分类

1. 计算机网络的定义

(1) 概念:计算机网络是将分布在不同一地理位置、具有独立功能的多台计算机及其外部设备,用通信设备和通信线路连接起来,在网络操作系统和通信协议入网络管理软件的管理协调下,实现资源共享、信息传递的系统。

计算机网络也可以简单地定义为一个互连的、自主的计算机集合。所谓互连是指相互连接在一起,所谓自主是指网络中的每台计算机都是相对独立的,可以独立工作。

（2）由定义可知：

① 计算机网络是"通信技术"与"计算机技术"的结合产物。

② 数据交换是基础，资源共享为目的。

（3）网络资源：所谓的网络资源包括硬件资源（如大容量磁盘、打印机等）、软件资源（如工具软件、应用软件等）和数据资源（如数据库文件和数据库等）。

2．计算机网络的分类

用于计算机网络分类的标准很多，如拓扑结构、应用协议等。但是这些标准只能反映网络某方面的特征，最能反映网络技术本质特征的分类标准是分布距离，按分布距离分为LAN、MAN、WAN 和 Internet，如图 6-2 所示。

1）局域网（LAN）

几米～10 千米小型机，微机大量推广后发展起来的，配置容易，速率高，4Mbps～2Gbps。位于一个建筑物或一个单位内，不存在寻径问题，不包括网络层，如图 6-3 所示。

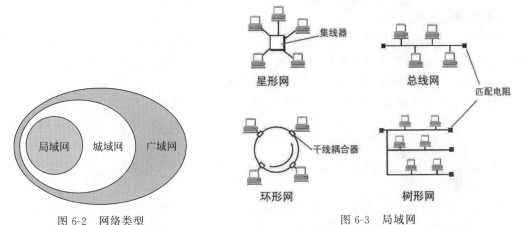

图 6-2　网络类型　　　　　　　　　　　图 6-3　局域网

2）城域网（MAN）

10 千米——100 千米对一个城市的 LAN 互联，采用 IEEE 802.6 标准，50kbps～100kbps，位于一座城市中。

3）广域网（WAN）

也称为远程网，几百千米——几千千米。发展较早，租用专线，通过 IMP 和线路连接起来，构成网状结构，解决循径问题，速率为 9.6kbps～45Mbps 如：邮电部的 CHINANET、CHINAPAC 和 CHINADDN 网。

4）因特网（Internet）

并不是一种具体的网络技术，它是将不同的物理网络技术按某种协议统一起来的一种高层技术。

3．局域网的分类

虽然目前我们所能看到的局域网主要是以双绞线为代表传输介质的以太网，那只不过是我们所看到都基本上是企、事业单位的局域网,在网络发展的早期或在其他各行各业中,因其行业特点所采用的局域网也不一定都是以太网,目前在局域网中常见的有:以太网(Ethernet)、令牌网(Token Ring)、FDDI 网、异步传输模式网(ATM)等几类,下面分别作一些简要介绍。

1) 以太网

以太网(EtherNet)最早是由 Xerox(施乐)公司创建的,在 1980 年由 DEC、Intel 和 Xerox 三家公司联合开发为一个标准。以太网是应用最为广泛的局域网,包括标准以太网(10Mbps)、快速以太网(100Mbps)、千兆以太网(1000Mbps)和 10G 以太网,它们都符合 IEEE 802.3 系列标准规范。

(1) 标准以太网。

最开始以太网只有 10Mbps 的吞吐量,它所使用的是 CSMA/CD(带有冲突检测的载波侦听多路访问)的访问控制方法,通常把这种最早期的 10Mbps 以太网称之为标准以太网。以太网主要有两种传输介质,那就是双绞线和同轴电缆。所有的以太网都遵循 IEEE 802.3 标准,下面列出是 IEEE 802.3 的一些以太网络标准,在这些标准中前面的数字表示传输速度,单位是"Mbps",最后的一个数字表示单段网线长度(基准单位是 100m),Base 表示"基带"的意思,Broad 代表"带宽"。

- 10Base-5 使用粗同轴电缆,最大网段长度为 500m,基带传输方法。
- 10Base-2 使用细同轴电缆,最大网段长度为 185m,基带传输方法。
- 10Base-T 使用双绞线电缆,最大网段长度为 100m。
- 1Base-5 使用双绞线电缆,最大网段长度为 500m,传输速度为 1Mbps。
- 10Broad-36 使用同轴电缆(RG-59/U CATV),最大网段长度为 3600m,是一种宽带传输方式。
- 10Base-F 使用光纤传输介质,传输速率为 10Mbps。

(2) 快速以太网。

随着网络的发展,传统标准的以太网技术已难以满足日益增长的网络数据流量速度需求。在 1993 年 10 月以前,对于要求 10Mbps 以上数据流量的 LAN 应用,只有光纤分布式数据接口(FDDI)可供选择,但它是一种价格非常昂贵的、基于 100Mbps 光缆的 LAN。1993 年 10 月,Grand Junction 公司推出了世界上第一台快速以太网集线器 FastSwitch10/100 和网络接口卡 FastNIC100,快速以太网技术正式得以应用。随后 Intel、SynOptics、3COM、BayNetworks 等公司亦相继推出自己的快速以太网装置。与此同时,IEEE 802 工程组亦对 100Mbps 以太网的各种标准,如 100Base-TX、100Base-T4、MII、中继器、全双工等标准进行了研究。1995 年 3 月,IEEE 宣布了 IEEE 802.3u 100Base-T 快速以太网标准(Fast Ethernet),就这样开始了快速以太网的时代。

快速以太网与原来在 100Mbps 带宽下工作的 FDDI 相比它具有许多的优点,最主要体现在快速以太网技术可以有效的保障用户在布线基础实施上的投资,它支持 3、4、5 类双绞线以及光纤的连接,能有效的利用现有的设施。

快速以太网的不足其实也是以太网技术的不足,那就是快速以太网仍是基于载波侦听多路访问和冲突检测(CSMA/CD)技术,当网络负载较重时,会造成效率的降低,当然这可以使用交换技术来弥补。

100Mbps 快速以太网标准又分为：100Base-TX、100Base-FX、100Base-T4 三个子类，其区别如表 6-1。

表 6-1 快速以太网

标　　准	传 输 介 质	传输模式	编码方式	布 线 标 准	最大网段长度
100Base-TX	5 类数据双绞线	全双工	4B/5B	EIA586	100 米
100Base-FX	光缆	全双工	4B/5B	EIA586 和 SPT 1	150 米～10 千米
100Base-T4	3、4、5 类双绞线	半双工	8B/6T	EIA586	100 米

（3）千兆以太网。

随着以太网技术的深入应用和发展，企业用户对网络连接速度的要求越来越高，1995年 11 月，IEEE 802.3 工作组委任了一个高速研究组（HigherSpeedStudy Group），研究将快速以太网速度增至更高。该研究组研究了将快速以太网速度增至 1000Mbps 的可行性和方法。1996 年 6 月，IEEE 标准委员会批准了千兆位以太网方案授权申请（Gigabit Ethernet Project Authorization Request）。随后 IEEE 802.3 工作组成立了 802.3z 工作委员会。IEEE 802.3z 委员会的目的是建立千兆位以太网标准：包括在 1000Mbps 通信速率的情况下的全双工和半双工操作、802.3 以太网帧格式、载波侦听多路访问和冲突检测（CSMA/CD）技术、在一个冲突域中支持一个中继器（Repeater）、10Base-T 和 100Base-T 向下兼容技术千兆位以太网具有以太网的易移植、易管理特性。千兆以太网在处理新应用和新数据类型方面具有灵活性，它是在赢得了巨大成功的 10Mbps 和 100Mbps IEEE 802.3 以太网标准的基础上的延伸，提供了 1000Mbps 的数据带宽。这使得千兆位以太网成为高速、宽带网络应用的战略性选择。

1000Mbps 千兆以太网（GB Ethernet）目前主要有以下三种技术版本：1000Base-SX、-LX 和-CX 版本。1000Base-SX 系列采用低成本短波的 CD（Compact Disc，光盘激光器）或者 VCSEL（Vertical Cavity Surface Emitting Laser，垂直腔体表面发光激光器）发送器；而1000Base-LX 系列则使用相对昂贵的长波激光器；1000Base-CX 系列则在配线间使用短跳线电缆把高性能服务器和高速外围设备连接起来。

（4）10G 以太网。

现在 10Gbps 的以太网标准已经由 IEEE 802.3 工作组于 2000 年正式制定，10G 以太网仍使用与以往 10Mbps 和 100Mbps 以太网相同的形式，它允许直接升级到高速网络。同样使用 IEEE 802.3 标准的帧格式、全双工业务和流量控制方式。在半双工方式下，10G 以太网使用基本的 CSMA/CD 访问方式来解决共享介质的冲突问题。此外，10G 以太网使用由 IEEE 802.3 小组定义了和以太网相同的管理对象。总之，10G 以太网仍然是以太网，只不过更快。但由于 10G 以太网技术的复杂性及原来传输介质的兼容性问题（目前只能在光纤上传输，与原来企业常用的双绞线不兼容了），这类设备造价太高（一般为 2～9 万美元），所以这类以太网技术目前还处于研发的初级阶段，还没有得到实质应用。

2）令牌环网

令牌环网是 IBM 公司于上世纪 70 年代发展的，现在这种网络比较少见。在老式的令牌环网中，数据传输速度为 4Mbps 或 16Mbps，新型的快速令牌环网速度可达 100Mbps。令牌环网的传输方法在物理上采用了星型拓扑结构，但逻辑上仍是环形拓扑结构。结点间采用多站访问部件(Multistation Access Unit,MAU)连接在一起。MAU 是一种专业化集线器,它是用来围绕工作站计算机的环路进行传输。由于数据包看起来像在环中传输,所以在工作站和 MAU 中没有终结器。

在这种网络中,有一种专门的帧称为"令牌",在环路上持续地传输来确定一个结点何时可以发送包。令牌为 24 位长,有 3 个 8 位的域,分别是首定界符(Start Delimiter,SD)、访问控制(Access Control,AC)和终定界符(End Delimiter,ED)。首定界符是一种与众不同的信号模式,作为一种非数据信号表现出来,用途是防止它被解释成其他东西。这种独特的 8 位组合只能被识别为帧首标识符(SOF)。由于目前以太网技术发展迅速,令牌网存在固有缺点,令牌在整个计算机局域网已不多见,原来提供令牌网设备的厂商多数也退出了市场,所以在目前局域网市场中令牌网可以说是"昨日黄花"了。

3) FDDI 网

FDDI 的英文全称为"Fiber Distributed Data Interface",中文名为"光纤分布式数据接口",它是于上世纪 80 年代中期发展起来一项局域网技术,它提供的高速数据通信能力要高于当时的以太网(10Mbps)和令牌网(4 或 16Mbps)的能力。FDDI 标准由 ANSI X3T9.5 标准委员会制订,为繁忙网络上的高容量输入输出提供了一种访问方法。FDDI 技术同 IBM 的 Tokenring 技术相似,并具有 LAN 和 Tokenring 所缺乏的管理、控制和可靠性措施,FDDI 支持长达 2km 的多模光纤。FDDI 网络的主要缺点是价格同前面所介绍的"快速以太网"相比贵许多,且因为它只支持光缆和 5 类电缆,所以使用环境受到限制、从以太网升级更是面临大量移植问题。

当数据以 100Mbps 的速度输入输出时,在当时 FDDI 与 10Mbps 的以太网和令牌环网相比性能有相当大的改进。但是随着快速以太网和千兆以太网技术的发展,用 FDDI 的人就越来越少了。因为 FDDI 使用的通信介质是光纤,这一点它比快速以太网及现在的100Mbps 令牌网传输介质要贵许多,然而 FDDI 最常见的应用只是提供对网络服务器的快速访问,所以在目前 FDDI 技术并没有得到充分的认可和广泛的应用。

FDDI 的访问方法与令牌环网的访问方法类似,在网络通信中均采用"令牌"传递。它与标准的令牌环又有所不同,主要在于 FDDI 使用定时的令牌访问方法。FDDI 令牌沿网络环路从一个结点向另一个结点移动,如果某结点不需要传输数据,FDDI 将获取令牌并将其发送到下一个结点中。如果处理令牌的结点需要传输,那么在指定的称为"目标令牌循环时间"(Target Token Rotation Time,TTRT)的时间内,它可以按照用户的需求来发送尽可能多的帧。因为 FDDI 采用的是定时的令牌方法,所以在给定时间中,来自多个结点的多个帧可能都在网络上,以为用户提供高容量的通信。

FDDI 可以发送两种类型的包:同步的和异步的。同步通信用于要求连续进行且对时间敏感的传输(如音频、视频和多媒体通信);异步通信用于不要求连续脉冲串的普通的数据传输。在给定的网络中,TTRT 等于某结点同步传输需要的总时间加上最大的帧在网络上沿环路进行传输的时间。FDDI 使用两条环路,所以当其中一条出现故障时,数据可以从另一条环路上到达目的地。连接到 FDDI 的结点主要有两类,即 A 类和 B 类。A 类结点与两个环路都有连接,由网络设备如集线器等组成,并具备重新配置环路结构以在网络崩溃时使用单个环路的能力;B 类结点通过 A 类结点的设备连接在 FDDI 网络上,B 类结点包括服务器或工作站等。

4）ATM 网

ATM 的英文全称为"Asynchronous Transfer Mode"，中文名为"异步传输模式"，它的开发始于上世纪 70 年代后期。ATM 是一种较新型的单元交换技术，同以太网、令牌环网、FDDI 网络等使用可变长度包技术不同，ATM 使用 53 字节固定长度的单元进行交换。它是一种交换技术，它没有共享介质或包传递带来的延时，非常适合音频和视频数据的传输。ATM 主要具有以下优点：

（1）ATM 使用相同的数据单元，可实现广域网和局域网的无缝连接。

（2）ATM 支持 VLAN（虚拟局域岗）功能，可以对网络进行灵活的管理和配置。

（3）ATM 具有不同的速率，分别为 25、51、155、622Mbps，从而为不同的应用提供不同的速率。

ATM 是采用"信元交换"来替代"包交换"进行实验，发现信元交换的速度是非常快的。信元交换将一个简短的指示器称为虚拟通道标识符，并将其放在 TDM 时间片的开始。这使得设备能够将它的比特流异步地放在一个 ATM 通信通道上，使得通信变得能够预知且持续的，这样就为时间敏感的通信提供了一个预 QoS，这种方式主要用在视频和音频上。通信可以预知的另一个原因是 ATM 采用的是固定的信元尺寸。ATM 通道是虚拟的电路，并且 MAN 传输速度能够达到 10Gbps。

5）无线局域网

无线局域网（Wireless Local Area Network，WLAN）是目前最新，也是最为热门的一种局域网，特别是自 Intel 今年 3 月份推出首款自带无线网络模块的迅驰笔记本处理器以来。无线局域网与传统的局域网主要不同之处就是传输介质不同，传统局域网都是通过有形的传输介质进行连接的，如同轴电缆、双绞线和光纤等，而无线局域网则是采用空气作为传输介质的。正因为它摆脱了有形传输介质的束缚，所以这种局域网的最大特点就是自由，只要在网络的覆盖范围内，可以在任何一个地方与服务器及其他工作站连接，而不需要重新铺设电缆。这一特点非常适合那些移动办公一簇，有时在机场、宾馆、酒店等（通常把这些地方称为"热点"），只要无线网络能够覆盖到，它都可以随时随地连接上无线网络，甚至 Internet，如图 6-4 所示。

图 6-4　无线 WiFi

无线局域网所采用的是 802.11 系列标准，它也是由 IEEE 802 标准委员会制定的。目前这一系列标准主要有 4 个标准，分别为：802.11b、802.11a、802.11g 和 802.11z，前三个标准都是针对传输速度地热异常进行的改进，最开始推出的是 802.11b，它的传输速度为 11Mb/s，因为它的连接速度比较低，随后推出了 802.11a 标准，它的连接速度可达 54Mb/s。但由于两者不互相兼容，致使一些早已购买 802.11b 标准的无线网络设备在新的 802.11a 网络中不能用，所以后来又正式推出了兼容 802.11b 与 802.11a 两种标准的 802.11g，这样原有的 802.11b 和 802.11a 两种标准的设备都可以在同一网络中使用。802.11z 是一种专门为了加强无线局域网安全的标准。因为无线局域网的"无线"特点，致使任何进入此网络覆盖区的用户都可以轻松以临时用户身份进入网络，给网络带来了极大的不安全因素，为此 802.11z 标准专门就无线网络的安全性方面作了明确规定，加强了用户身份论证制度，并对传输的数据进行加密。

6.2 网络安全

6.2.1 网络安全简介

1. 计算机网络环境下的用户隐私

1) 个人信息范畴

(1) 基本信息。为了完成大部分网络行为,消费者会根据服务商要求提交包括姓名、性别、年龄、身份证号、电话号、Email 地址及家庭住址等在内的个人基本信息,有时甚至会包括婚姻、职业、工作单位、收入、病历、生育等相对隐私的个人基本信息,如图 6-5 所示。

(2) 设备信息。主要是指消费者所使用的各种计算机终端设备(包括移动和固定终端)的基本信息,如位置信息、WiFi 列表信息、Mac 地址、CPU 信息、内存信息、SD 卡信息、操作系统版本等。

图 6-5 个人信息安全

(3) 账户信息。主要包括网银账号、第三方支付账号、社交账号和重要邮箱账号等。

(4) 隐私信息。主要包括通讯录信息、通话记录、短信记录、IM 应用软件聊天记录、个人视频、照片等。

(5) 社会关系信息。这主要包括好友关系、家庭成员信息、工作单位信息等。

(6) 网络行为信息。主要是指上网行为记录,消费者在网络上的各种活动行为,如上网时间、上网地点、输入记录、聊天交友、网站访问行为、网络游戏行为等个人信息。

2) 个人信息安全现状

随着互联网应用的普及和人们对互联网的依赖,互联网的安全问题也日益凸显。恶意程序、各类钓鱼和欺诈继续保持高速增长,同时黑客攻击和大规模的个人信息泄露事件频发,与各种网络攻击大幅增长相伴的,是大量网民个人信息的泄露与财产损失的不断增加。

目前信息安全"黑洞门"已经到触目惊心的地步,网站攻击与漏洞利用正在向批量化、规模化方向发展,用户隐私和权益遭到侵害,特别是一些重要数据甚至流向他国,不仅是个人和企业,信息安全威胁已经上升至国家安全层面。

从某漏洞响应平台上收录的数据显示,目前该平台已知漏洞就可导致 23.6 亿条隐私信息泄露,包括个人隐私信息、账号密码、银行卡信息、商业机密信息等。导致大量数据泄露的最主要来源是:互联网网站、游戏以及录入了大量身份信息的政府系统。根据公开信息,2011 年至今,已有 11.27 亿用户隐私信息被泄露。"这个数据意味着,我们几乎每一个上网的人,自己的信息都可能已经在不知不觉中被窃取甚至利用。"

典型案例:

(1) 2010 年 12 月 31 日,杀毒软件公司金山网络称发现 360 的一台服务器出现问题,导致数据被搜索引擎索引,而这台服务器涉嫌收集用户的个人隐私,呼吁 360 用户尽快修改密码信息。

（2）2011年，天涯、CSDN用户账号高达600多万个明文的注册邮箱账号和密码遭到曝光和外泄，成为中国互联网历史上一次具有深远意义的网络安全事故。

（3）2015年，在补天漏洞响应平台上，浙江一家互联网金融平台——铜掌柜被爆出存在系统安全问题，导致平台60万用户大量敏感信息泄露。

（4）2015年，美医疗保险公司CareFirst被黑110万用户信息泄露。

（5）2017年，WannaCry勒索病毒全球大爆发，至少150个国家、30万名用户中招，造成损失达80亿美元，已经影响到金融、能源、医疗等众多行业，造成严重的危机管理问题。中国部分Windows操作系统用户遭受感染，校园网用户首当其冲，受害严重，大量实验室数据和毕业设计被锁定加密。

（6）2018年，美国纽约时报曝光了Facebook 8700万用户个人信息泄露，此事一出立刻引起轩然大波。

2．病毒与木马

计算机安全常识：安装主流杀毒软件；定时对操作系统升级；重要数据的备份；设置健壮密码；安装防火墙；不要在互联网上随意下载软件；不要轻易打开电子邮件的附件；不要轻易访问带有非法性质网站或很诱惑人小网站；尽量避免在无防毒软件的机器上使用可移动储存介质；培养基本计算机安全意识，包括其他使用者，否则设置再安全系统也可能受到破坏。

1）计算机病毒

（1）基本定义。

计算机病毒（Computer Virus）在《中华人民共和国计算机信息系统安全保护条例》中被明确定义为："指编制或者在计算机程序中插入的破坏计算机功能或者破坏数据，影响计算机使用并且能够自我复制的一组计算机指令或者程序代码。"也就是说，计算机病毒本质上就是一组计算机指令或者程序代码，它像生物界的病毒一样具有自我复制的能力，而它存在的目的就是要影响计算机的正常运作，甚至破坏计算机的数据以及硬件设备，如图6-6所示。

（2）计算机病毒特点。

具有传播性、隐蔽性、感染性、潜伏性、可激发性、表现性或破坏性。计算机病毒的生命周期：开发期→传染期→潜伏期→发作期→发现期→消化期→消亡期。

图6-6 计算机病毒

计算机病毒是一个程序，一段可执行码。就像生物病毒一样，具有自我繁殖、互相传染以及激活再生等生物病毒特征。计算机病毒有独特的复制能力，它们能够快速蔓延，又常常难以根除。它们能把自身附着在各种类型的文件上，当文件被复制或从一个用户传送到另一个用户时，它们就随同文件一起蔓延开来。

（3）计算机病毒的产生。

计算机病毒是计算机犯罪的一种新的衍化形式，计算机软硬件产品的脆弱性是根本的病毒产生的原因，也可以说是技术原因。计算机是电子产品。数据从输入、存储、处理、输出等环节易误输、篡改、丢失、作假和破坏，程序易轻易被删除、改写、计算机软件设计的方式、效率低下且生长周期长,人们至今没有办法事先了解一个程序有没有错误,只能在运行中发现,修改错误,并不知道还有多少错误与缺陷隐藏在其中。这些脆弱性就为病毒的侵入提供了方便。

(4) 计算机病毒的发展。

萌芽阶段

计算机病毒出现于 20 世纪 80 年代。这些病毒大部分是实验性的并且是相对简单的自行复制的文件,它们仅在执行时显示简单的恶作剧而已,就像现在的批处理或脚本文件,随着计算机技术的发展,各种破坏性越来越大的计算机病毒层出不穷。从 1986 年到 1989 年这期间出现的病毒可以成为传统的病毒,是计算机病毒的萌芽时期。由于当时应用软件比较少,而且大多是单机运行环境,因此病毒没有大量流行,病毒的种类也比较有限,病毒清楚相对比较容易。1987 年,病毒主要以引导型为主,以小球和石头病毒为代表。1989 年,可执行文件型病毒出现,它们利用 DOS 系统加载可执行文件的机制工作,代表为"耶路撒冷"病毒。

综合发展阶段

从 1989 年到 1992 年这个阶段是计算机病毒由简单到复杂,由原始到成熟的过程。这个阶段病毒的特点为:病毒攻击的目标趋于混合型,即一种病毒既可传染磁盘引导扇区,又可能传染可执行文件;病毒程序采取更为隐蔽的方法驻留内存和传染目标。病毒传染目标后没有明显的特征,如磁盘上不出现坏扇区,可执行文件的长度增加不明显,不改变被传染文件原来的建立日期和时间等等。病毒程序往往采取了自我保护措施,如加密技术、反跟踪技术,制造障碍,增加人们分析和解剖的难度,同时也增加了软件检测、解毒的难度。出现许多病毒的变种,这些变种病毒较原病毒的传染性更隐蔽,破坏性更大。

成熟阶段

从 1992 年至 1995 年,可以称作为病毒发展的成熟期。此类病毒多为"多态性"病毒或"自我变形"病毒,是最近几年来出现的新型的计算机病毒。所谓"多态性"或"自我变形"的含义是指此类病毒在每次传染目标时,放入宿主程序中的病毒程序大部分都是可变的,即在搜集到同一种病毒的多个样本中,病毒程序的代码绝大多数是不同的,这是此类病毒的重要特点。正是由于这一特点,传统的利用特征码法检测病毒的产品不能检测出此类病毒。1994 年出现了多态病毒"幽灵",每感染一次就产生不同的代码,为查杀带来了很大的难度。在这个阶段,病毒的发展主要集中在病毒技术的提高上,病毒开始向多维化方向发展,对反病毒厂商也提出了新的课题。

因特网(Internet)阶段

上世纪 90 年代中后期,随着远程网、远程访问服务的开通,病毒流行面更加广泛,病毒的流行迅速突破地域的限制,这一阶段的病毒,主要是利用网络来进行传播和破坏,同时为更多的病毒爱好者提供了更大的学习空间和舞台。首先通过广域网传播至局域网内,再在局域网内传播扩散。从某种意义上来讲,微软 Word Basic 的公开性以及 DOC 文档结构的封闭性,宏病毒对文档的破坏已经不仅仅属于普通病毒的概念,如果放任宏病毒泛滥,不采取强有力的彻底解决方法,宏病毒对中国的信息产业将会产生不测的后果。这一时期的病毒的最大特点是利用 Internet 作为其主要传播途径,因而,病毒传播快、隐蔽性强、破坏性大。此外,随着 Windows 95 的应用,出现了 Windows 环境下的病毒。这些都给病毒防治和传统 DOS 版杀毒软件带来新的挑战。

迅速壮大的阶段

2000 年以后,计算机病毒的发展可谓真正到了一个成熟繁荣的阶段,计算机病毒的更新和传播手段更加多样性,网络病毒的目的性也更强。

2) 计算机木马

(1) 基本定义。

计算机木马(又名间谍程序)是一种后门程序,常被黑客用作控制远程计算机的工具。英文单词"Trojan",直译为"特洛伊"。

"木马"程序是目前比较流行的病毒文件,与一般的病毒不同,它不会自我繁殖,也并不"刻意"地去感染其他文件,它通过将自身伪装吸引用户下载执行,向施种木马者提供打开被种主机的门户,使施种者可以任意毁坏、窃取被种者的文件,甚至远程操控被种主机。木马病毒的产生严重危害着现代网络的安全运行。

(2) 原理。

一个完整的"木马"程序包含了两部分:"服务器"和"控制器"。植入你的电脑的是它的"服务器"部分,而所谓的"黑客"正是利用"控制器"进入运行了"服务器"的电脑。

计算机木马一般由两部分组成,服务端和控制端,也就是常用的 C/S(Client/Server)模式。

服务端(S 端 Server):远程计算机机运行。一旦执行成功就可以被控制或者造成其他的破坏,这就要看种木马的人怎么想和木马本身的功能,这些控制功能,主要采用调用 Windows 的 API 实现,在早期的 DOS 操作系统,则依靠 DOS 终端和系统功能调用来实现(INT 21H),服务段设置哪些控制,视编程者的需要,各不相同。

控制端(C 端 Client)也叫客户端,客户端程序主要是配套服务段端程序的功能,通过网络向服务端发布控制指令,控制段运行在本地计算机,如图 6-7 所示。

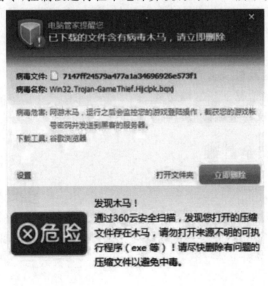

图 6-7　查到木马提示

正像历史上的"特洛伊木马"一样,被称作"木马"的程序也是一种掩藏在美丽外表下打入我们计算机内部的东西。确切地说,"木马"是一种经过伪装的欺骗性程序,它通过将自身伪装吸引用户下载执行,从而破坏或窃取使用者的重要文件和资料。

(3) 传播途径。

木马的传播途径很多,常见的有如下几类:

① 通过电子邮件的附件传播。

这是最常见,也是最有效的一种方式,大部分病毒(特别是蠕虫病毒)都用此方式传播。首先,木马传播者对木马进行伪装,方法很多,如变形、压缩、加壳、捆绑、取双后缀名等,使其具有很大的迷惑性。一般的做法是先在本地机器将木马伪装,再使用杀毒程序将伪装后的木马查杀测试,如果不能被查到就说明伪装成功。然后利用一些捆绑软件把伪装后的木马藏到一幅图片内或者其他可运行脚本语言的文件内,发送出去。

② 通过下载文件传播。

从网上下载的文件,即使大的门户网站也不能保证任何时候他的文件都安全,一些个人主页、小网站等就更不用说了。下载文件传播方式一般有两种,一种是直接把下载链接指向木马程序,也就是说你下载的并不是你需要的文件。另一种是采用捆绑方式,将木马捆绑到你需要下载的文件中。

③ 通过网页传播。

大家都知道很多 VBS 脚本病毒(著名的 VBS 病毒是暴风一号)就是通过网页传播的,木马也不例外。网页内如果包含了某些恶意代码,使得 IE 自动下载并执行某一木马程序。这样你在不知不觉中就被人种上了木马。顺便说一句,很多人在访问网页后 IE 设置被修改甚至被锁定,也是网页上用脚本语言编写的恶意代码作怪。

④ 通过聊天工具传播。

目前,QQ、微信、钉钉、MSN 等网络聊天工具盛行,而这些工具都具备文件传输功能,不怀好意者很容易利用对方的信任传播木马和病毒文件。

(4) 运行征兆。

① 电脑莫名其妙地死机或重启。

② 硬盘在无操作的情况下频繁被访问。

③ 系统无端卡顿,文件被删改或重命名。

6.2.2 网络安全基础

1. 个人隐私泄露十大危害

①垃圾短信源源不断;②骚扰电话接二连三;③垃圾邮件铺天盖地;④冒名办卡透支欠款;⑤案件事故从天而降;⑥不法人员前来诈骗;⑦冒充公安要求转账;⑧坑蒙拐骗乘虚而入;⑨账户钱款不翼而飞;⑩个人名誉无端受损。

2. 个人隐私防范

公共场合 WiFi 不要随意链接,更不要使用这样的无线网进行网购等活动。如果确实有必要,最好使用自己手机的 4G 或者 5G 网络。

手机、电脑等都需要安装安全软件,定时木马程序的扫描,尤其在使用重要账号密码前。来路不明的软件不要随便安装,智能手机安装 App 选择系统自带的应用市场下载。

到正规网站购物,网银、网购的支付密码一定加码认证,密码加人脸认证,不接自称运行商客户退货退款,自称公检法部门索要个人身份证、银行卡、手机号等个人隐私信息要提高警惕。

不随意打开陌生邮件。不随意接收或打开陌生邮件,打开邮箱,看到陌生人发来的邮件千万不能轻易打开,尤其是看到中奖或者是奖品认领等带有诱惑性信息的内容。

贷款一定要到正规的金融机构申请办理,不要轻信任何网友、网站及手机应用发来的贷款广告,不扫描、不点击任何来源不明的二维码和链接。二维码和短信链接往往藏着许多木马病毒,点击后在不知觉中就已经中木马病毒。

在处理快递单、各种账单和交通票据时,最好先涂抹掉个人信息部分再丢弃,或者集中起来定时统一销毁。

在使用公共网络工具时,下线要先清理痕迹。如到复印店打印材料,打印完毕后要确保退出邮箱,有 QQ 号码的,退出时要更改登录区设置有"记住密码"的电脑设置。在上网评论朋友微博、日志、图片时,不要随意留下朋友的个人信息,更不要故意公布他人的个人信息。

注意对计算机系统文件、可执行文件和数据写保护;不使用来历不明的程序或数据;尽量不用软盘进行系统引导,使用新的计算机系统或软件时,先杀毒后使用;手机不刷机,不安装来路不明 App。

安装杀毒软件如图 6-8 所示,安装国家反诈中心 App 等,抵御危害,预警诈骗信息、让软件自检内容信息安全、提升防范意识避免个人隐私泄露或被骗。

图 6-8　杀毒软件

第 **7** 章

多媒体技术基础与应用

多媒体技术是当今计算机发展的一项新技术,是一门综合性信息技术,它把电视的声音和图像功能、印刷业的出版能力、计算机的人机交互能力、因特网的通信技术有机地融于一体,对信息进行加工处理后再综合地表达出来。多媒体技术改善了信息的表达方式,使人们通过多种媒体得到实体化的形象,从而吸引了人们的注意力。多媒体技术也改变了人们使用计算机的方式,进而改变了人们的工作和学习方式。多媒体技术涉及的知识面非常广泛,随着计算机软件和硬件技术、大容量存储技术、网络通信技术的不断发展,多媒体技术应用领域不断扩大,实用性也越来越强。

学习目标:

- 了解多媒体及多媒体技术的概念。
- 了解多媒体技术的基本组成以及发展趋势。
- 了解图形图像的基本概念。
- 掌握利用 Photoshop 对图像进行处理的基本方法。
- 掌握利用 Snapseed 对图像进行处理的基本方法。
- 了解动画制作原理。
- 掌握利用 Flash 制作动画的技能。
- 了解音频和视频的基础知识。
- 掌握利用 Cool Edit 处理音频的方法。
- 掌握利用视频剪辑软件处理视频的方法。

7.1 多媒体技术概述

7.1.1 多媒体的基本概念

1. 媒体

媒体(Media)是指承载或传递信息的载体。在日常生活中,大家熟悉的报纸、书刊、杂志、广播、电影及电视均是媒体,都以它们各自的媒体形式进行着信息的传播。它们中有的以文字作为媒体,有的以图像作为媒体,有的以声音作为媒体,还有的将文、声、图、像综合在一起作为媒体。同样的信息内容,在不同领域中采用的媒体形式是不同的,报纸书刊领域采用的媒体形式为文字、表格和图片;绘画领域采用的媒体形式是图形、文字和色彩;摄影领域采用的媒体形式是静止图像、色彩；电影、电视领域采用的是图像或运动图像、声音和色彩。

根据国际电信联盟(ITU)的定义，媒体可分为表示媒体、感觉媒体、存储媒体、显示媒体和传输媒体五大类，如表 7-1 所示。

表 7-1　媒体的表现形式

媒体类型	媒体特点	媒体形式	媒体实现方式
表示媒体	信息的处理方式	计算机数据格式	ASCII 码、图像、音频、视频编码等
感觉媒体	人们感知客观环境的信息	视、听、触觉	文字、图形、图像、动画、视频和声音等
存储媒体	信息的存储方式	存取信息	内存、硬盘、光盘、纸张
显示媒体	信息的表达方式	输入、输出信息	显示器、投影仪、数码摄像机、扫描仪等
传输媒体	信息的传输方式	传输介质	电磁波、电缆、光缆等

人类利用视觉、听觉、触觉、味觉和嗅觉感受各种信息。其中通过视觉得到的信息最多，其次是听觉和触觉，三者一起得到的信息达到了人们感受到信息的 95%。因此感觉媒体是人们接收信息的主要来源，而多媒体技术充分利用了这种优势。

2. 多媒体

多媒体一词译自英语 Multimedia，它是多种媒体信息的载体，信息借助载体得以交流传播。多媒体是信息的多种表现形式的有机结合，即利用计算机技术把文字、图形、图像、声音等多种媒体信息综合为一体，并进行加工处理，即录入、压缩、存储、编辑、输出等。广义上的多媒体概念中不但包括多种的信息形式，也包括了处理和应用这些信息的硬件和软件。与传统媒体相比，多媒体具有以下特征。

信息载体的多样性：指信息媒体的多样化和多维化。计算机利用数字化方式，能够综合处理文字、声音、图形、图像、动画和视频等多种信息，从而为用户提供一种集多种表现形式为一体的全新的用户界面，便于用户更全面、更准确地接收信息。

信息的集成性：指将多媒体信息有机地组织在一起，共同表达一个完整的概念。如果只是将各种信息存储在计算机中而没有建立各种媒体之间的联系，如只能显示图形或只能播出声音，则不能算是媒体的集成。

多媒体的交互性：指用户可以利用计算机对多媒体的呈现过程进行干预，从而更加个性化地获得信息。

实时性：指由于多媒体集成时，其中的声音及活动的视频图像是和时间密切相关的，因此，多媒体技术支持对声音和视频等时基媒体提供实时处理的能力。

非线性。以往人们读/写文本时，大都采用线性顺序地读/写，循序渐进地获取知识。多媒体的信息结构形式一般是一种超媒体的网状结构，它改变了人们传统的读/写模式，借用超媒体的方法，把内容以一种更灵活、更具变化的方式呈现给用户。超媒体不仅为用户浏览信息和获取信息带来极大地便利，也为多媒体的制作带来了极大的便利。

数字化。实际应用中必须要将各种媒体信息转换为数字化信息后，计算机才能对数字化的多媒体信息进行存储、加工、控制、编辑、交换、查询和检索,所以,多媒体信息必须是数字化信息。

3. 多媒体技术

多媒体技术是一种基于计算机技术处理多种信息媒体的综合技术,包括数字化信息的处理技术、多媒体计算机系统技术、多媒体数据库技术、多媒体通信技术和多媒体人机界面技术等。多媒体技术具有多样性、集成性、交互性、实时性、非线性和数字化等特点,其应用产生了许多新的应用领域。多媒体技术融合了计算机硬件技术、计算机软件技术以及计算机美术、计算机音乐等多种计算机应用技术。多种媒体的集合体将信息的存储、传输和输出有机地结合起来,使人们获取信息的方式变得丰富,引领人们走进了一个多姿多彩的数字世界。

多媒体关键技术包括数据压缩技术和解压缩技术、大规模集成电路制造技术、大容量光盘存储器、实时多任务操作系统以及多种多媒体应用软件等。

4. 多媒体基本组成元素

多媒体是多种信息的集成应用,其基本元素主要有文本、图形、图像、音频、动画及视频等。文本(Text)是文字、字符及其控制格式的集合。通过对文本显示方式(包括字体、大小、格式、颜色及文本效果等)的控制,多媒体系统可以使显示的文字信息更容易理解。图形(Graphic)图像(Image)的信息表现形式更为生动形象,符号、插图、颜色等丰富的信息量,让接收者快速接收信息并做出反应。

音频(Audio)是指音乐、语言及其他的声音信息。为了在计算机中表示声音信息,必须把声波的模拟信息转换成为数字信息。动画(Animation)是运动的图画,实质是一幅幅静态图像或图形快速连续播放。视频(Video)的实质就是一系列有联系的图像数据连续播放。视频图像可来自录像带、摄像机等视频信号源的影像,如录像带、影碟上的电影/电视节目、电视、摄像等。

7.1.2　多媒体技术的应用

随着多媒体技术日新月异的发展,多媒体技术的应用也越来越广泛,几乎涉及社会和人们生活的各个领域。多媒体技术的标准化、集成化以及多媒体软件技术的发展使信息的接收、处理和传输更加方便、快捷。多媒体技术的典型应用包括以下几个方面。

1. 教育和培训

由于多媒体具有非线性和多样性的特点,提供了丰富多彩的人机交流方式,而且反馈及时,所以学习者可以按自己的学习基础和学习兴趣选择自己所要学习的内容,提高学习的自主性与参与性。利用多媒体技术开展培训教学工作内容直观、寓教于乐,有助于提高学习效率。

2. 咨询和演示

在销售、导游或宣传等活动中,使用多媒体技术编制的软件能够图文并茂地展示产品、游览景点和宣传丰富多彩的内容,观者可获得自己感兴趣的相关信息。并且,公司、企业、学校、政府部门以及个人等还可以建立自己的信息网站进行自我展示和信息服务。

3．娱乐和游戏

多媒体技术的出现使得影视作品和游戏产品制造发生了巨大的变化。计算机和网络游戏由于具有多媒体的感官刺激,游戏者通过与计算机的交互,体会到身临其境的感觉,趣味性和娱乐性大大增强。

4．电子出版

电子出版物以数字代码方式将图、文、声、像等信息编辑加工后存储在磁、光、电介质上,通过计算机或者具有类似功能的设备读取使用,用以表达思想、普及知识和积累文化,具有多媒体、交互性、高容量、易检索等特征。例如以光盘形式发行的电子图书,集文字、图像、声音、动画和视频于一身,具有容量大、体积小、成本低等特点。随着多媒体技术的发展,光盘出版物逐渐呈现快速发展的趋势。

5．视频会议系统

视频会议系统(Video Conferencing System)是人们的交流方式和科技相融合的产物。它是一个不受地域限制、建立在宽带网络基础上的双向、多点、实时的视音频交互系统。它使在地理上分散的用户可以通过图像、声音、文本等多种方式交流信息,支持人们进行远距离实时信息交流与共享,开展协同学习和工作,就如同所有人都在同一个房间面对面地工作一样,极大地方便了协作成员之间的直观交流,从而真正实现"天涯共一室"的梦想。充分利用网络视频会议系统,将信息传递生动化,建立基于视/音频多媒体技术互动的对话渠道,是对现有网络平台价值的一种提升。

6．视频服务系统

诸如视频点播、视频购物、电子商务等视频服务系统拥有大量的用户,是多媒体技术的又一个应用热点。

多媒体技术的应用远不止上面所列举的这些,只要大家用心去观察、感受就会发现一个绚丽多彩的多媒体世界正在形成,让人流连忘返,更加热爱生活、享受生活。

7.2 图像处理技术

7.2.1 图像原理

1．矢量图和位图

矢量图,即是平时我们所说的图形,是一组描述几何中点、线、面大小、形状和位置的指令集合,主要通过勾画形状和轮廓来表现事物的特征和意义,因此其具有存储空间小,任意缩放都依然清晰的优点;不足之处则在于色彩的单调和细节不够丰富。常用于设计 Logo,

插画、卡通和艺术字效果等,如图 7-1、图 7-2 和图 7-3 所示。常用的矢量绘图软件有
Illustrator 和 CorelDRAW 等。

图 7-1　卡通插图

图 7-2　环境图标

图 7-3　商品 Logo

位图,又称点阵图或图像,是由一个个像素点构成,像素(pixel)是组成位图的最小单
位。将位图放大后便可直观看到,每个像素点就是具有特定位置和颜色值的小方块,呈现马
赛克效果,如图 7-4 和图 7-5 所示。与矢量图相比,位图图像的优点就在于细节表达丰满,
色彩细腻且表现力强;这势必导致位图图像文件占用较大的存储空间,缩放图像会失真,且
与分辨率有关。日常生活中,所拍摄的数码照片、扫描的图像都属于位图。

图 7-4　显示比例为 100% 时的显示效果

图 7-5　显示比例为 800% 时的显示效果

图像分辨率,是指图像中每平方英寸所包含的像素数,其单位是"像素/英寸"(pixel/
inch,ppi)。它与图像的输出质量密切相关,当图像尺寸固定时,分辨率越高,意味着图像中
所包含的像素越多,图像越清晰;反之,分辨率越低时,图像中包含的像素越少,图像的清晰
度也会降低。一般情况下,仅用于显示时,图像分辨率设置为 72ppi 即可;若用于印刷输
出,则需将图像的分辨率设置为 300ppi 或更高。

2. 色彩模式

色彩,是人根据物体遇到并分解可见光所产生的知觉。光,是感知的条件;色,是感知
的结果。构成色彩的三个基本要素有色相、明度和纯度。色相是指色彩所呈现出的相貌,光
谱中的红、橙、黄、绿、青、蓝、紫为基本色相;明度是指色彩的明亮程度;纯度是指色彩的鲜
艳程度。

色彩模式,是一种记录图像颜色的方式。RGB 模式(Red,Green,Blue,RGB),如图 7-6

所示,是一种色光加色模式,用于彩色屏幕或显示器的输出。R、G、B代表三种颜色的光,三种光的取值范围都是(0~255),三种光通过相互叠加形成1670万种颜色;CMYK模式(Cyan,Magenta,Yellow,blacK,CMYK),如图7-7所示,是一种颜料减色模式,常用于打印输出。C、M、Y代表三种基本油墨颜色,三种颜料的取值范围都是(0~100)。理论上三者加在一起应该得到黑色,但由于目前制造工艺还不能造出高纯度的黑色油墨,因此K代表一种专门的黑色油墨颜料。

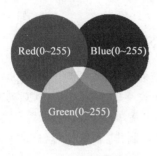

图 7-6　RGB 模式

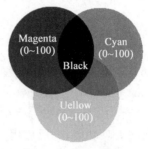

图 7-7　CMYK 模式

7.2.2　图像文件

1. 图像文件格式

图像文件格式用于记录和存储图像信息,它也是图像处理的重要依据,同一幅图像采用不同的文件格式保存时,图像颜色和层次的还原效果不同,这与采用不同压缩算法也有缘故。表7-2中列出了多种图像文件格式及其说明。其中提到的颜色深度是指图像中描述每个像素所需的二进制位数,以 bit 作为单位。彩色或灰度图像的颜色分别为 4bit、8bit、16bit 和 32bit 二进制数表示。当彩色深度达到或高于 24bit 时图像被叫做"真彩色"图像。

表 7-2　图像文件格式

文件格式	扩展名	最大颜色深度	描　　述
JPEG	jpg	32	图像压缩格式
PNG	png	24	是一种无损压缩的位图片形格式,支持透明效果
GIF	gif	8	是一种基于 LZW 算法的连续色调的无损压缩格,常用动图
PSD	psd	24	Photoshop 自带文件格式,保留图层、通道、图像模式等所有文件数据
TIFF	tif	24	通用图像文件格式
BMP	bmp	24	Windows 图像格式

2. 图像文件的数据量

图像文件的数据量就是指图像所需要的存储空间大小,影响图像文件数据量大小的因素有颜色深度、画面尺寸和文件格式,而与图像所表现的内容无关。图像文件数据量的计算公式为:

$$s = (h \cdot w \cdot c)/8$$

式中,s 是图像文件的数据量,h 是图像水平方向的像素数,w 是图像垂直方向的像素数,c 是颜色深度值;8 是将二进制位(bit)转换成以字节(Byte)为单位。

【例 7.1】　一幅可做桌面壁纸的图像尺寸为 1024 * 768,颜色深度为 24bit(真彩色图像),则该图像文件的数据量:

$$s=(1024 * 768 * 24)/8=2359296B$$

又 1KB=1024B,1MB=1024KB,上式中图像文件的数据量 $s=2359296B$ 通过单位转化,为 2.25MB。

7.2.3　图像处理软件 Photoshop CS5

Photoshop 是美国 Adobe 公司开发的一款图形图像处理软件。2003 年,Adobe Photoshop 8 被更名为 Adobe Photoshop CS。2013 年 7 月,最新版本的 Photoshop CC 被推出,自此,Photoshop CS6 作为 Adobe CS 系列的最后一个版本被新的 CC 系列取代。它具有丰富的内容和强大图文处理功能,广泛应用于平面设计、网页制作、影像处理、广告设计等多个领域。本书将以 Photoshop CS5 为版本介绍 Photoshop 的使用。

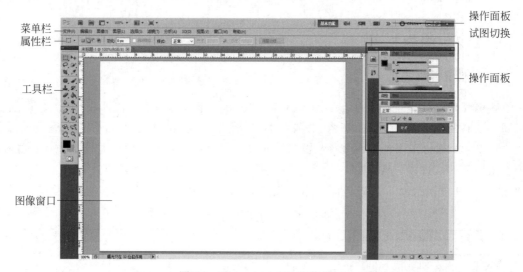

图 7-8　Photoshop CS5 工作界面

1. 菜单栏

菜单栏由"文件""编辑""图像""图层""选择""滤镜""分析""3D""视图""窗口""帮助" 11 个菜单项组成,如图 7-9 所示。每个菜单项内置多个命令,若要执行某功能,首先单击主菜单名打开下一级菜单,然后再选择某个菜单项即可。

图 7-9　菜单栏

2. 操作面板

在菜单栏中选择"窗口"可以选择打开或关闭相应的面板,或者如图 7-10 所示,单击面

板右上角的 显示或隐藏面板按钮。Photoshop CS5 中的面板可用于观察信息,选择颜色,管理图层、通道、路径和历史记录等,如图 7-10 所示,这些面板的位置可以自由移动,用户可根据自己的使用习惯对面板进行个性化地重组。

3. 工具栏和工具属性栏

工具栏是所有操作工具的集合。工具栏中共有工具 73 个,由于有些工具是被隐藏起来的,我们不能直观看到全部工具。依据工具的功能将其分为四组从上往下依次为移动和选区工具、绘画和修复工具、矢量工具、辅助工具,如图 7-11 所示。工具箱中大部分工具图标的右下角都有一个小三角形,右击该工具或按住不放都可弹出一个工具组,如图 7-12 所示。

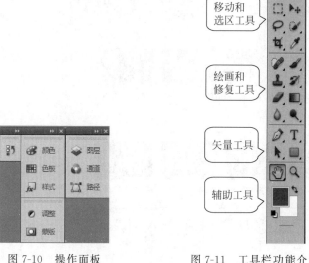

图 7-10 操作面板   图 7-11 工具栏功能介绍   图 7-12 工具展开

每个工具都会有相应的属性,属性选项各不相同。工具结合属性应用才能更好的发挥工具的作用。如图 7-13 所示为"仿制图章"工具的属性栏,最左侧的图标即为所选工具,后面依次为对应的属性值。

图 7-13 仿制图章属性栏

4. 文件基本操作

1)新建文件

在 Photoshop 中新建文件的方法有两种,执行"文件"→"新建"命令或使用组合键 Ctrl+N 都会弹出"新建"对话框,通过设置其中各个参数,可完成文件的新建。

2)文件存储和存储为

在菜单栏中选择"文件",弹出下拉菜单,包括"文档存储"和"存储为","存储为"又分为"存储""存储为"和"存储为 Web 所用格式"3 种。

- 存储:当对打开的文档进行了修改和再编辑,存储的作用就在于可以保存操作内容。

- 存储为：其作用在于更改原有文件的信息时使用，例如文件重命名，改变文件的存储地址，改变文件的格式等。例如想将一个 JPEG 的图像文件存储为 PNG 的文件，就可利用此操作。
- 存储为 Web 所有格式：其作用有两个，一是将制作好的网页图片利用切片工具分割成独立图块存储，以便嵌入网页中；二是在动画制作中存储为.gif 文件格式。

3）文件的打开与置入

打开文件的方法有 3 个，一是在菜单栏中执行"文件"→"打开"命令；二是使用快捷方式 Ctrl+O；三是在灰色的 Photoshop 窗口中双击；此 3 种操作，都会打开"打开"对话框，如图 7-14 所示，按住 Ctrl 键单击可同时选择多个文件打开。

图 7-14　"打开"对话框

在菜单栏中执行"文件"→"置入"命令，可将照片、图片等位图，以及 EPS、PDF、AI 等矢量文件作为智能对象置入 Photoshop 中。

7.2.4　图像合成

图像合成，简单地说，就是将两幅或更多幅图像中的内容抠取出来，通过重新合成或拼接，制作形成新图像输出。此过程会综合运用到移动工具、选区工具、图层工具等。下面将对这些工具进行简单介绍，然后通过剖析和演示证件照的制作案例介绍图像工具的应用。

1. 知识讲解

1）移动工具

移动工具，应用频率最高的工具。主要用于图像、图层、选区的移动，使用它可以完成排列、组合、移动和复制等操作。

Alt+移动工具，按住"Alt"拖动移动工具，可以完成对象的复制。

Shift+移动工具,按住"Shift"拖动移动工具,可以沿水平、垂直和 45 度方向移动对象。

2)选区工具

选区工具,既可为图像创建选区,又可结合描边或填充等操作绘制简单的图形;选区一旦被创建,其边框会出现虚线边框;若要取消当前选区,可使用 Ctrl+D 组合键。依据选区创建原理的差异,选区工具分为用于规则选区创建的选框工具组、用于不规则选区创建的套索工具组和魔棒工具组。

"选框工具组"包含一组选区工具,主要用于创建矩形、椭圆形等规则形状选区,如图 7-15 所示。

Shift+矩形/椭圆选框工具,拖动矩形/椭圆选框工具同时按住 Shift 键可创建圆形或正方形选区。

Alt+矩形/椭圆选框工具,拖动矩形/椭圆选框工具同时按住 Alt 键从中心绘制选区。

"套索工具组"和"魔棒工具组"两者都是包含一组选区工具,用于不规则选区的创建,差别在于魔棒工具利用颜色区域创建选区,如图 7-16 和图 7-17 所示。

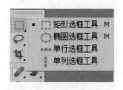

图 7-15 选框工具组

图 7-16 套索工具组

图 7-17 魔棒工具组

3)认识图层

图层可以看作是一张独立的透明胶片,每一张胶片上都会绘制图像的一部分内容,单独对某个图层操作不会影响到其他图层。将所有胶片按顺序叠加起来观察,便可以看到完整的图像。图层分背景图层和普通图层,背景图层是新建 Photoshop 文件时图层会自动建立一个背景图层,这个图层是被锁定的位于图层的最底层,且一个文件只能有一个背景图层,其他的都是普通图层。对图层的操作可以通过图层面板来完成,如图 7-18 所示。

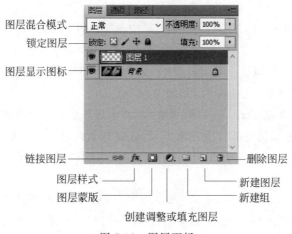

图 7-18 图层面板

2. 证件照的制作

证件照即各种证件上用来证明身份的照片,如对大学生来说进行各种考试的报名和简历投递,都离不开证件照使用。大部分人对于证件照的印象仍是古板而单调的,掌握利用Photoshop制作证件照的方法,同学们就可以制作出令自己满意的证件照。

【例7.2】 请为生活大爆炸中的人物制作证件照,如图7-19所示。

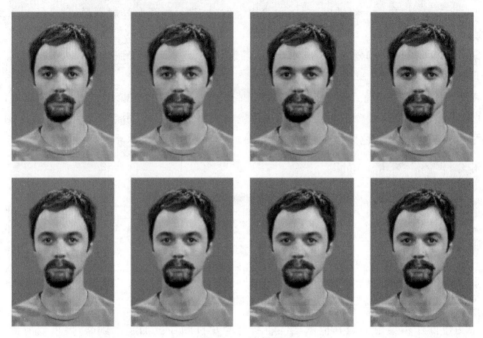

图 7-19　证件照

操作步骤如下:

(1) 执行"文件"→"打开"命令,打开"打开"对话框,选择名为"生活大爆炸生活照.jpg"的文件打开。

(2) 在工具箱中选择裁切工具<img>,在图片中选择一个人物进行裁切,如图7-20所示。单击右上角的"√"或双击所选区域,完成截图,如图7-21所示。

(3) 在工具箱中选择魔棒工具<img>,如图7-22所示,将魔棒工具对应属性栏中选区的状态调到"添加到选区",容差设置为27,其他参数不变。

(4) 利用<img>或组合键Ctrl++将图片放大,便于选区创建。选择魔棒工具,单击图像的背景区域,将图像中除人物外的背景选取出来,此时背景区域为虚线选框效果。

(5) 执行"图像"→"调整"→"反向"命令,将图像中的选区反相输出,即人物区域产生虚线框效果。

(6) 在魔棒工具的属性栏中,单击"调整边缘"按钮,弹出调整选区对话框,通过设置各个参数来对选区的边缘进行调整,然后单击"确定"按钮,如图7-23所示。

(7) 右击图像,在弹出的快捷菜单中选择"通过拷贝的图层"选项或按组合键Ctrl+J将选区拷贝到新的图层。双击"图层1"3个字,将图层1重命名为"人物"。

图 7-20 选择裁切工具

图 7-21 裁切完成

图 7-22 魔棒工具属性栏

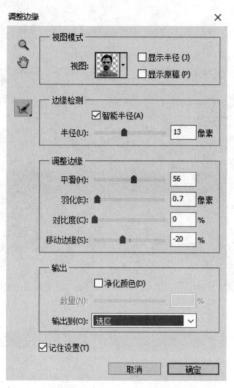

图 7-23 对选区调整边缘

(8) 执行"文件"→"新建"命令,打开"新建"对话框,依据一寸照的标准,新建尺寸为 2.5cm * 3.5cm,背景颜色为红色,分辨率为 300 像素/厘米,颜色模式为 CMYK 的文件。

(9) 切换到"生活大爆炸生活照.jpg"文件,右击"人物图层",在弹出的快捷菜单中选择"复制"→"复制图层"命令,设置其参数,如图 7-24 所示。将"人物图层"复制到"一英寸照.jpg"文件中,设置成功后"一英寸照.jpg"文件的图层面板如图 7-25 所示。

图 7-24 将人物图层复制到一寸照文件

图 7-25 复制成功后的图层面板

(10) 单击"人物图层",执行组合键 Ctrl+T 调出自由变换工具;同时按住"Shift"拖拉图像可实现对图像的等比例缩放,调整图像大小以适应背景。

（11）右击"人物"图层,在弹出的快捷菜单中选择"合并图层",将"背景"和"人物"两图层合并为一个图层。

（12）对一英寸照进行排版,执行"图像"→"画布大小"命令,打开"画布大小"对话框,分别设置宽度为 0.4cm,高度为 0.4cm,勾选"相对"选项,画布扩展颜色为白色,效果如图 7-26 所示。

（13）执行"编辑"→"定义图案"→"图案名称"命令,将其定义为图案,如图 7-27 所示。

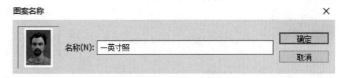

图 7-26 一英寸照排版后效果　　　　　　　　图 7-27 定义为图案

（14）执行"文件"→"新建"命令,打开"新建"对话框,设置具体的参数如图 7-28 所示;执行"编辑"→"填充"命令,设置"填充"对话框中各参数,设置"使用"为"图案"选项,设置"自定图案"为"一英寸照图案"选项,然后单击"确定"按钮,完成填充。

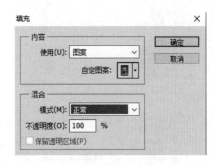

图 7-28 新建文件　　　　　　　　图 7-29 填充图案

（15）执行"文件"→"存储为"命令,在存储为的对话框中设置"文件名"为"一英寸证件照","图像格式"为"JPEG",保存成功后,"一英寸证件照.jpg"文件被保存在指定位置。

7.2.5 图像修复

图像修复,是日常生活中较为常用的功能。此过程会综合运用修复工具和色调调节工具等。下面将对这两个工具进行介绍,然后通过剖析和演示人物照片的美化案例介绍工具的应用。

1. 知识讲解

1）修复工具

修复工具主要分布在工具箱的第二层,其中包括污点修复画笔工具组、仿制图章工具

图 7-30　修复工具

组、模糊工具、加深工具等,如图 7-30 所示。其中污点修复画笔工具组主要用于去除图像中的某点或某小块区域,例如去除人脸上的痘痘;仿制图章工具更多用于大块区域的内容恢复或移除,例如去除图片中多余的人。

"污点修复画笔工具"和"修复画笔工具"都用于去除图像中的污点,前者单击污点即可去除;后者在使用时需结合 Alt 键同时使用,按住 Alt 键在图像上单击选取"源点",然后松开 Alt 键,在污点处单击,源点处的像素就会复制遮盖污点。

"修补工具"可快速对画面进行修复。直接在画面上选出要剔除的内容,将选区内容移动到其他位置,那么后面的像素内容将替换选区里的内容。

"红眼工具"在夜间拍摄时,由于使用闪光灯会促使眼睛毛细血管的扩张,眼睛会呈现红色,红颜工具就是用来解决这个问题的。

2) 色彩调节工具

执行"图像"→"调整"命令,Photoshop 中主要的色彩调节工具都位于此菜单中,如图 7-31 所示。

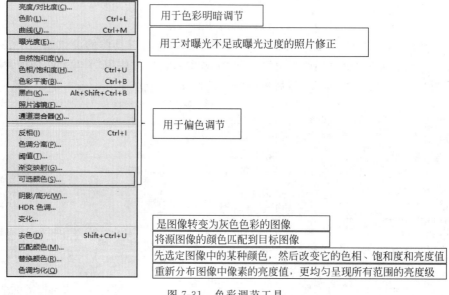

图 7-31　色彩调节工具

2. 人物照片的美化

【例 7.3】　图 7-32 为人物皮肤美化前后对比图,请利用修复工具和色彩调节工具美化原图。操作步骤如下:

(1) 执行"文件"→"打开"命令,打开名为"人物修复图.jpg"的文件。

(2) 右击"背景图层",在弹出的快捷菜单中选择"复制图层",并设置复制图层的名称为"人物"。

(3) 在工具栏中选择"污点修复画笔工具",去除人脸上的痘痘、痦子、眼袋等,如图 7-33 所示。

图 7-32 人物皮肤美化对比图　　　　　图 7-33 去除污点

（4）在工具栏中选择"模糊工具"，在人物面部皮肤粗糙的地方进行涂抹。

（5）执行"图像"→"调整"→"曲线"命令，利用曲线工具将人物面部调亮，如图 7-34 和图 7-35 所示。

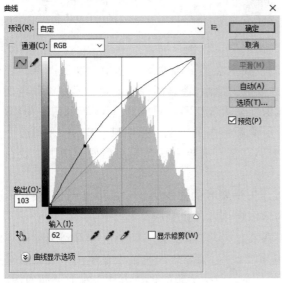

图 7-34 "曲线"对话框

图 7-35 效果图

7.2.6 创意艺术字之鲜花字

艺术字的创建，是平面和广告设计，海报制作中的重要应用。此过程会综合运用到文字工具和图层蒙版等。下面将对这两个工具进行介绍，然后通过剖析和演示鲜花字的制作案例介绍工具的应用。

1. 知识讲解

1）创建字体

作为一个矢量工具，文字工具 **T** 位于工具栏的第三层，横排文字是最常用的文字添加形式，以此介绍文字工具的使用方法。选择横排文字工具后，在画面中单击，出现输入光标后即可输入文字。单击上方属性栏的提交按钮√结束输入。文字是以独立图层的形式存放，图层名称就是文字的内容。文字属性的设置可通过文字面板或文字工具的属性栏来完成,如图 7-36 和图 7-37 所示。

图 7-36　文字面板

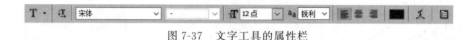

图 7-37　文字工具的属性栏

2) 蒙版

蒙版是进行图像合成时常用技术,使用该技术在不更改原图的基础上控制图层的部分显示或者隐藏。在蒙版中,利用画笔工具在蒙版上涂画,控制图像的显示和隐藏。黑色表示隐藏,白色表示显示,渐变表示图层中的图像。蒙版包括图层蒙版、矢量蒙版和剪贴蒙版。

"图层蒙版"为某个图层添加蒙版;图层蒙版的添加方法:选中某个图层,在图层面板的下方单击创建蒙版的图标 ⬛,添加成功后,在图层面板中该图层后面便会增加一块白色的面板,即为图层蒙版,如图 7-38 所示。

"矢量蒙版"是指根据路径创建的蒙版。矢量蒙版的添加方法:选中某图层,按住 Ctrl 键的同时单击创建蒙版的图标 ⬛,即可为该图层创建矢量蒙版。

"剪贴蒙版"将当前图层与其相邻图层联系起来,最终在下一个图层中看到当前图层的效果。如图 7-39 所示瓶中画的效果就是其重要应用,画要放到瓶子中显示出来,因此,画所在的图层应置于上面,瓶子所在的图层放在下面。剪贴蒙版的创建方法:右击上面的图层,在弹出的快捷菜单中选择"创建剪贴蒙版"即可完成创建,如图 7-40 所示。

图 7-38　图层蒙版

图 7-39　瓶中画

2. 创意鲜花字

艺术字广泛应用于宣传、广告、商标、标语、黑板报商品包装和书籍的装帖上等,越来越被大众喜欢。艺术字是经过设计、艺术加工的汉字变形字体,字体特点符合文字含义、具有美观有趣、易认易识、醒目张扬等特性,是一种有图案意味或装饰意味的字体变形。

【例 7.4】 制作如图 7-41 所示的鲜花字。

图 7-40 创建剪贴蒙版　　　　　　　　　图 7-41 鲜花字

操作步骤如下：

（1）执行"文件"→"新建"命令，设置参数分别为，名称：鲜花字；预设：自定；宽度：700 像素；高度：200 像素；分辨率：72 像素/英寸；颜色模式 RGB；背景：白色。

（2）在工具栏中选择横排文字工具 **T**，在文档任意处单击，输入文字"春意盎然"。并在文字属性栏中设置其字体大小、颜色等参数，参数值如图 7-42 所示，单击√符号完成设置。

图 7-42 文字属性栏

（3）执行"文件"→"打开"命令，打开"鲜花.jpg"文件。

（4）右击"背景"图层，在弹出的快捷菜单中选择"复制图层"选项，并在"复制图层"对话框中设置各个参数，单击"确定"按钮后"鲜花图层"被复制到"鲜花字.jpg"的文件。

（5）右击"鲜花图层"，在弹出的快捷菜单中选择"创建剪贴蒙版"选项，如图 7-43 所示；设置成功后，图层面板如图 7-44 所示，适当调整鲜花的位置即可。

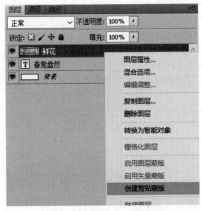
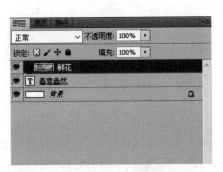

图 7-43 创建剪贴蒙版　　　　　　　　　图 7-44 创建剪贴蒙版后的图层

7.2.7　手机端图像处理软件 Snapseed

Snapseed(指尖修图)是由 Google 公司开发的一款全面而专业的照片编辑工具。Snapseed 的移动应用让人用很简单的手势操作就能编辑图片,提供不同的滤镜效果并能直接调整不同指标的具体参数。Snapseed 手机版性能强悍,现在免费提供,其新功能包括:新增"怀旧"滤镜、更新"相框"滤镜等。本书将以 Snapseed v2.19.0.201907232 安卓版本介绍 Snapseed 的使用。

1. 界面介绍

软件界面打开如图 7-45 所示。

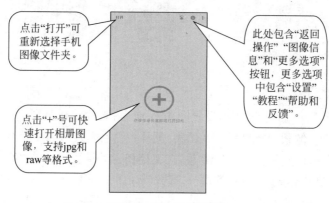

图 7-45　软件打开界面

1) 返回操作:

2) 图像信息:

3) 更多选项:

设置:可以设置软件主题背景以及图像导出选项。如调整图片大小选择为"不要调整大小",格式和画质选择为"JPG100%",这样就能保留原来画质和大小了。

教程:可以在线打开 Snapseed 在线教程。

帮助和反馈:此处可以反馈、查看软件版本以及相关法律条款等信息。

2. 菜单栏介绍

选择图像打开后,可以在软件下方找到样式、工具和导出菜单。详见图 7-46、图 7-47、图 7-48 所示。

样式面板：在此面板中可使用软件自带滤镜效果，点击不同滤镜可切换效果预览，最左侧为原图选项。
可保存个人样式，方便日后将其应用到新照片中。

图 7-46 样式界面

工具界面：在此界面中，集成了调整图片、曲线、展开、视角、复古、双重曝光、镜头模糊、美颜、裁剪、相框等调节工具，配合手指简单操作即可完成修图。

图 7-47 工具界面

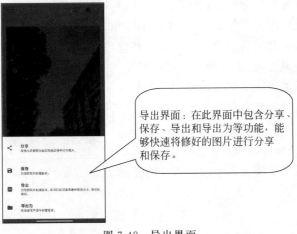

导出界面：在此界面中包含分享、保存、导出和导出为等功能，能够快速将修好的图片进行分享和保存。

图 7-48 导出界面

3. 操作指南

手指单击：用于选择不同的修改区域。

上下滑动：用于工具中不同功能选项的选择。

左右滑动：用于工具中功能的强弱调节。

双指收缩或扩大：用于调整工具影响的范围,一般会呈现紫色。

4. 常见工具介绍

调整图片：自动调整曝光和颜色,或通过精确控制手动调整。

突出细节：突显图片的表面结构。

剪裁：将图片剪裁为标准尺寸或根据需要自由裁剪。

旋转：将图片旋转 90°,或根据水平线将倾斜的图片校正。

透视：校正倾斜的线条并使水平线或建筑物更具几何之美。

白平衡：调整颜色让图片看起来更自然。

画笔：局部调整曝光、饱和度、亮度或色温。

局部调整：知名的"控制点"技术：在图片上 * 多设置 8 个点,然后指定美化效果,接下来的工作交给算法即可。

修复：移除集体照中的不速之客。

晕影：在图片的角落添加柔和的阴影,营造出类似用大光圈拍摄的美丽效果。

文字：添加艺术化或纯文本样式的文字(38 种预设样式)。

曲线：精确控制照片中的亮度等级。

展开：增加画布尺寸,并以智能方式利用图片内容填充新空间。

镜头模糊：为图片添加焦外成像效果(背景柔化),使其更加美观,适合人像摄影。

魅力光晕：为图片添加迷人的光晕,适合时尚摄影或人像拍摄。

色调对比度：局部强化阴影、中间色调和高光部分的细节。

HDR 景观：打造多重曝光效果,让您的图片更加出色。

戏剧效果：为您的图片添加世界末日的氛围。

斑驳：通过强烈风格特效和纹理叠加,让图片呈现前卫效果。

粗粒胶片：通过逼真的颗粒营造出颇具现代感的胶片效果。

复古：让图片呈现用上世纪五十、六十或七十年代流行的彩色胶卷所拍摄的效果。

黑白电影：利用逼真的颗粒效果和"洗白"特效,让图片呈现黑白电影的风格。

黑白：以暗室为灵感,制作出经典的黑白照片。

相框：为图片添加可调节尺寸的相框。

双重曝光：以拍摄影片和数字图片处理为灵感,提供多种混合模式,让您可以轻松混合两张图片。

美颜：亮眼、提亮面部或嫩肤。

面部姿态：根据三维模型调整人物肖像的姿态。

5．案例讲解：调整图片

（1）打开图像，选择"工具"——"调整图片"。

（2）"调整图片"中可调整选项有亮度、对比度、饱和度、氛围、高光、阴影和暖色调。

亮度：调暗或调亮整张图片。

对比度：提高或降低图片的整体对比度。

饱和度：添加或消除图片中的色彩鲜明度。

氛围：对比度扭曲，调整整张图片的光平衡。

高光：仅调暗或调亮图片中的高光部分。

阴影：仅调暗或调亮图片中的阴影部分。

暖色调：向整张图片中添加暖色或冷色色温。

（3）选中其中一项操作，通过滑动照片左右来调整相应的数值，向左滑动减少数值，向右滑动增加数值。也可以单击调整图片的右侧的小魔术棒图片，自动进行调整数值。

（4）最后，当操作完成使单击右下角的"√"即可保存图片到主界面，如果想退出图片调整界面，则可以点击左下角的"×"来退出。

7.3　动画制作技术

7.3.1　动画基础

动画是通过把人物的表情、动作、变化等分解后画成许多动作瞬间的画幅，再用摄影机连续拍摄成一系列画面，给视觉造成连续变化的图画。它的基本原理与电影、电视一样，都是视觉暂留原理。医学证明人类具有"视觉暂留"的特性，人的眼睛看到一幅画或一个物体后，在 0.34 秒内不会消失。利用这一原理，在一幅画还没有消失前播放下一幅画，就会给人造成一种流畅的视觉变化效果。一般要形成连续的效果，每秒至少要播放 12 个连续的画面，即一般动画最低的帧频为 12。计算机动画是借助计算机生成一系列动态实时播放的连续图像的技术，计算机动画处理技术的出现不仅缩短了动画制作周期，而且能产生传统动画不能比拟的效果。

7.3.2　二维动画制作软件 Flash

1．Flash 简介

Flash 是 Macromedia 公司开发的一款二维动画制作软件。它是一种交互式动画设计工具，用它可以将音乐，声效，动画以及富有新意的界面融合在一起，以制作出高品质的动态效果，并广泛应用于网络中的多种领域。

2．Flash CS5.5 工作界面

其工作界面由几个主要部分组成。位于最上方的菜单栏，它分类提供了 Flash CS5.5 所有的操作指令；舞台处于工作界面的中心，主要用于放置图形、文字或按钮等；时间轴位于舞台下方,用于组织和控制文档内容在一定时间播放的图层数和帧数;浮动面板和工具箱位于舞台右侧,工具箱中包含了 Flash 中所有的操作工具。

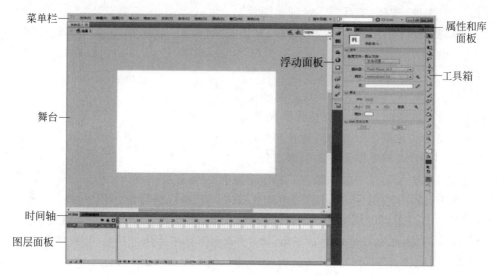

菜单栏

浮动面板

属性和库面板

工具箱

舞台

时间轴

图层面板

图 7-49　Flash CS5.5 工作界面

7.3.3　Flash 的基本概念

1. 帧

在 Flash 中帧是进行动画制作的基本单位。在时间轴上,每一行代表一个层,层内的每一个小单元格代表帧,每一帧都可以包含需要显示的所有内容。帧的类型主要包括关键帧、空白关键帧和过渡帧。插入帧的方法是一致的,在时间轴上,右击单元格,在弹出的快捷菜单中即可找到适合的帧插入。

"关键帧"是制作补间动画的必要条件。一般放在动画开始、转折点或结束点。关键帧在时间轴上显示为黑色实心圆点的单元格,如图 7-50 所示。

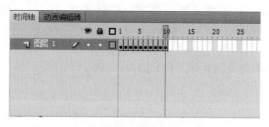

图 7-50　关键帧

"空白关键帧"默认的新建文件会含有一个空白关键帧,在时间轴上显示为空心单元格,如图 7-51 所示,当将空白关键帧中添加了内容后就变成了关键帧。

"过渡帧"在两个关键帧中间插入过渡帧起到延续效果的作用。

2. 层

层位于时间轴面板的左侧,其结构如图 7-52 所示。与 Photoshop 相同,在 Flash 中也

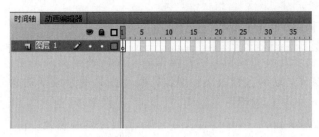

图 7-51　空白关键帧

可将层看成是一张"透明纸",将一幅画的内容分层绘制,最后按顺序进行叠加。在 Flash 中常用的层分为普通层,引导层和遮罩层。通常建立的层都是普通层;引导层可提供引导线作为被引导层中对象的运动轨迹;遮罩层是设定遮罩关系的层,实现遮罩关系下的特定效果。

3. 元件、散件和库

元件是 Flash 动画中的重要概念,其最主要特点是可以重复被利用。创建元件的方法有两种,在后面的案例中将详细介绍,创建完成的元件都存放在库中,如图 7-53 所示。在动画制作过程中,元件用于制作动作补间动画,例如一个球经过 50 帧从 a 点移动到 b 点。

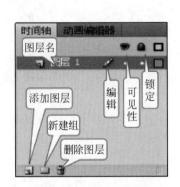

图 7-52　Flash 图层面板

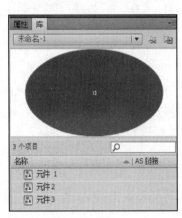

图 7-53　创建元件

散件是相对于元件而言的,与元件相比,在外观上两者还是存在很明显的差异。如图 7-54 所示,元件是被边框包围,且中心有个圆;而散件表面是附着点点,如图 7-55 所示;在舞台上直接利用工具绘制出来的都是散件,元件和散件之间是可以转化的。在动画制作过程中,散件用于制作形状补间动画。例如绽放的礼花经过 20 帧变成一串文字。

图 7-54　元件

图 7-55　散件

7.3.4 补间动画的制作

补间动画包括动作补间动画和形状补间动画。动作补间动画是通过改变对象的位置、大小或状态,做出物体运动的各种效果。形状补间动画是通过改变对象的形状将其转变为各种样式。补间动画的制作过程可总结为"三步曲":第一步,创建首关键帧,确定内容;第二步,创建转折点或尾关键帧,确定内容;第三步,为收尾两帧创建补间动画。

【例7.5】 如图7-56所示,制作足球投网的动画效果。

图7-56 效果图

操作步骤如下:

(1) 执行"文件"→"新建"命令,创建宽为605像素,高为378像素,帧频为24fps,背景颜色为白色的文件。

(2) 执行"文件"→"导入"→"导入到库"命令,分别将"足球.png"和"足球场.jpg"两张图片导入到库中。

(3) 将"足球场.jpg"从库中拖到舞台,双击"图层1"将其重命名为"足球场"。

(4) 足球场作为整个动画的背景,右击第四十帧,在弹出的快捷菜单中选择"插入帧"命令,以延续足球场的存在。

(5) 单击对齐 按钮,在对齐面板中勾选与舞台对齐,设置图片相对舞台水平居中对齐和垂直居中对齐,如图7-57所示。

(6) 在图层面板中,执行新建图层 命令,并将新图层命名为"足球",如图7-58所示。

图7-57 对齐面板

图7-58 新建"足球"图层

(7) 足球图层第一帧默认为空白关键帧,将"足球.png"文件从库中拖到舞台,第一帧的空心圆变为实心。适当调整图层的位置。

(8) 在"足球图层"的四十帧处右击,在弹出的快捷菜单中选择"插入关键字"选项;同时按住 Shift 键缩放足球,并将其移至球门处。

(9) 在"足球图层"对应的时间轴上,右击第一帧到第四十帧任意处,在弹出的快捷菜单中选择"创建传统补间"选项;创建成功后如图 7-59 所示,此段图层的颜色变蓝,且出现一条从第 1 帧指向第 40 帧的线段。

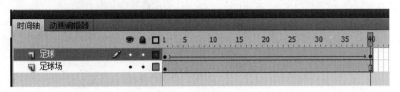

图 7-59　创建补间动画

(10) 执行"文件"→"导出"→"导出影片"命令,设置视频文件名为"足球飞",文件格式为"swf","足球飞.swf"的文件被存放在指定位置。

7.3.5　引导层动画的制作

【例 7.6】　请利用引导层,为例 7.5 中的足球添加运动路线。

操作步骤如下:

(1) 执行"文件"→"打开"命令,打开"补间动画制作"中的"足球飞.fla"项目文件。

(2) 右击"足球"图层,在弹出的快捷菜单中选择"新建图层"选项,在"足球"图层上方新建图层,并将其命名为"路径"。

(3) 在右侧的工具箱中,单击"画笔工具📝",为足球绘制飞行路径。

(4) 在路径图层,右击第四十帧,在弹出的快捷菜单中选择"插入帧"选项,以延续路径的存在。

(5) 在"足球图层"调整始终的位置,即足球所在第一帧中心点的位置处于路径起点,最后一帧中心的位置处于路径终点,如图 7-60 和图 7-61 所示。

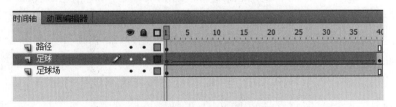

图 7-60　图层面板

图 7-61　添加路径

(6) 右击"路径"图层,在弹出的快捷菜单中选择"引导层"选项,路径图层前出现小锤子图标  。

(7) 拖动"足球"图层,将其拖至路径图层下,图层如图 7-62 所示。

图 7-62　创建引导层

(8) 执行"文件"→"导出"→"导出影片"命令,设置视频文件名为"足球沿路径飞",文件格式为"swf"。

7.4 数字音视频的处理技术

7.4.1 数字音频的处理

1. 理论基础

声音是通过一定介质(如空气、水等)传播的一种连续的波。声音的本质是空气振动,由于空气振动引起耳膜的振动,然后被人耳所感知。声音信号的频率是指声音信号每秒钟变化的次数,用 Hz 表示。人耳能感觉到空气振动的频率范围在 20Hz～20kHz 之间的声波,即人耳能识别的声音。声音具有音调、音强和音色三个要素。音调,即音乐中的音高,由声音信号的频率所决定;音强,即音量的高低,以分贝(dB)为单位,由声音信号的幅度决定;音色,即不同乐器发出不同的声音,就是依据音色辨别出来的,它由声音的频谱决定。

为了将生活中的声音存储和传输,需要将声音信号转换为电信号;我们所听到的真实声音,就是模拟信号,它是连续的;但计算机只能处理以 0 和 1 的形式表示的离散信号。因此,要在计算机中对音频信号进行存储、传输、播放和处理,就必须进行音频的模/数转换。这个过程要经过采样和量化两步从而得到时间和幅度都分离的数字信号。采样,在时间坐标上把一个波形切成若干个等份,即把连续的时间信号变为离散的时间信号;量化,就是将采样获得的离散时间信号的幅度值进行量化,把幅度区间划分成 n 个区间,并赋予每个区间同一个幅度值。

数字音频的常用文件格式有 WAV 格式、VOC 格式、MP3 格式、RA 格式、MIDI 格式等,其中 WAV 格式的音频音质较好,但数据量大;MP3,音质也很好,并且文件的数据量较小;MIDI 是电子合成乐器的标准声音格式。

2. 音频编辑软件——Cool Edit

Cool Edit Pro 是美国 Syntrillium 软件公司开发的,Cool Edit Pro 2.1 为该软件的最高版本,之后被 Adobe 公司收购,推出 Adobe Audition。Cool Edit 的主要功能有音频录制、编辑音频、音频特效添加等,如图 7-63 所示为 Cool Edit Pro 的工作界面,最上方是功能菜单栏,涵盖了大部分的操作功能;菜单栏下方一排快捷功能键;音频轨道是用于编辑声音,每条轨道左侧都有一个轨道面板,可切换轨道的状态。

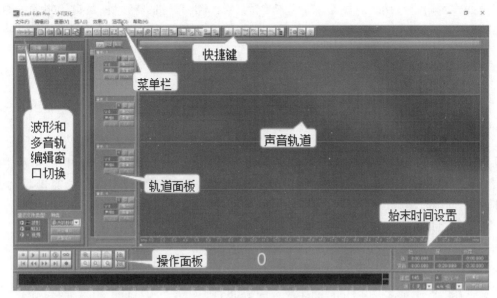

图 7-63　Cool Edit 工作界面

3. 操作实践

某同学即将参加一个演讲比赛,于是他想利用音频编辑软件,为自己的演讲音频配上旋律动听的背景音乐。

【例 7.7】　录制音频。

操作步骤如下:

(1) 执行"文件"→"新建工程"命令创建音频工程文件,选择采样频率为 44.1kHz。

(2) 选择音轨 1,单击轨道面板上的 R 按钮,切换该轨道为录音状态。

(3) 单击"操作面板"上的录音按钮 ,开始录音,最后将声音保存为名为"演讲.mp3"的音频文件。

【例 7.8】　合成音频。

操作步骤如下:

(1) 单击"打开"按钮 ,打开名为"背景音乐.mp3"的音频文件。

(2) 将"演讲.mp3"和"背景音乐.mp3"的音频文件分别添加到轨道 1 和轨道 2。

(3) 在已添加的音频文件上右击,在弹出的快捷菜单中选择"混缩为音频"→"全部波形"选项,对声音进行合成。

(4) 合成音频文件默认名为"mixdown.wav",保存文件为"配音演讲.mp3"。

7.4.2　数字视频的处理

视频是一组连续画面的信息集合,与加载的同步声音共同呈现动态的视觉和听觉效果。视频用于电影时,采用的播放速率为 24 帧/s;用于电视时,采用的播放速率(PAL 制)为 25

帧/s。视频文件的常用格式有 AVI 格式,MPG 压缩数据格式,RM 格式、RMVB 格式、WMV 格式等。

非线性编辑是指用计算机系统取代传统的 A/B 卷编辑机、特技机、编辑控制器等专业设备,实现视频的数字化编辑、特技与合成。由于数字视频编辑可在时间轴上随意修改视频信号,任意度大,具有非线性,因此叫"非线性编辑"。

7.5 视频编辑软件——快剪辑

快剪辑是一款功能齐全、操作便捷的视频剪辑软件,支持录制视频,在线边看边剪,水印文字的添加,可跨平台分享。菜单栏,用于添加音频音效、转场、文字等;素材库,可从本地或网络获取视频或图片素材;快捷键,用于编辑、截切、删除视频等作用;播放窗口,用于预览视频;音频和视频轨道,可以将视频与音频分离,分别编辑与合成。视频的剪辑主要包括视频剪切和合成。下面将列举两个案例介绍具体操作。

7.5.1 快剪辑认识

快剪辑是一款服务于 PUGC 群体的视频剪辑工具。

主要为了达到如下目的:

降低二次创作视频门槛;

降低获取视频素材难度;

提高 PUGC 用户发布视频到各大平台的效率。

1. 软件的架构

快剪辑包括浏览器录屏模块,快剪辑客户端,发布服务器端三层架构。

第一层,浏览器录屏模块

浏览器录屏模块随附于 360 安全浏览器,提供对网络视频播放过程中的屏幕录制功能。主要负责提供视频素材获取能力,并充当快剪辑客户端的入口之一。打开 360 安全浏览器,随意访问任意视频网站,当视频播放时鼠标移动至视频播放器时右上角会浮出工具条(见图 7-64),点击录制小视频,即可进入录屏界面(见图 7-65)。

2. 录屏界面介绍

(1) 单击工具栏中间的大按钮开始录制,再单击则停止录制并进入素材编辑界面,打开快剪辑。

(2) 工具栏右侧显示当前录制时长、已录制视频大小、CPU 占用率、帧率、码率和分辨率级别。

(3) 工具栏左侧可选超清(1080P)、高清(720)、标清(480P)三种录制标准,当检测到用户计算机配置较低时会提示用户可能卡顿,对配置过低的用户会禁用超清录制并默认选择标清录制。

(4) 单击区域录制模式用户可以用类似 QQ 截屏时绘制截屏区域的操作来绘制录屏区

图 7-64 工具条

图 7-65 录屏界面

域。区域选取完成后点完成则仅会录制区域内画面。区域右上角随录制状态切换提示"录制中"或"准备录制",录制时长最长支持 30 分钟(见图 7-66)。

图 7-66　录制状态

第二层,快剪辑客户端

快剪辑客户端提供编辑视频文件所需要的各种功能,并为上传发布功能提供用户界面。可在有网情况下与浏览器录屏模块配合工作,在没有浏览器时也可以独立完成绝大部分操作。主要包括素材剪辑与添加特效、时间轴编辑、绑定发布平台等功能。

第三层,发布服务器端

主要负责在用户已授权的情况下提供中转发布到各大视频网站的功能(见图 7-67)。

图 7-67　几种典型的视频网站

7.5.2　软件安装

1．硬件要求

中央处理器(CPU)：台式机 i3、四核 2.5GB 以上或标压笔记本 i5 以上四核 3.0 处理器以上。内存：不低于 2GB,建议 8GB 以上；硬盘：300MB 以上空闲空间。

2．安装软件平台

Windows XP；Windows 7；Windows 10。

3．网络要求

快剪辑客户端对网络要求较低,可断网使用；如需使用录屏功能、添加网络素材功能及上传发布功能则必须联网。使用录屏功能,应同时安装 360 安全浏览器 9.1 以上版本以使用。

4．下载安装

访问 360 安全浏览器官网,下载 360 浏览器。访问快剪辑官网下载快剪辑相应版本,进行独立安装,如图 7-68 所示。

图 7-68　快剪辑官云下载

7.5.3　快剪辑基本操作和使用

安装完成后,用户可通过以下方式启动快剪辑：

(1) 桌面快捷方式。

（2）在使用 360 录屏工具过程结束后会自动拉起快剪辑。

（3）360 安全浏览器工具栏单击快剪辑图标。

界面如图 7-69 所示，单击"新建视频"进入编辑工作模式，可选择"专业模式"或"快速模式"，两个模式可随意转换选择（见图 7-70）。

图 7-69　快剪辑界面

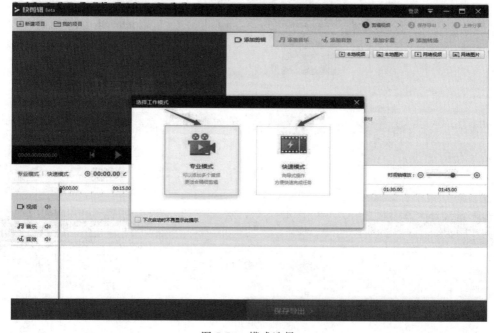

图 7-70　模式选择

1. 添加素材

进入快剪辑主界面后可以在添加素材区添加各种来源的素材(见图 7-71),添加后的素材可在视频素材区域进行管理,同时也默认进入时间线(见图 7-72)。按添加顺序排列。支持编辑视频格式:AVI、MPG、VOB、MP4、WMV、3GPP、MKV、MOV、WEBM 等,添加视频有时长限制;支持编辑图片格式:jpg、png、bmp、webp、tga 等,添加图片后默认持续时间为 2 秒。

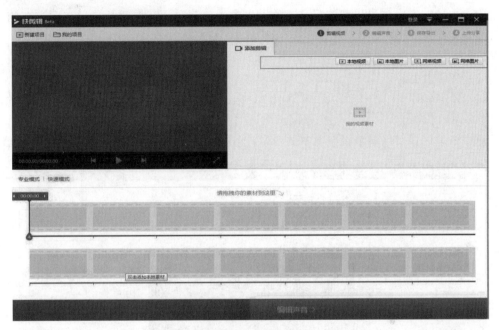

图 7-71 素材导入

图 7-72 轨道导入素材

2. 视频素材剪辑

1) 入口

打开软件或录屏后直接进入;双击时间线上的视频素材或单击素材缩略图上的编辑按钮进入素材剪辑。

2) 基本设置

中央播放器窗口支持播放、暂停、拖动进度和显示播放时长/总时长等功能。

下方拖动左右滑块可以截取完整视频素材中的一部分。截取时长显示在下方右侧,显示视频基本信息(见图7-73):

(1) 素材名称:本地素材显示文件名,录屏素材显示视频名。

(2) 文件大小。

(3) 分辨率。

(4) 总时长。

原声音量区域可以调整视频原本的音量,默认100%,最大200%,也可选择直接静音。

图 7-73　特效编辑

3) 裁剪

通过拖动鼠标在预览区域绘制一个矩形区域,单击右上角删除图标可取消裁剪。裁剪区域默认比例为16:9,可选多种裁剪比例。当选择自由裁剪时,不仅可以改变区域大小,也可改变区域形状(见图7-74)。

【注意】　只有本页面一直显示全部视频画面,其他页面显示的视频画面仅为裁剪后的画面。

4) 特效字幕

(1) 通过拖动鼠标绘制字幕区域(可以创建多个字幕),默认文字为编辑特效字幕(见图7-75)。

(2) 底部时间条可通过拖动改变字幕出现时间点及时长,目前支持字幕模版为醒目黄

图 7-74 视频裁剪

图 7-75 特效字幕

色大字、常规白色小字、蓝色清爽大字三种,字体默认为微软雅黑,可选其他系统里已有字体。

(3)文字大小、文本颜色、背景颜色默认值跟随字幕模版。

(4)动画效果默认为上浮,支持从左到右、从上到下、从右到左、从下到上、上浮下浮 6 种动效。字幕默认持续时间为 3 秒,出现时间和持续时间可以进行微调,每次步进为 1 帧(0.04 秒)。

5) 标记

(1) 通过拖动来改变标记区域大小(可绘制多个标记)(见图 7-76)。

(2) 目前支持矩形、圆形、箭头等形状绘制,默认为矩形。

(3) 默认颜色为红色,默认不透明度为 100%(即不透明),默认线条粗细为 5。

(4) 出现时间和持续时间同字幕。

图 7-76　特效标记

6) 马赛克

通过绘制一个矩形区域来添加马赛克,目前仅支持模糊样式。

3. 图片素材剪辑

默认放大动效,可调整开始时的比例和结束时的比例,其他基础设置中时间和信息显示基本似同于视频素材剪辑。

4. 工具栏

单击新建项目可以新建一个空项目,单击"我的项目"可以打开项目管理。

5. 预览窗

显示当前播放时长和总时长,支持播放暂停和最大化。

6. 素材管理

已添加的素材在素材管理区可以进行添加到时间线和删除两种操作。单击＋号按钮,则在当前时间线最后位置新增一个素材拷贝,按左键拖动一个素材到时间线,则插入至蓝线标识的位置。

双击素材或单击笔状图标可以进入素材剪辑页面,单击删除会从时间线里删除该素材,但不会删除素材管理中的素材。选中视频素材后可以拖动素材的左右滑块来改变视频片段时长,该时长默认为在视,频剪辑页面中截取后的时长(见图 7-77)。

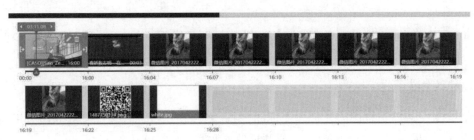

图 7-77 视频剪截

单击剪刀图标则在上方的时间标记所示位置将一个视频素材剪成两段视频素材,拖动时间标记可以改变当前预览位置。

7. 编辑声音

单击右侧的使用按钮可以添加背景音乐。

(1) 当前已添加过背景音乐,再点添加会弹窗提示用户是否要替换背景音乐,背景音乐默认音量为 100%,默认效果为淡出,默认循环播放。

(2) 单击背景音乐后面的下载按钮则将背景音乐先下载到本地点;单击背景音乐前面的播放按钮则会播放该背景音乐。

(3) 单击添加音乐素材则会添加到当前分类中,目前支持 WAV、MP3、FLAC、AAC、WMA、OGG 等主流音频格式。

8. 保存导出

(1) 默认保存路径为 360 安全浏览器下载\快剪辑视频,单击选择目录可以更改路径和文件名,如图 7-78 所示。

图 7-78 导出

（2）默认文件格式为 MP4，支持 MP4、AVI、MOV、WMV、FLV 和 GIF 动图导出。

（3）默认尺寸为 720P，支持 480P、720P、1080P 和适应视频尺寸四种方案。

（4）默认视频帧率为 25P，可调 15 和 30。

（5）默认音频质量为 44.1kHz 和 128kbps，目前仅支持该质量该模块主要是对控制中心和终端的相关参数进行设置。

9. 特效片头

默认无片头，根据自己需要可添加标题，副标题和创作者；同时目前支持快剪辑、快视频、北京时间、黑底白字、总局龙标、新闻联播等 6 种片头。

10. 上传分享

（1）用户可在视频导出过程中填写要上传和发布的视频信息。

（2）目前支持填写标题、简介（描述）、标签三种通用信息。

（3）单击打开视频则可以用默认播放器播放已导出的视频文件，单击打开文件夹可以查看视频文件所在文件夹中的内容。

（4）目前支持爱奇艺、头条、优酷、企鹅号、360 众媒聚合五家视频发布平台。

7.5.4　操作实践

【例 7.9】　某同学在观看"梦想合伙人"电影时，意外发现电影的片头很好，他想把它剪切下来做为素材以便以后制作微课使用。

操作步骤如下：

（1）单击"本地视频"按钮，打开"打开"对话框，在素材文件夹中找到"中国合伙人.mp4"视频文件，将视频导入软件。

（2）观看视频，确定片头视频的开始时间和结束时间，分别为 00:06.28 和 00:16.76。

（3）单击播放窗口下的时间编辑图标，设置起始时间如图 ⊙ 00:06.28 ✎　此时，时间轴上的帧已定位在这一时刻，单击快捷菜单中的分割键 ✄，此时视频在 00:06.28 这一时刻被分开。

（4）继续重复"3"的操作，设置结束时间为 00:16.76，分割后，视频轨道上有三个时间段的视频为 0-00:06.28，00:06.28-00:16.76 和 00:16.76-最后，只保留 00:06.28-00:16.76，删除其他两个。

（5）单击右下角的"保存导出"按钮，进入到保存界面，保存地址，文件格式，尺寸大小，分辨率等都需要进行设置如图 7-79 所示，值得一提的是该软件自带片头和水印效果，也可以作为特效添加。参数设置完成后，再次单击"导出"按钮，最终生成名为"片头.mp4"的视频文件。

【例 7.10】　这位同学成功的将片头剪切下来，于是他迫不及待的想将其作为片头放到自己做的微课中，需要做的就是将两段视频合成输出。

操作步骤如下：

（1）单击"本地视频"按钮分别导入"片头.mp4"和"微课.mp4"两段视频。

图 7-79　导出文件

（2）先将片头文件拖至视频轨道，微课文件放置其后，视频轨道如图 7-80 所示。

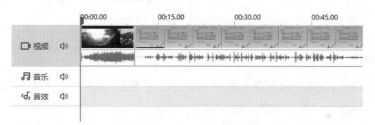

图 7-80　视频轨道

（3）将帧定位到两个视频之间，在两个视频衔接处添加专场，以便视频之间衔接更为自然流畅。执行"菜单栏"→"添加转场"命令，选择交融点并单击右上角的添加按钮"＋"，如图 7-81 所示；添加成功后如图 7-82 所示。

图 7-81　添加转场

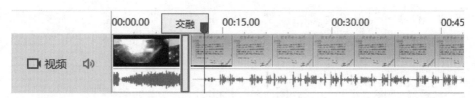

图 7-82　添加转场成功

(4) 单击右下角的"保存导出"按钮,进入到保存界面,保存地址,文件格式,尺寸大小,分辨率等都需要进行设置。参数设置完成后,再次单击"开始导出",生成名为"微课带片头.mp4"的视频文件。

7.5.5　视频编辑软件——巧影

1. 巧影初识

巧影是一款较专业的视频剪辑软件(见图 7-83),支持视频片段拼接、速度控制、过渡效果设置等操作,是为提高电子产品视频编辑效率所设计,直接在移动设备也可以制作专业的视频内容。

图 7-83　巧影

2. 系统要求

巧影支持 iPhone,iPad 和安卓系统等设备。因各系统设备类型较多,一般会因设备芯片的类型不同,导致其功能和性能也不同。

单击巧影主页面点击齿轮状的设置图标,选择设备性能信息(见图 7-84),可以检测移动设备的性能。

图 7-84　设置

一般设备的视频录制和播放性能至少为编辑视频的 2 倍以上。比如要编辑 1080p 30fps 的视频,设备至少应可编辑 1080p 60fps 视频的性能。这是因为巧影不仅提供普通的录制和播放还提供实时编辑和预览功能(见图 7-85)。

3. 软件安装

可以直接登录移动设备的应用市场搜索"巧影"软件的安装包下载安装,也可访问设备

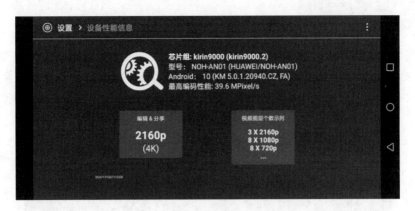

图 7-85　设置信息

安全浏览器下载独立安装包完成安装。

4．基本界面与工具

安装完成后，用户可通过单击软件图标启动巧影，进入基本工作界面。

第一次运行可直接单击新项目按钮(红色图标)创建新项目，或者单击获取项目(蓝色图标)来创建项目(见图 7-86)。

图 7-86　巧影界面

第二次使用，则可以选择"我的项目"快速编辑现有的视频(见图 7-87)。

图 7-87　我的项目

5. 视频编辑流程

创建新项目、选择画面比例后,进入巧影的媒体浏览器,此处存放了各种来源各种格式的素材,包括图片和视频。在媒体浏览器中单击选择需要的素材(见图7-88),所有选择的素材会呈现在轨道上。此时,对轨道上的素材进行任何处理不会对媒体库中的素材原件产生影响。

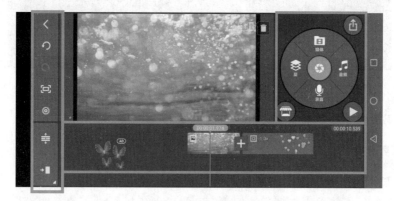

图 7-88 轨道编辑

左边是系统功能和设置面板,右边是视频编辑功能面板,下方是时间轴面板。

6. 素材编辑

(1) 单击时间轴上的素材,让其处于被选中状态。

(2) 单击系统功能和设置面板的功能按钮,可以设置视频音频的淡入淡出等项目设置。

(3) 单击视频编辑功能面板的功能,可以剪辑视频、设置画中画、转场等效果。

(4) 音频可选择设备中的录音文件或音乐或者可进入素材商店选择音乐或音效。

(5) 单击素材商店可获取用于美化项目的免费的音乐、字体、效果、贴纸、动画、转场等内容。

(6) 关于编辑的更多操作可观看软件首页自带的教程与使用技巧。

7. 视频的保存和导出

在巧影软件使用中,分辨率、帧率、码率,这"三率"是视频规格里最重要的三项参数,它们共同决定了视频的质量。因此,已经完成编辑美化的视频在保存和导出时,需要对三率做适当设置(见图7-89)。

在巧影中导出视频时,提供的分辨率有:4K 2160P、QHD 1440P、FHD 1080P、HD 720P、SD 540P,其中 SD 540P 的代码是 qHD,注意是小写"q"开头,而 1440P 是 QHD,大写"Q"开头。清晰度最高的是 4K 2160P,最低的是 360P,通俗来说就是字母"P"前面的数值越大,纵横有效像素越大,分辨率就越高,视频画面就越清晰。目前大部分移动电子产品都会支持 1080P 拍摄,差一些的也支持 720P,所以导出时选 HD720P 已经足够了,若是需要上传作品到网络,可以选择 FHD1080P,专业些的可以选 4K 2160P。

帧率就是每秒显示帧数,大部分设备中的选项为 15、24(电影)、25(PAL)和 30。超过

图 7-89　导出和分享

30fps 以上的输出帧率的设置只能在高级设置中进行,而且是在当前设备兼容 60+fps 编辑功能的前提下。也就是说,巧影中导出视频时一般选用 30 帧率即可,如果是超高清视频,也可以选择比 30 大的帧率,但一般不超过 60。

码率的选择,不要过高也不要过低,过高大量占用空间,过低会影响视频质量,一般 10Mbps~15Mbps,适当调节即可。

8. 色度键

色度键可以轻松抠除频背景,也可以实现色度溶解等效果。如以下抠除绿幕背景为例(见图 7-90)。第一步,导入素材;第二步,接着利用层,导入绿幕素材,调整大小直到匹配全屏;第三步,启用色度键,并调整阈值,让绿幕素材更好与原素材贴合(图 7-91 扣除绿色背景)。

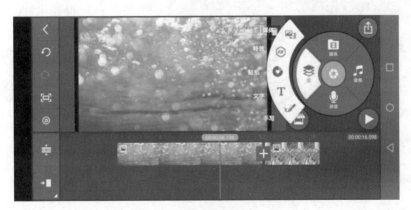

图 7-90　抠除绿幕

除了使用他人分享的绿幕素材,也可以利用绿幕/蓝幕进行拍摄,将自己置于绿幕/蓝幕背景,创作属于自己的特效视频,事实上很多不同类的视频也是这样拍摄制作的,过程简单效果却惊艳。

图 7-91　扣除绿色背景

7.5.6　视频编辑软件——其他 2 款推荐

(1) 剪映,作为抖音官方出品的短视频剪辑工具,管方 https://lv. ulikecam. com/下载。由于强大的抖音背景,使用量大,其迭代升级快,功能人性化,界面友好,有一键成片、图文成片、拍摄,前同款,查帮助,易上手,好用,强大(见图 7-92)。

(2) VUEVloge,国内领先的视频拍摄和编辑工具以及原创的 Vlog 短视频平台。VUEVlog 提供海量的音乐、贴纸、边框、字体、滤镜、转场等样式和素材,让你不费吹灰之力,就能作出媲美作品(见图 7-93)。

图 7-92　前映

图 7-93　VUE

第 8 章

新一代信息技术

21世纪,人类全面迈向一个信息时代,信息技术革命是经济全球化的重要推动力量和桥梁,是促进全球经济和社会发展的主导力量,以信息技术为中心的新技术革命将成为世界经济发展史上的新亮点。

学习目标:

- 理解新一代信息技术及其主要代表技术的基本概念。
- 了解信息安全的基本概念,信息安发展及对人们的安全威胁和思考抵御,并能解决常见的安全问题。
- 理解大数据的基本概念、结构类型和核心特征、应用场景和发展趋势;了解大数据在获取、存储和管理,大数据分析算法模式,初步建立数据分析概念。
- 了解人工智能的定义、基本特征和社会价值、发展历程。
- 了解人工智能的,及其在互联网及各传统行业中的典型应用和发展趋势、人工智能相关应用等。
- 理解云计算的基本概念,了解云计算的主要应用行业和典型场景。
- 熟悉云计算的服务交付模式;了解云网络、云存储、云数据库、云安全、云开发等。
- 了解物联网的概念、应用领域和发展趋势。
- 了解区块链的概念、发展历史、技术基础、特性、了解区块链技术的价值和未来发展趋势等。
- 熟悉移动通信技术中的传输技术、组网技术等。
- 理解通信技术、现代通信技术、移动通信技术、5G技术等概念,了解5G发展历程及未来趋势\应用场景、基本特点和关键技术。

8.1 认识信息安全

网络的高度普及,信息技术的飞速发展,深刻影响着社会历史发展进程,充斥着人类生活的方方面面,移动互联,大数据云计算人工智能等技术给我们生活带来便利的同时,伴随着信息革命的飞速发展互联网通信网计算机系统,自动化控制系统,数字设备以及承载的应用服务数据等组成的网络空间,造成的信息社会形态,正在全面地改变国与国之间,人与人之间的生产生活和交往方式,深刻地影响着人类社会发展的历史进程,然而由于人们对信息的高度依赖,伴随而来的是严峻的信息安全和网络安全问题。

8.1.1　信息安全的概念和演变

信息安全这个概念的内涵和外延一直在发生变化,最早的信息安全称之为"传统信息安全"。

第一个阶段:通信保密阶段。一般认定为20世纪40年代开始,标志是信息论的创始人香农1949年发表《保密系统的信息理论》,他的文献当时主要关注通信保密的主体是军队和政府,目的就是确保通讯内容的保密性,防止非授权人员获取信息同时保证信息的真实性,所谓保密性,就是信息不被泄露给非授权的用户、实体或者过程或者被其利用的特征,保密性是信息安全保护的最基本最重要的目标。

图 8-1　保密技术

第一阶段常用的保密技术主要包括以下几类:如图8-1所示,首先是防侦收,就是使对手接收不到或者侦收不到有用的信息;其次是防辐射防止有用信息以各种形态和各种途径辐射出去造成的泄密;第三是信息加密,这是利用密码技术对信息进行加密处理,即使获取加密后的数据,也需要密钥才能读取数据;第四是物理加密,利用各种物理手段,限制隔离掩盖控制等措施,防止信息被泄露;第五是信息隐形,这种技术是将信息嵌入到其他客体,隐藏信息的存在。

第二个阶段:计算机安全和信息系统安全。20世纪70年代开始,计算机开始普及应用,出现了通信网络。其标志事件是1977年美国国家标准局公布了《数据加密标准》和1985年美国国防部公布的《可信计算机系统评估准则》数据加密标准也称DES(Data Encryption Standard)是由1971年IBM公司设计出的一个加密算法,1977年经美国国家标准局(NBS)采用作为联邦标准之后,已成为金融界及其他各种民间行业最广泛应用的对称密码系统,是第一个被公布出来的标准算法。由美国国家标准局公布的用于数据加密的对称密钥算法,在1977年耗资2000万美元建造一个专门计算用于DES的解密系统,需要花12小时以上才能够得到结果,因此DES被认为是一种非常强大的加密方法。尽管计算机硬件及破解技术的发展日新月异,但对DES的攻击也仅仅做到了"质疑"的地步,其主要缺点之一是密钥太短。1985年美国国防部公布的《可信计算机系统评估准则》又称桔皮书,它为计算机安全等级进行了分类,分为DCBA共四类七级别,由低到高其中D级不具备最低安全限度的等级C1和C2具备最低限度的等级,B1和B2是具有中等安全限度的等级,最

图 8-2　评估准则

高的是B3和A它属于最高等级的安全保护,人们开始关注计算机系统中的软硬件以及在过程处理、存储中的人保密性,增加了信息安全的完整性、可控性和可用性,这也是后来国际标准化组织,对于信息安全定义的基础,如图8-2所示。

第三个阶段:信息保障。20世纪90年代末开始,当时提出的是信息保障的理念,这主要是人们由于对于安全期望的加大,信息系统存在被攻击日益频繁,信息安全不仅仅满足于简单的防护,人们期望的是对于整个信息和信息系统的保护和防御,包括对于信息的保护检测反应和恢复功能,人们也开始考虑安全和应用的平衡,安全和应用追求适度风

险的信息安全成为共识,安全不再单纯以功能或者机制的强度作为评判标准。标志性事件是美国军方提出的信息保障(Information Assurance)的概念,即保护和防御信息和信息系统,确保其可用性、完整性、保密性、鉴别、不可否认性等特征。包括在信息系统中融入保护、检测、反应功能,并提供信息系统的恢复功能。1998 年,美国国家安全局颁布《信息保障技术框架》为保护美国政府和工业界的信息与信息技术设施提供技术指南,其代表理论为"深度防护战略",信息安全由"保护网络和基础设施""保护边界""保护计算环境"和"支撑基础设施"并依赖于人技术和操作来共同实现。2002 年美国《联邦信息安全管理法案》(FISMA)对信息安全做了以下的定义:信息安全指保护信息和信息系统,防止未经授权的访问、使用、泄露、中断、修改或者破坏,如图 8-3 所示。

图 8-3　信息保障

- 完整性,防止对于信息进行不适当的修改或者破坏,包括确保信息的不可否认性和真实性。
- 保密性,信息的访问和披露要经过授权,包括个人隐私和专属信息的手段。
- 可用性,确保可以及时可靠地访问和使用信息。

技术层面理解,按照信息系统的应用情况和网络结构,一般把信息安全定位为五个层次,如表 8-1 所示。

表 8-1　信息安全定位

物理层安全	网络层安全	系统层安全	应用层安全	管理层安全
通信线路的安全、物理设备的安全、机房的安全等	网络层身份识别、网络资源的访问控制、数据传输的保密与完整性,远程接入的安全,域名系统的安全,路由系统的安全、入侵检测的手段,网络设施防病毒等	网络内使用的操作系统的安全	应用软件和业务数据的安全性,包括数据库软件、Web 服务、电子邮件系统等	安全技术和设备的管理、安全管理制度、部门与人员的组织规则等

第四阶段:复合安全观下的信息安全。进入 21 世纪之后,信息化对我们信息社会的发展,影响更加深刻,信息技术,尤其是物联网移动互联,云计算大数据,人工智能等技术的广泛应用高度渗透着社会的重大突破和变革,同时信息资源大数据日益成为重要的生产要素,无形资产和社会财富,网络更加普及并且日趋融合,互联网成为信息传播和知识扩散的新载体,也成为各种思想文化思潮的新空间,信息化与全球化相互交织,推动着全球产业分工深化和经济结构调整,促进了数字经济的发展,重塑了全球经济竞争的新格局。而信息安全范畴包括:

(1) 信息安全的角度,从关注简单的技术后果,扩展为关注信息安全对于国家政治、经济、军事、文化等全方位的影响。

(2) 超越了传统的网络与信息系统,将信息内容安全容纳进来,即内容的保护、识别、运用以及信息内容对于主体造成影响的评估,也纳入到信息安全。

【例8.1】 我们政府的数字化,如图8-4所示,电子政务的主旨是提高行政效率,改进政府行政效能。

电子政务在提高行政效率改进政府行政效能,扩大民生参与的作用日益明显,方便民生办事等方面的作用日益明显。

【例8.2】 信息战,如图8-5所示,复合安全使得现代化战争形态发生重大变革,成为世界新军事变革的核心内容。

图 8-4　电子政务

图 8-5　信息战

综述,国民经济和社会发展,对于信息化的高度依赖,使得信息安全不仅影响公民个人权益,更关系到国家安全经济发展、社会稳定、公众利益等重大的战略问题。

在新形势下,信息安全出现网络安全替代信息安全,标志性改变是从2002年世界经济合作与发展组织,2003年美国政府发布了《网络空间安全国家战略》之后开始,各国家如英国、澳大利亚、加拿大、德国、印度、韩国、日本等国家,都出台了国家网络安全战略,网络安全成为逐步代替信息安全的另外一个概念。

我国的信息安全立法始于1994年,聚焦网络空间或者网络安全,是始于2012年,党的十八大报告采用了信息安这一概念,是2014年2月中央网络安全和信息化领导小组会议上,习近平总书记提出"没有网络安全就没有国家安全,没有信息化就没有现代化。"从此之后,我们国家对于网络安全的保护提上了战略高度;2016年11月7日全国人大常委会也通过了《中华人民共和国网络安全法》。

2016年12月27日,国家互联网信息办公室发布了我国的《国家网络空间安全战略》阐明我国关于网络空间发展和安全的重大立场,指导我国网络安全工作,维护国家在网络空间的主权安全和发展利益。出现了新的信息安全观,信息安全是信息时代个人权益与公民利益的直接相关,同时更体现信息安全是国家安全的重要组成部分,是国家重大安全领域之一。

8.1.2　信息安全特征

进入21世纪,信息技术的飞速发展和人们对信息的高度依赖,伴随而来的是严峻的信息安全问题,小到个人隐私,大到国家机密,都需要信息安全来保障。

1. 信息安全威胁的多元性

信息安全是一种典型的非传统安全,对于国家和社会比传统安全风险呈现出很多新的特征。在传统的安全环境当中,国家安全威胁的构成相对比较简单,一般人对国家政权的挑战或危害国家安全的强烈动机，也基本不具备成功的途径和工具。但在信息社会，新的安全因素广泛多元，具有危害全球的即时效应和连锁反应，具有威胁的多元性。在 2002 年美国发布了《信息系统保护国家计划》他们对于信息时代的威胁，做了战略判断："我们面临着许多危险……在惹是生非的黑客、硬件和软件缺陷、计算机犯罪以及更令人担忧的敌对国家和恐怖分子的处心积虑的攻击面前，我们实在是脆弱不堪。"

信息时代主要人为的安全威胁包括三种类型，一个是影响国家安全，主要是信息战的部队情报机构、敌对势力和政治团体，还有就是共同的安全威胁，包括恐怖分子、工业间谍和犯罪分子，还有一般的安全威胁就是骇客或者一般的黑客，黑客就是非法获取利益，报复社会恶意攻击的这些黑客。我们来看看影响国家安全的信息战部队，信息战是现代战争的基本形式，是指敌我双方在信息领域和网络空间的斗争和对抗。具体来说就是以数字化部队为基本力量，以争夺、控制和使用信息为主要内容，以各种信息武器和装备为主要手段而进行的对抗和斗争，具有战场透明、行动实时、打击精准、整体协调和智能化程度高的特征。

美国在 1999 年就将信息战武器定义为大规模的破坏性武器与核生化武器等大规模杀伤性武器相提并论。信息战的主要武器包括计算机病毒、蠕虫木马、逻辑炸弹、后门破坏性芯片、微型智能机器人、电子阻塞高能微波枪、电磁脉冲炸弹、声波武器和传播武器，如图 8-6 所示，很多国家已经形成信息战的系统理论和战法，组建起信息战部队。

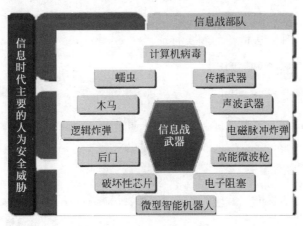

图 8-6 信息战武器

2013 年的棱镜门事件，2013 年 6 月前美国中情局职员爱德华·斯诺登向英国《卫报》和美国《华盛顿邮报》披露美国国家安全局和美国联邦调查局在 2007 年就启动了一个代号为棱镜的秘密监控项目，直接进入美国国际网络公司的中心服务器，挖掘数据收集情报，包括微软、雅虎、谷歌、苹果在内的国际网络巨头。棱镜门事件披露出，不仅仅美国公民被监控，甚至美国的盟国也被监控，但是时任美国总统奥巴马在 2013 年 7 月辩称，情报机构的工作是为了更好地认识世界，前美国国务卿克里也辩解说，监控是出于国家利益考虑，各种各样的情报，对于维护国家安全有好处，斯诺登后来向德国《明镜》周刊提供的文件表明，美国针对中国进行大规模的网络攻击，并把中国领导人和华为公司列为目标，攻击的目标还包括商务部外交部、银行和电信公司等。美国国家安全局对部分中国企业进行了攻击和监听，例如为了追踪中国军方，美国国家安全局入侵了中国两家大型移动通信网络公司，因为担心华为在其设备中植入后门，美国国家安全局攻击并监听了华为公司网络，获取了客户资料、内部培训文件和内部电子邮件,甚至还有个别产品的源代码。敌对势力恐怖分子、工业间谍犯罪分子、黑客内部人员,都成为信息安全的威胁主体,世界经济论坛在《2018年全球风险报告》中指出,在十大可能性最高的风险因素中,网络攻击位列第三位,前两位是极端的天气事件和自然灾害。

2. 信息安全攻防的非对称性

表现为攻防技术的不对称,攻防成本的不对称,即技术成本风险成本都很低,但是危害巨大,还有攻防主体的不对称,就是弱势的一方可以找到强者的漏洞,而进行攻击。

例如:2004年波及全球的震荡波蠕虫病毒,如图8-7所示,只是德国北部罗朦堡一个18岁的小青年叫斯文·雅尚,他为了清除其他病毒而编写的一段程序,结果利用微软公司的软件漏洞,进行了传播,最终形成了著名的蠕虫病毒,全球约有1800万台计算机,感染了这一病毒,包括我国计算机用户也深受其害。

由于系统的日趋复杂,软件之中的安全漏洞是普遍存在的,越来越多的证据表明,黑客更加善于在发现安全漏洞之后,就利用它们进行攻击,就利用它们进行攻击,以往安全漏洞被利用,一般需要几个月时间,但现在,漏洞被发现和利用漏洞攻击之间的时间差,已经减少到数天,有的是当天被发现和攻击,这被称之为"零日攻击"。我国互联网应急中心检测表明,2019年1月到8月,如图8-8所示,我国互联网感染病毒终端的数量,每月都在60万到130万之间,呈现出一种无法根治的顽疾特征。

时间	病毒感染终端数(个)	高危漏洞(个)	可远程攻击漏洞(个)
2019年1月	75万	336	953
2019年2月	71万	243	708
2019年3月	69万	343	1005
2019年4月	79万	333	801
2019年5月	61万	306	936
2019年6月	68万	320	841
2019年7月	70万	585	1389
2019年8月	130万	445	1552

图 8-7 蠕虫病毒　　　　　　　　图 8-8 终端感染

攻防不对称性的一面,是违法的风险小,震荡波的病毒制造者,因为传播病毒时不足18岁,所以几乎没有受到多少惩罚,另外2019年6月2日,著名的GandCrab勒索病毒,如图8-9所示,开发者在论坛上发帖宣布金盆洗手,他表示通过合作,一年内人们购买他的软件,已经获得超过20亿美元的收入,平均每周入账250万美元。他个人获得1.5亿美元并且打算洗白自己退出黑客组织。

3. 信息安全影响的广泛性

信息化的发展,网络和通信技术的广泛应用,人们的生活工作紧密结合在一起,一旦出现信息安全事件,对于国家安全公共利益和公民个人权利造成不良影响,以及造成的直接损失和间接的经济损失事件,往往是巨大的。截至2018年年底,全球人口数约76亿,其中手机用户51.12亿,网民43.88亿,有34.84亿活跃在社交媒体上,如图8-10所示,我国在

图 8-9　勒索病毒

2019 年 6 月,网民规模达到 8.54 亿,因而可以看出互联网空间的人群聚集,以及聚集效应极强关联影响极大,主要表现为影响人群广泛,扩散性强和连锁反应强;2006 年 10 月熊猫烧香病毒在我国广为传播对重约有 200 万台计算机感染这一病毒;2017 年 5 月名为"想哭"的勒索病毒袭击全球 150 个国家和地区受到影响,包括政府部门医疗服务公共交通,邮件通信和汽车制造业;2018 年主要的信息安全事件影响规

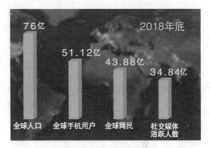

图 8-10　全球网民

模大的,包括 2018 年万豪集团数据被泄露接近 5 亿用户数据外泄 2018 年 8 月,台湾积体电路制造股份有限公司,遭受勒索病毒的感染;三天就损失了 17.6 亿元人民币;在 2018 年 3 月,美国的安德玛公司数据被泄露,通过网络攻击,超过 1.5 亿用户数据被泄露;2018 年 2 月,韩国平昌冬奥会网站,因为网络黑客攻击而停运,2018 年 1 月,印度的国家身份认证系统被网络攻击,11 亿公民信息遭泄露。

4．信息安全的后果非常严重

主要表现为造地区混乱,颠覆国家政权、基础设施损坏、经济损失制等。

（1）利用信息战结合实体战争和网络意识形态渗透推翻或者颠覆国家政权,如在 2003 年,美军入侵伊拉克的信息战。还有一种就是西方的新媒体与颜色革命相结合如阿拉伯之春,自 2010 年底,在突尼斯、埃及、利比亚、也门、叙利亚等阿拉伯国家和其他地区一些国家,发生的一系列以民主和经济为主题的反政府运动,在这一场被称为阿拉伯之春的运动中以维基解密网站推特脸书,手机短信等为代表的新媒体,通过非传统手段和方式推波助澜,对事件发展起到了重大的助推作用,在一定程度上,成为突尼斯、埃及等国,阿拉伯世界动荡不宁的背后推手,在运动爆发后,人们又通过新媒体平台相互传输信息彼此联系、脸书及推特等社交媒体中,扮演着联络和发布平台的作用;新媒体对于运动进行实时报道,进一步催化了运动的蔓延,为示威的持续提供了新动力;美国《福布斯》杂志的文章《网络战走在革命前面》一文称"突尼斯"是第一个实现是由网民推翻现政权的阿拉伯国家。

图 8-11   震网病毒攻击

（2）攻击重要的基础设施,如震网病毒攻击,如图 8-11 所示,震网病毒是第一个专门定向攻击物理世界中基础能源设施的蠕虫病毒,例如国家核电站、水坝、国家电网等,2010年震网病毒以伊朗核设施为目标,通过渗透Windows 操作系统,对其进行重新编程而进行实施破坏,让伊朗的核计划拖后了两年。

（3）造成重大的经济损失,互联网普及应用以来,全球有很多次造成巨大损失的信息安全事件,典型案例是：2017 年 5 月 12 日,"Wannacry"(想哭)比特币勒索病毒在全球范围内爆发,事件波及 150 多个国家和地区、10 多万的组织和机构以及 30 多万网民,损失总计高达 500 多亿元人民币。医院、教育机构以及政府组织都遭受了攻击。

（4）事件的突发性,信息威胁具有潜伏性和不可预测性,攻击具有隐形性,虚拟空间中源头无法实行判断,攻击后物理设备未造成破坏的话,攻击行为可以不留痕迹,因而在信息安全事件中,安全预警困难,被攻击一方往往不能组织有效防御,甚至有些事件最终没被察觉,事故性质容易混淆,恶意攻击和偶发事件难以区分,损失评估无从进行。信息安全事件突发性带来的被动局面,目前采取的措施是加强信息的安全预警和检测能力的建设,核心目标就是进行危害评估,如美国的网络风暴就是由美国政府主导的全方位的大规模网络安全演习,网络风暴由美国国土安全部举办,一般每隔两年在美国本土举行一次。演习的主要目标就是测试协调机制,评估美国国家网络事件响应计划和事件响应效果。

8.2   大数据概述

当今是数据"爆炸"的年代,从你开手机的那一刻起,数据已经产生,人们日常的衣食住行数据无时无刻不在产生。它们就像空气一样围绕在我们身边,虽然看不见摸不着,但如果没有它们,我们的生活将寸步难行。大数据时代已经到来,大数已日渐渗入社会的各行各业,人们的生活也已发生巨大的变化。

8.2.1   大数据概念及特征

随着社会的信息化程度不断提升,大数据作为一种载体被应用到了方方面面,成为了21 世纪重要的生产力来源。

那大数据到底是什么?

大数据(Big Data)是指"无法用现有的软件工具提取、存储、搜索、共享、分析和处理的海量的、复杂的数据集合。"业界通常用 4 个 V 即：体量大(Volume)、类型多(Variety)、速度快(Velocity)、多变性(Velocity)等来概括大数据的特征,如图 8-12。

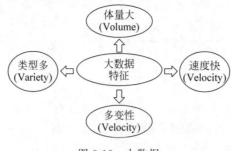

图 8-12 大数据

1. 数据体量巨大

据报道,据国际信息技术咨询企业国际数据公司(IDC)的报告,2020 年全球数据存储量将达到 44ZB(2^{70}),到 2030 年将达到 2500ZB。那么究竟这些数据有多大呢? 数据最小单位是位 bit(比特)(Binary Digits),存放一位二进制数,即 0 或 1,8 个二进制位为一个字节 byte,即"1B",B 是数据存储最常用的单位。从大到小一般用 B、KB、MB、GB、TB、PB、EB、ZB、YB、BB 来表示,它们之间的关系是:

1Byte＝8bit

1KB(Kilobyte 千字节)＝1024B＝2^{10}B

1MB(Megabyte 兆字节)＝1024KB＝1024 * 1024B＝2^{20}B

1GB(Gigabyte 吉字节)＝1024MB＝2^{30}B

1TB(Trillionbyte 太字节)＝1024GB＝2^{40}B

1PB(Petabyte 拍字节)＝1024TB＝2^{50}B

1EB(Exabyte 艾字节)＝1024PB＝2^{60}B

1ZB(Zettabyte 泽字节)＝1024EB＝2^{70}B

1YB(Yottabyte 尧字节)＝1024ZB＝2^{80}B

1BB(Brontobyte 波字节)＝1024YB＝2^{90}B

……

因此,上面 44ZB 数据等于 44 * 1180591620717411303424(十万亿亿字节)。

2. 数据类型多样

多样性说明了数据可能来自多个数据库、数据领域或多种数据类型。大数据来自多种数据源,包含了不同种类的数据类型和格式,比如文本、图像、音频、视频等,以及各种结构化、非结构化、半结构化数据,不连贯的语义或者句意。结构化数据指的是由二维表结构来逻辑表达和实现的数据,主要通过关系型数据库进行存储和管理;非结构化数据指的是数据结构不规则、不完整的数据模型,包括所有格式的办公文档、文本、图片、各类报表、图像和音视频信息等。半结构化数据是结构化数据的一种形式,它并不符合关系型数据库或其他数据表的形式关联起来的数据模型结构,但包含相关标记,用来分割语义元素以及对记录和字段进行分层。简单来说,半结构化数据就是结构变化很大的结构化数据,因为我们要了解数据的细节所以不能像处理非结构化数据一样将数据简单地组织成一个文件,由于结构变化很大,也不能简单地建立一个和它相对应的表。大数据时代,结构化数据仅占全部数据量的约20%,其余约80%都是以文件形式存在的非结构化和半结构化数据。这对数据获取、存储、流转和处理分析的能力提出了更高的要求。

3. 数据速度快特征

速度指的是单位时间的数据流量。数据的时效性对于当前的智能化业务是极其重要的,当数据失去其时效性时,它就失去了作用和价值,同时可能带来连锁反应。例如搜索引擎对于数据的实时更新问题,如果更新不及时,那么很可能用户将收到已经发生改变了的数据,从而造成对于业务的错误评估。因此针对不同的业务,我们需要分情况研究数据的时效性,确保数据是真实、准确、实时的。在如此海量的数据面前,处理数据的效率就是企业的生命。

4. 数据多变性特征

多变性描述了大数据其他特征,即体量、多样性和速度等特征都处于多变状态。

大数据具有多层结构,这意味着大数据会呈现出多变的形式和类型。相较于传统的业务数据,大数据存在不规则和模糊不清的特性,造成很难甚至无法使用传统的应用软件进行分析。大数据的多样性妨碍了处理和有效地管理数据的过程,大数据时代带来的挑战之一就是如何快速处理并从以各种形式呈现的复杂数据中挖掘价值。

8.2.2　大数据发展与应用

从文明之初的"结绳记事",到文字发明后的"文以载道",再到近现代科学的"数据建模",数据一直伴随着人类社会的发展变迁,承载了人类基于数据和信息认识世界的努力和取得的巨大进步。然而,直到以电子计算机为代表的现代信息技术出现后,为数据处理提供了自动的方法和手段,人类掌握数据、处理数据的能力才实现了质的跃升。信息技术及其在经济社会发展方方面面的应用(即信息化),推动数据(信息)成为继物质、能源之后的又一种重要战略资源。

大数据无处不在,大数据就在我们身边,随着时代发展,物联网和通信技术的不断发展,将面对更加庞大的数据浪潮,这为大数据的分析、存储带来了巨大挑战,大数据技术发展也将也迎来蓬勃快乐发展趋势。

1. 我国大数据应用发展情况

全面从创新进展、应用推广、企业发展、投融资、政策环境等方面概括总结大数据发展重点和特点。我国大数据技术虽然起步晚,随着数字化建设的进步,不同行业的数据采集和应用能力将会不停提升,我国积累更加海量的数据。目前大数据产业应用大致有如下特点:

(1) 我国互联网产业的大数据发展态势较为良好,市场化程度较高,涌现了一批具有国际领先水平的大数据平台,并且诸多公司在移动支付、征信系统和电子商务等领域在世界上处于领先地位。例如依托于互联网技术的电子商务平台将各个角落的消费者和提供商联系在一起,集合了物流、支付、信用管理等配套功能,大幅提高了交易效率。根据阿里研究院的报告,在过去的十年里,中国电子商务规模增长了十倍有余并且仍旧呈加速发展趋势。

（2）信息化建设和大数据技术加持下的政务系统在综合服务管理能力和政务服务的便捷程度上有了质的提升,公众能够更有效地参与到社会治理中去,共同建成共策、共商、共治的生态。

（3）大数据结合紧密的行业逐步向工业、政务、电信、交通、金融、医疗、教育等领域广泛渗透,如图 8-13 所示,应用逐渐向生产、物流、供应链等核心业务延伸,涌现了一批大数据典型应用。电力、铁路、石化等实体经济领域龙头企业不断完善自身大数据平台建设,持续加强数据治理,构建起以数据为核心驱动力位用"脱虚向实"趋垫明显,大数据与实体经济深度融合不断加深。

- 互联网行业。随着社交网络用户数量大幅提升,利用社交大数据信息进行消费者行为分析、品牌营销和市场推广的行为是大数据分析的重点,这些来自于电商和平台的数据能够有效反映用户的画像和消费习惯,有很高的分析价值。如何从海量用户数据中挖掘有效信息是互联网产品主要考虑的问题,传统的以搜索引擎为代表的数据挖掘技术已经无法满足用户的检索需求。随着机器学习和神经网络的不断落地,诞生了一批以字节跳动为代表的数据技术导向型的服务提供商,如图 8-14 所示,通过利用机器学习相关方法,向用户提供更为个性化的内容推荐。未来,随着公司数据保有量的不断增多,必将有更多个性化内容服务出现。而随之带来的数据隐私保护等相关问题也将进一步带动差分隐私、联邦学习等着力解决用户数据隐私的技术的发展。

图 8-13 大数据应用现状

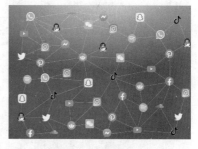

图 8-14 服务提供商

- 工业领域。工业大数据是指在工业生产过程中的研发设计、生产销售和运输售后等环节中的数据。2019 年,国家电网大数据中心成立,目的是打通数据壁垒、发掘数据价值、发展数字经济,推进数据的高效使用,实现数据资产的统一管理运营。随着工业大数据成熟度的提升,工业大数据的价值挖掘也逐渐深入。目前,各个工业企业已经开始面向数据全生命周期的数据资产管理,逐步提升工业大数据成熟度,深入工业大数据价值挖掘。

- 金融业领域。大数据在金融行业深入应用,科技对 15∶10 于金融的作用被不断强化,金融业发展进入新阶段。大数据技术为金融行业带来大量数据种类和格式丰富、不同领域的大数据,而基于大数据的分析能够从中提取有价值的信息,为精确评估、预测以及产品和模式创新、提高经营效率提供新手段。

当前,各银行机构纷纷成立数据中心,以金融行业本身的数据优势,通过大数据分析为业务质量提升赋能,规范行业秩序并降低金融风险。同时,各大金融机构由于信息化建设基础好、数据治理起步早,使得金融业成为数据治理发展较为成熟的行业。

除了上述行业之外,医疗、能源、教育、文化、旅游等各行各业的大数据应用也都在快速发展。我国大数据的行业应用越来越广泛,正加速渗透到经济社会的方方面面。

2. 大数据处理阶段(如图 8-15 所示)

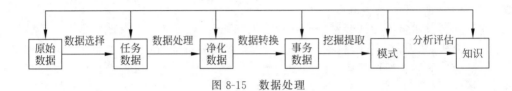

图 8-15　数据处理

(1) 数据采集(系统日志采集,互联网数据采集,ETL)在网上采集各种信息。

(2) 数据预处理(数据清理,数据集成,数据变换,数据规约)采集到信息杂乱,需要处理。

(3) 数据存储(HDFS,NoSQL,云存储)处理完数据我们要把它存储起来。

(4) 数据分析与挖掘(关联,聚类,分类,预测,回归,机器学习)对数据分析产生价值。

(5) 数据可视化(标签云,流式地图,聚类图,信息流热力图),如图 8-16 所示。

图 8-16　数据可视化

3. 大数据个人与个人实际相关

数据的搜集并不是大数据的核心价值,即核心是如何挖掘并分析出有用的数据,对普通人来说大数据能根据,大数据来匹配小明最需要的东西,举个理想化的例子:小明从贵州到北京出差,小明下楼时就有专车(或是无人驾驶车)在等候,车辆已经判断小明要坐飞机去,然后根据实时交通情况将小明送到机场,等他下了飞机后,北京这边已经有车(或是无人驾驶车)在等候送小明到已经预订的酒店,如此精确,这就是大数据已经掌握了你之前所有的消费习惯,而大数据的便捷,大数据正在改变各行各业及每一个人的生活。大数据带给我们方便的同时也带来了困扰,当我们在淘宝、京东、拼多多上查询了某款商品,下一次你点

App 或打开浏览器时，各种小广告是否和这款商品有关，有时手机上还来个弹窗广告，也和这款商品相关，看着你不厌其烦，还有最近很火的大数据杀熟事件，许多网络平台在分析用户偏好等信息后，不约而同的把矛头指向熟客老客价高于新手价专挑会员，懂你的人伤你最深。

2018 年 3 月 20 日 Facebook 爆出了大丑闻，多达 5000 万用户的信息遭泄露，扎克伯格也因此公开道歉，这次 Facebook 事件之所以严重，是因为公众突然开始意识到，在大数据的惊人分析能力下，你所有的个人信息都可能被他人轻易掌握。大数据时代给我们带来方便的同时，我的信息是处于"裸奔"状态。然而大数据挖掘个人隐私很多，但是不能主动去泄露，以下几点可以帮助我们防范不必要的信息泄露：

（1）谨防钓鱼网站，网购时要仔细查看登录网站的域名是否正确，切勿轻易点击短信中附带的不明网址，更不要在陌生网站上随意填写个人资料。

（2）慎连免费 WiFi，黑客只需要凭借简单设备就可盗取 WiFi 上任何用户名和密码，所以大家蹭网要谨慎，不要在公共场合使用，没有密码的 WiFi 也尽量不要在公共 WiFi 网购不登录。

（3）支付平台、不在社交平台中随意透露个人信息，不晒包含个人隐私信息的照片。

（4）慎重参加网络调查和抽奖活动，及时清除旧手机的数据信息，在未来大数据会产生更多价值，皇家相信如何运用好大数据这把双刃剑会成为网络时代的主要课题。

8.3 初识云计算

8.3.1 云计算概念

云计算（Cloud Computing）是一种新技术，一种新概念、新模式；其定义有多种说法，美国国家标准与技术研究院（NIST）的定义：云计算是一种通过网络，按使用量付费来获取计算工信资源（包括网络、服务器、存储、应用软件、服务）的模式，该模式只需通过简单的管理和与供应商进行少量的交互，就能达到快速提供资源的目的。百度百科上给是：云计算是分布式计算的一种，指的是通过网络"云"将巨大的数据计算处理程序分解成无数个小程序，然后，通过多部服务器组成的系统进行处理和分析这些小程序得到结果并返回给用户。

云计算又称为网格计算。通过这项技术，可以在很短的时间内（几秒钟）完成对数以万计的数据的处理，从而达到强大的网络服务。云计算是一种模式，它实现了对共享可配置计算资源的方便、按需访问。

8.3.2 云计算发展历史

云计算这个概念于 2006 年 8 月 9 日，Google 首席执行官埃里克·施密特（Eric Schmidt）在搜索引擎大会（SESSanJose2006）首次提出"云计算"（Cloud Computing.）的概念。

2007 年以来，"云计算"成为了计算机领域最令人关注的话题之一，同样也是大型企业、互联网建设着力研究的重要方向。因为云计算的提出，互联网技术和 IT 服务出现了新的模式，引发了一场变革。

在 2008 年,微软发布其公共云计算平台(Windows Azure Platform),由此拉开了微软的云计算大幕。同样,云计算在国内也掀起一场风波,许多大型网络公司纷纷加入云计算的阵列。

2009 年 1 月,阿里软件在江苏南京建立首个"电子商务云计算中心"。同年 11 月,中国移动云计算平台"大云"计划启动。到现阶段,云计算已经发展到较为成熟的阶段。

2019 年 8 月 17 日,北京互联网法院发布《互联网技术司法应用白皮书》。发布会上,北京互联网法院互联网技术司法应用中心揭牌成立。

8.3.3 云计算特征

云计算是解决各企业数据处理中的难题,无法承担昂贵的运行成本,避免在使用服务器运行中花费大量初期建设、运行中电费、网络维护、管理等高额成本,云计算机就在这样的基础上应运而生。云计算运行的灵活性、可扩展性和性价比的优点,与传统的网络应用模式相比,其优势与特点有,如图 8-17 所示。

图 8-17 云计算特征

1. 虚拟化技术

必须强调的是,虚拟化突破了时间、空间的界限,是云计算最为显著的特点,虚拟化技术包括应用虚拟和资源虚拟两种。众所周知,物理平台与应用部署的环境在空间上是没有任何联系的,正是通过虚拟平台对相应终端操作完成数据备份、迁移和扩展等。

2. 动态可扩展

云计算具有高效的运算能力,在原有服务器基础上增加云计算功能能够使计算速度迅速提高,最终实现动态扩展虚拟化的层次达到对应用进行扩展的目的。

3. 按需部署

计算机包含了许多应用、程序软件等,不同的应用对应的数据资源库不同,所以用户运行不同的应用需要较强的计算能力对资源进行部署,而云计算平台能够根据用户的需求快速配备计算能力及资源。

4. 灵活性高

目前市场上大多数 IT 资源、软、硬件都支持虚拟化,比如存储网络、操作系统和开发软、硬件等。虚拟化要素统一放在云系统资源虚拟池当中进行管理,可见云计算的兼容性非常强,不仅可以兼容低配置机器、不同厂商的硬件产品,还能够外设获得更高性能计算。

5. 可靠性高

倘若服务器故障也不影响计算与应用的正常运行。因为单点服务器出现故障可以通过虚拟化技术将分布在不同物理服务器上面的应用进行恢复或利用动态扩展功能部署新的服务器进行计算。

6. 性价比高

将资源放在虚拟资源池中统一管理在一定程度上优化了物理资源,用户不再需要昂贵、存储空间大的主机,可以选择相对廉价的 PC 组成云,一方面减少费用,另一方面计算性能不逊于大型主机。

7. 可扩展性

用户可以利用应用软件的快速部署条件来更为简单快捷的将自身所需的已有业务以及新业务进行扩展。如,计算机云计算系统中出现设备的故障,对于用户来说,无论是在计算机层面上,亦或是在具体运用上均不会受到阻碍,可以利用计算机云计算具有的动态扩展功能来对其他服务器开展有效扩展。这样一来就能够确保任务得以有序完成。在对虚拟化资源进行动态扩展的情况下,同时能够高效扩展应用,提高计算机云计算的操作水平。

8.3.4　交付服务类型

通常,它的服务类型分为三类,如表 8-2 所示,即基础设施即服务(IaaS)、平台即服务(PaaS)和软件即服务(SaaS)。这 3 种云计算服务有时称为云计算堆栈,因为它们构建堆栈,它们位于彼此之上,以下是这三种服务的概述。

表 8-2　交付服务类型

类　　型	类型(形象比)	传统 IT	IaaS	PaaS	SaaS
应用	面包		自己管理	自己管理	服务商管理
数据	材料配料		自己管理	自己管理	服务商管理
运行管理	制作		自己管理	服务商管理	服务商管理
中间设备	菜、肉等	自己管理	自己管理	服务商管理	服务商管理
操作系统	餐桌		服务商管理	服务商管理	服务商管理
服务器	烤炉		服务商管理	服务商管理	服务商管理
存储	煤气		服务商管理	服务商管理	服务商管理
网络	厨房		服务商管理	服务商管理	服务商管理
备注		自主服务	基础设施及服务	平台即服务	软件即服务

1. 基础设施即服务

基础设施即服务是主要的服务类别之一,它向云计算提供商的个人或组织提供虚拟化计算资源,如虚拟机、存储、网络和操作系统。

2. 平台即服务

平台即服务是一种服务类别,为开发人员提供通过全球互联网构建应用程序和服务的平台。PaaS 为开发、测试和管理软件应用程序提供按需开发环境。

3. 软件即服务

软件即服务也是其服务的一类,通过互联网提供按需软件付费应用程序,云计算提供商托管和管理软件应用程序,并允许其用户连接到应用程序并通过全球互联网访问应用程序。

8.3.5　实现关键技术

1. 体系结构

实现计算机云计算须需要创造一定的环境与条件,尤其是体系结构必须具备以下关键特征。

(1) 要求系统必须智能化,具有自治能力,减少人工作业的前提下实现自动化处理平台智地响应要求,因此云系统应内嵌有自动化技术。

(2) 面对变化信号或需求信号云系统要有敏捷的反应能力,所以对云计算的架构有一定的敏捷要求。与此同时,随着服务级别和增长速度的快速变化,云计算同样面临巨大挑战,而内嵌集群化技术与虚拟化技术能够应付此类变化。

云计算平台的体系结构由用户界面、服务目录、管理系统、部署工具、监控和服务器集群组成:

(1) 用户界面。主要用于云用户传递信息,是双方互动的界面。

(2) 服务目录。顾名思义是提供用户选择的列表。

(3) 管理系统。主要对应用价值较高的资源进行管理。

(4) 部署工具。能够根据用户请求对资源进行有效地部署与匹配。

(5) 监控。主要对云系统上的资源进行管理与控制并制定措施。

(6) 服务器集群。服务器集群包括虚拟服务器与物理服务器,隶属管理系统。

2. 资源监控

云系统上的资源数据十分庞大,同时资源信息更新速度快,想要精准、可靠的动态信息需要有效途径确保信息的快捷性。而云系统能够为动态信息进行有效部署,同时兼备资源监控功能,有利于对资源的负载、使用情况进行管理。资源监控作为资源管理的"血液",对整体系统性能起关键作用,一旦系统资源监管不到位,信息缺乏可靠性那么其他子系统引用了错误的信息,必然对系统资源的分配造成不利影响。监视服务器综合数据库有效信息对所有资源进行分析,评估资源的可用性,最大限度提高资源信息的有效性。

3. 自动化部署

科学进步的发展倾向于半自动化操作,实现了出厂即用或简易安装使用。基本上计算资源的可用状态也发生转变,逐渐向自动化部署。对云资源进行自动化部署指的是基于脚本调节的基础上实现不同厂商对于设备工具的自动配置,用以减少人机交互比例、提高应变效率,避免超负荷人工操作等现象的发生,最终推进智能部署进程。自动化部署主要指的是通过自动安装与部署来实现计算资源由原始状态变成可用状态。其于与计算中表现为能够划分、部署与安装虚拟资源池中的资源为能够给用户提供各类应用于服务的过程,包括了存储、网络、软件以及硬件等。系统资源的部署步骤较多,自动化部署主要是利用脚本调用来自动配置、部署与配置各个厂商设备管理工具,保证在实际调用环节能够采取静默的方式来实现,避免了繁杂的人际交互,让部署过程不再依赖人工操作。除此之外,数据模型与工作流引擎是自动化部署管理工具的重要部分,不容小觑。一般情况下,对于数据模型的管理就是将具体的软硬件定义在数据模型当中即可;而工作流引擎指的是触发、调用工作流,以提高智能化部署为目的,善于将不同的脚本流程在较为集中与重复使用率高的工作流数据库当中应用,有利于减轻服务器工作量。

8.3.6　实现形式

云计算是建立在先进互联网技术基础之上的,其实现形式众多,主要通过以下形式完成:

(1) 软件即服务。通常用户发出服务需求,云系统通过浏览器向用户提供资源和程序等。值得一提的是,利用浏览器应用传递服务信息不花费任何费用,供应商亦是如此,只要做好应用程序的维护工作即可。

(2) 网络服务。开发者能够在 API 的基础上不断改进、开发出新的应用产品,大大提高单机程序中的操作性能。

(3) 平台服务。一般服务于开发环境,协助中间商对程序进行升级与研发,同时完善用户下载功能,用户可通过互联网下载,具有快捷、高效的特点。

(4) 互联网整合。利用互联网发出指令时,也许同类服务众多,云系统会根据终端用户需求匹配相适应的服务。

(5) 商业服务平台。构建商业服务平台的目的是为了给用户和提供商提供一个沟通平台,从而需要管理服务和软件即服务搭配应用。

(6) 管理服务提供商。此种应用模式并不陌生,常服务于 IT 行业,常见服务内容有扫描邮件病毒、监控应用程序环境等。

8.3.7　云部署模式

云计算服务的部署模式主要有三种,分别是公有云、私有云和混合云,如图 8-18 所示。

图 8-18　云服务部署模式

1. 公有云

公有云是指云基础设施由一个提供云计算服务的运营商所拥有,为外部客户提供服务等的云,它所有的服务是供别人使用,而不是自己使用。在此种模式下,应用程序、资源、存储和其他服务,都由云服务供应商来提供给用户,用户可以免费或者按需付费来使用这些资源,无须任何前期投入,因此非常经济。而且,用户不清楚与其共享和使用资源的还有其他哪些用户，整个平台是如何实现的，甚至无法控制实际的物理设施，所以云服务提供商能保证其所提供的资源具备安全和可靠等非功能性需求。公有云的最大优点是，可以充分发挥云计算系统的规模经济效益，其所应用的程序、服务及相关数据都存放在公有云的提供者处，用户无须做相应的投资和建设，但同时由于数据不存储在用户自己的数据中心，其安全性存在一定的风险。目前，公有云是现在最主流的，也是最受欢迎的一种云计算服务模式。典型的公有云有微软的 Windows Azure Platform、亚马逊的 AWS、Google 的 Google App Engine 以及国内的阿里云、腾讯云等。

2. 私有云

私有云是指云基础设施被某单一组织拥有或租用，可以坐落在本地或防火墙外的异地，该基础设施只为该组织内部人员或分支机构使用，不对公众开放。私有云的部署比较适合于有众多分支机构的大型企业或政府部门，随着这些大型企业数据中心的集中化，私有云将会成为他们部署 T 系统的主流模式，可以极大地增强企业内部的 T 运转能力，并使整个 T 服务围绕着企业主营业务展开，从而更好地为企业主营业务服务。与公有云相比，私有云部署在企业内部，因此其数据安全性更好，服务质量非常稳定。但其成本也更高，云计算的规模经济效益也受到了限制，整个基础设施的利用率远低于公有云。

3. 混合云

混合云是指云基础设施由两种或两种以上的云（公有云、私有云或行业云）组成，它们相互独立，但在云的内部又相互结合。它所提供的服务既可以供别人使用，也可以供自己使用。混合云是计算模式的混合体，它是让用户在私有云的私密性和公有云的灵活低廉之间做一定权衡的模式。例如，企业可以将非关键的应用部署到公有云上来降低成本，而将安全性要求较高、关键的核心应用部署到私有云上。通过使用混合云，企业可以享受接近私有云的私密性，也可以享受接近公有云的成本，可以发挥出所混合的多种云计算模型各自的优势。但现在可供选择的混合云产品较少，相比较而言，混合云的部署方式对云计算服务提供商的要求较高。

8.3.8　云计算机应用

1. 存储云

图 8-19　存储云

存储云，又称云存储，是在云计算技术上发展起来的一个新的存储技术。云存储是一个以数据存储和管理为核心的云计算系统。用户可以将本地的资源上传至云端上，可以在任何地方连入互联网来获取云上的资源，如图 8-19 所示。大家所熟知的谷歌、微软等大型网络公司均有云存储的服务，在国内，百度云和微云则是市场占有量最大的存储云。存储云向用户提供了存储容器服务、备份服务、归档服务和记录管理服务等，大大方便了使用者对资源的管理。

2. 医疗云

医疗云,是指在云计算、移动技术、多媒体、4G 通信、大数据、以及物联网等新技术基础上,结合医疗技术,使用"云计算"来创建医疗健康服务云平台,实现了医疗资源的共享和医疗范围的扩大。因为云计算技术的运用于结合,医疗云提高医疗机构的效率,方便居民就医,如图 8-20 所示。像现在医院的预约挂号、电子病历、医保等等都是云计算与医疗领域结合的产物,医疗云还具有数据安全、信息共享、动态扩展、布局全国的优势。

3. 金融云

金融云,是指利用云计算的模型,将信息、金融和服务等功能分散到庞大分支机构构成的互联网"云"中,旨在为银行、保险和基金等金融机构提供互联网处理和运行服务,同时共享互联网资源,从而解决现有问题并且达到高效、低成本的目标。在 2013 年 11 月 27 日,阿里云整合阿里巴巴旗下资源并推出来阿里金融云服务。其实,这就是现在基本普及了的快捷支付,因为金融与云计算的结合,现在只需要在手机上简单操作,就可以完成银行存款、购买保险和基金买卖。现在,不仅仅阿里巴巴推出了金融云服务,如图 8-21 所示,像苏宁、腾讯等等企业均推出了自己的金融云服务。

图 8-20 医疗云

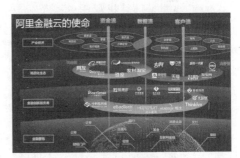

图 8-21 金融云

4. 教育云

教育云,实质上是指教育信息化的一中发展。具体的,教育云可以将所需要的任何教育硬件资源虚拟化,然后将其传入互联网中,以向教育机构和学生老师提供一个方便快捷的平台,如图 8-22 所示。现在流行的慕课就是教育云的一种应用。慕课 MOOC,指的是大规模开放的在线课程。现阶段慕课的三大优秀平台为 Coursera、edX 以及 Udacity,在国内,中国大学 MOOC 也是非常好的平台。在 2013 年 10 月 10 日,清华大学推出来 MOOC 平台——学堂在线,许多大学现已使用学堂在线开设了一些课程的 MOOC。

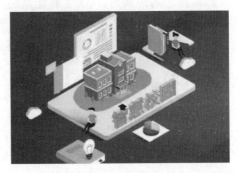

图 8-22 教育云

8.4 认识人工智能

8.4.1 人工智能概念

人工智能(Artificial Intelligence),如图 8-23 所示,英文缩写为 AI。它是研究、开发用于模拟、延伸和扩展人的智能的理论、方法、技术及应用系统的一门新的技术科学。

图 8-23 人工智能

人工智能是计算机科学的一个分支,它试图了解智能的实质,并生产出一种新的能以人类智能相似的方式做出反应的智能机器,该领域的研究包括机器人、语言识别、图像识别、自然语言处理和专家系统等。人工智能从诞生以来,理论和技术日益成熟,应用领域也不断扩大,可以设想,未来人工智能带来的科技产品,将会是人类智慧的"容器"。人工智能可以对人的意识、思维的信息过程的模拟。人工智能不是人的智能,但能像人那样思考、也可能超过人的智能。

人工智能是一门极富挑战性的科学,从事这项工作的人必须懂得计算机知识,心理学和哲学。人工智能是包括十分广泛的科学,它由不同的领域组成,如机器学习,计算机视觉等等,总的来说,人工智能研究的一个主要目标是使机器能够胜任一些通常需要人类智能才能完成的复杂工作。但不同的时代、不同的人对这种"复杂工作"的理解是不同的。2017 年 12 月,人工智能入选"2017 年度中国媒体十大流行语"。2021 年 9 月 25 日,为促进人工智能健康发展,《新一代人工智能伦理规范》发布。

以最简单的形式而言,人工智能是结合了计算机科学和强大数据集的领域,能够实现问题解决。它还包括机器学习和深度学习等子领域,这些子领域经常与人工智能一起提及。这些学科由 AI 算法组成,这些算法旨在创建基于输入数据进行预测或分类的专家系统。

8.4.2 发展历史

人工智能对话的诞生要追溯到艾伦·图灵(Alan Turing)于 1950 年发表的开创性工作:"计算机械和智能"。在这篇论文中,通常被誉为"计算机科学之父"的图灵提出了以下问题:"机器能思考吗?"由此出发,他提出了著名的"图灵测试",由人类审查员尝试区分计算机和人类的文本响应。虽然该测试自发表之后经过了大量的审查,但它仍然是 AI 历史的重要组成部分,也是一种在哲学理念中不断发展的概念,因为它利用了有关语言学的想法。Stuart Russell 和 Peter Norvig 随后发表了"人工智能:现代方法",成为 AI 研究的主要教科书之一。在该书中,他们探讨了 AI 的四个潜在目标或定义,按照理性以及思维与行动将 AI 与计算机系统区分开来:一是人类方法:即像人类一样思考的系统和像人类一样行动的系统;二是理想方法:理性思考的系统和理性行动的系统,艾伦·图灵的定义可归入"像人类一样行动的系统"类别。

1956 年夏季,以麦卡赛、明斯基、罗切斯特和香农等为首的一批有远见卓识的年轻科学家在一起聚会,共同研究和探讨用机器模拟智能的一系列有关问题,并首次提出了"人工智能"这一术语,它标志着"人工智能"这门新兴学科的正式诞生。IBM 公司"深蓝"电脑击败了人类的世界国际象棋冠军更是人工智能技术的一个完美表现。

从 1956 年正式提出人工智能学科算起,50 多年来,取得长足的发展,成为一门广泛的交叉和前沿科学。总的说来,人工智能的目的就是让计算机这台机器能够像人一样思考。如果希望做出一台能够思考的机器,那就必须知道什么是思考,更进一步讲就是什么是智慧。什么样的机器才是智慧的呢? 科学家已经做出了汽车,火车,飞机,收音机等,它们模仿我们身体器官的功能,但是能不能模仿人类大脑的功能呢? 到目前为止,我们也仅仅知道这个装在我们天灵盖里面的东西是由数十亿个神经细胞组成的器官,我们对这个东西知之甚少,模仿它或许是天下最困难的事情了。

当计算机出现后,人类开始真正有了一个可以模拟人类思维的工具,在以后的岁月中,无数科学家为这个目标努力着。如今人工智能已经不再是几个科学家的专利了,全世界几乎所有大学的计算机系都有人在研究这门学科,学习计算机的大学生也必须学习这样一门课程,在大家不懈的努力下,如今计算机似乎已经变得十分聪明了。例如,1997 年 5 月,IBM 公司研制的深蓝(DEEP BLUE)计算机战胜了国际象棋大师卡斯帕洛夫(KASPAROV)如图 8-24 所示。大家或许不会注意到,在一些地方计算机帮助人进行其他原来只属于人类的工作,计算机以它的高速和准确为人类发挥着它的作用。人工智能始终是计算机科学的前沿学科,计算机编程语言和其他计算机软件都因为有了人工智能的进展而得以存在。

图 8-24　深蓝(DEEP BLUE)计算机战胜国际象棋大师卡斯帕洛夫

8.4.3　人工智能的类型

人工智能的类型分为弱 AI 与强 AI 两类。

弱 AI 也称为狭义的 AI 或人工狭义智能(ANI),是经过训练的 AI,专注于执行特定任务。弱 AI 推动了目前我们周围的大部分 AI。"范围窄"可能是此类 AI 更准确的描述符,因为它其实并不弱,支持一些非常强大的应用,如 Apple 的 Siri、Amazon 的 Alexa 以及 IBM Watson 和自主车辆。

强 AI 由人工常规智能(AGI)和人工超级智能(ASI)组成。人工常规智能(AGI)是 AI 的一种理论形式,机器拥有与人类等同的智能;它具有自我意识,能够解决问题、学习和规划未来。人工超级智能(ASI)也称为超级智能,将超越人类大脑的智力和能力。虽然强 AI 仍完全处于理论阶段,还没有实际应用的例子,但这并不意味着 AI 研究人员不在探索它的发展。ASI 的最佳例子可能来自科幻小说,如 HAL、超人以及《2001 太空漫游》电影中的无赖电脑助手。

8.4.4 人工智能主要发展特征

2019 年 3 月 4 日,十三届全国人大二次会议举行新闻发布会,已将与人工智能密切相关的立法项目列入立法规划。中国工程院院士高文认为,积极的政策、海量的数据、丰富的应用场景、大量的青年人才储备是中国在人工智能的"大航海时代"所具备的"四大优势"。

1. 技术特征

在算料、能力、算法、多元应用的共同驱动下,人工智能正从用计算机模拟人类智能演进到协助引导提升人类智能,通过推动机器、人与网络相互连接融合,更密切融入人类生产生活,从辅助性设备和工具进化为协同互动的助手和伙伴。

1) 大数据成为人工智能持续快速发展的基石

新一代人工智能由大数据驱动,通过给定学习框架,不断根据当前设置及环境信息修改、更新参数,具有高度自主性。例如,在输入 30 万张人类对弈棋谱并经过 3 千万次自我对比后,人工智能 AlphaGo(阿尔法狗)如图 8-25 所示,具备顶尖棋手的棋力。随着海量数据快速累积,基于大数据的人工智能获得持续快速发展的动力来源。

图 8-25　阿尔法狗

2) 文本、图像、语音等信息实现跨媒体交互

随着互联网、智能终端不断发展,多媒体数据呈现爆炸式增长,以网络为载体在用户之间实时、动态传播,文本、图像、语音、视频等信息突破局限,实现跨媒体交互,智能化搜索、个性化推荐需求进一步释放。人工智能向人类智能靠近,模仿人类综合利用视觉、语言、听觉等感知信息,实现识别、推理、设计、预测等功能。

3) 基于网络的群体智能技术开始萌芽

人工智能研究焦点已从单纯用计算机模拟人类智能,打造具有感知智能及认知智能的单个智能体,转向打造多智能体协同的群体智能。群体智能充分体现"通盘考虑、统筹优化",具有去中心化、自愈性强和信息共享高效等优点,相关群体智能技术已经开始萌芽。例如,我国研究开发的固定翼无人机智能集群系统,于 2017 年 6 月实现了 119 架无人机的集群飞行。

4) 自主智能系统成为新兴发展方向

随着生产制造智能化的需求日益凸显,借助嵌入智能系统对现有的机械设备进行改造升级成为更加务实的选择,自主智能系统正成为人工智能的重要发展方向。例如,沈阳机床以 i5 智能机床为核心,打造了若干智能工厂,实现了"设备互联、数据互换、过程互动、产业互融"的智能制造模式。

人机协同正催生新型混合智能形态人类智能在感知、推理、归纳和学习等方面具有机器智能无法比拟的优势,机器智能则在搜索、计算、存储、优化等方面领先于人类智能,两种智能具有很强互补性。

人与计算机协同,互相取长补短将形成一种新的"1+1＞2"的增强型智能即混合智能,这种智能是一种双向闭环系统,既包含人,又包含机器组件。人可接受机器信息,机器可读取人的信号,两者相互作用,互相促进。人工智能的根本目标已演进为提高人类智力活动能力,更智能地陪伴人类完成复杂多变任务。

2. 时代新特征

据中国科技网消息,2018 年 9 月,科技部原副部长刘燕华在 2018 世界人工智能大会分论坛致辞中表示,人工智能新时代具备四个新特征:

(1) 资源配置以人流、物流、信息流、金融流、科技流的方式渗透到社会生活的各个领域。需求方、供给方、投资方以及利益相关方重组是为了提高资源配置效率。

(2) 新时期产业核心要素已从土地、劳力资本、货币资本转为智力资本,智力资本化正逐渐占领价值链高端。

(3) 共享经济构成新的社会组织形式,特别资源使用权的转让使大量闲置资源在社会传导。

(4) 平台成为社会水平的标志,为提供共同解决方案、降低交易成本、网络价值制度安排的形式,多元化参与、提高效率等搭建新型的通道。

8.4.5 人工智能发展趋势

当前世界正处于新一轮技术革命的形成、发展,定位转折期。新技术、新产业、新业态、新模式不断涌现,对社会经济产生颠覆性影响。在一个颠覆性创新层出不穷时代,从阿尔法狗到谷歌智能答题人工智能,集脑科学、计算机和神经网络为一体,网络升级速度快于人脑升级速度。人工智能将迈向新时代,人与机器共处将是大势所趋。谭铁牛在《人工智能的创新发展与社会影响》一文中认为,人工智能上升为世界主要国家的重大发展战略,人工智能正在成为新一轮产业变革的引擎,必将深刻影响国际产业竞争格局和一个国家的国际竞争力。时至今日,各位朋友可能都非常关注,人工智能未来发展趋势如何呢?

人工智能产业正向着强劲化、多元化、全局化、与实体经济深度融合以及线下和线上实现无缝结合等方向稳健发展,将创造巨大社会效益和经济效益。

1. "平台＋场景应用"主导的新型商业模式即将出现

现有人工智能技术主要聚焦解决方案,直接面对消费者端产品较少。随着人工智能产业深入发展以及市场化机制不断成熟,平台化趋势会更加突出,将出现主导平台加广泛场景应用的竞争格局,催生出更多新型的商业模式。通过海量优质的多维数据结合大规模计算力的投入,以应用场景为接口,人工智能产业将构建起覆盖全产业链生态的商业模式,满足用户复杂多变的实际需求。具备新型芯片、移动智能设备、大型服务器、无人车、机器人等设备研发制造能力的企业也能够结合应用环境,提供高效、低成本的运算能力和服务,深度整合相关行业,从基础设施提供逐渐向产业链下游服务延伸拓展。

2. 人工智能和实体经济深度融合

人工智能和实体经济深度融合进程进一步加快依靠人工智能技术和各行业的数据资源,实现人工智能与实体经济的深度融合,已成为人工智能发展的又一趋势。一方面人工智能大力推动机械制造、交通运输、医疗健康、网购零售、金融保险和家用电器等产业降费提效和转型升级,另一方面实体经济发展为人工智能发展提供更多场景,积累更多数据,提供更广阔的平台,也促进了人工智能的发展。

3. 从专用智能向通用智能发展

实现从狭义或专用人工智能(也称"弱人工智能",具备单一领域智能)向通用人工智能(也称"强人工智能",具备多领域智能)的跨越式发展,既是下一代人工智能发展必然趋势,也是国际研究与应用领域的挑战问题。

微软公司在 2017 年 7 月成立了通用人工智能实验室,有 100 多位感知、学习、推理、自然语言理解等方面的科学家参与其中。

4. 从"人工+智能"向自主智能方向发展

当前人工智能研究集中在深度学习,但深度学习的局限是需大量人工干预:人工设计深度神经网络模型、人工设定应用场景、人工采集和标注大量训练数据(非常费时费力)、用户需要人工适配智能系统等。科研人员开始关注减少人工干预的自主智能方法,提高机器智能对环境的自主学习能力。

例如从零开始,通过自我对弈强化学习实现围棋、国际象棋、通用棋类 AI,如图 8-26 所示。

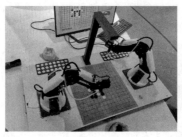

图 8-26　人工+智能

5. 从人工智能向人机混合智能方向发展

人工智能的一个重要研究方向就是借鉴脑科学和认知科学的研究成果,研究从智能产生机理和本质出发的新型智能计算模型与方法,实现具有脑神经信息处理机制和类人智能行为与智能水平的智能系统。欧盟、美国、日本等国家和地区纷纷启动的脑计划中,类脑智能已成为核心目标之一。人机混合智能旨在将人作用或认知模型引入到人工智能系统中,提升人工智能系统性能,使人工智能成为人类智能的自然延伸和拓展,通过人机协同更高效解决复杂问题。

6. 人工智能加速交叉渗透到其他学科领域

人工智能本身是一门综合性的前沿学科和高度交叉的复合型学科,研究范畴广泛而又复杂,其发展需深度融合计算机科学、数学、认知科学、神经科学和社会科学等学科。随着超分辨率光学成像、光遗传学调控、透明脑、体细胞克隆等技术的突破,脑与认知科学的发展开启了新时代,能大规模、更精细解析智力的神经环路基础和机制,人工智能将进入生物启发的智能阶段,依赖于生物学、脑科学、生命科学和心理学等学科的发现,将机理变为可计算的模型,同时人工智能也会促进脑科学、认知科学、生命科学甚至化学、物理、材料等传统科学的发展。

7. 人工智能将推动人类进入普惠型智能社会

"人工智能+X"的创新模式将随着技术和产业的发展日趋成熟,对生产力和产业结构产生革命性影响,并推动人类进入普惠型智能社会。2017年国际数据公司DC在《信息流引领人工智能新时代》中指出未来五年人工智能提升各行业运转效率,其中教育业提升82%,零售业71%,制造业64%,金融业58%。在消费场景和行业应用的需求牵引下,需打破人工智能的感知瓶颈、交互瓶颈和决策瓶颈,促进人工智能技术与社会各行各业的融合,建设若干标杆性的应用场景,实现低成本、高效益、广范围的普惠型智能社会。

8. 人工智能领域的国际竞争将日趋激烈

"未来谁率先掌握人工智能,谁就能称霸世界。"2018年4月,欧盟委员会计划2018—2020年在人工智能领域投资240亿美元;法国总统在2018年5月宣布《法国人工智能战略》,目的是迎接人工智能发展的新时代,使法国成为人工智能强国;2018年6月,日本《未来投资战略》重点推动物联网建设和人工智能的应用。世界军事强国已逐步形成以加速发展智能化武器装备为核心的竞争态势,例如美国特朗普政府发布的首份《国防战略》报告提出谋求通过人工智能等技术创新保持军事优势,确保美国打赢未来战争;俄罗斯2017年提出军工拥抱"智能化",让导弹和无人机威力倍增。

人们对人工智能的期望是无限的,人工智能离我们期望的水平永远都有差异,正是人类的这种不满足心理推动着人工智能的进步、发展、繁荣。人工智能的技术不断发展,人工智能在各领域的规模应用也将不断发展。

8.5 物联网概述

物联网是新一代信息技术的高度集成和综合应用,促进新一轮产业变革使经济社会绿色、智能、可持续发展,目前已进入全面实践应用的新阶段,正深刻改变着传统产业形态和人类生产、生活方式。在万物互联的大背景下,整个物联网市场全面爆发。

据新华日报消息,2016年10月31日,在2016世界物联网无锡峰会上,李克强总理致贺信指出,物联网是新一代信息网络技术的高度集成和综合运用,对于培育经济发展新动能、推动产业结构调整、提升社会治理服务水平可以发挥重要的支撑作用。近年来,中国政府大力实施创新驱动发展战略，推动大众创业、万众创新，物联网作为战略性新兴产业呈现出强劲发展势头，在产业培育、技术创新、品牌建设、应用示范等方面取得积极进展，为经济转型升级注入了新动力。

8.5.1 物联网概念

物联网（Internet of Things，IoT）概念最早于 1999 年由美国麻省理工学院提出，早期物联网是依托射频识别（RFID）技术和设备，按约定通信协议与互联网相结合，使物品信息实现智能化识别和管理，实现物品信息互联而形成的网络。随着应用的不断发展，物联网内涵不断扩展。当前物联网可实现对物的感知识别控制、网络化互联和智能处理有机统一，进行高智能决策。

2019 年 6 月，中国工程院院士孙玉在军民融合与新材料产业技术发展高端论坛上表示，信息系统按应用对象的不同可分为四类：人与人之间传递信息的信息系统，即通信系统；人与物之间传递信息的信息系统，即遥控系统；物与人之间传递信息的信息系统，即遥测系统；物与物之间传递信息的信息系统，即物联网。发展物联网产业的关键是社会与产业的发展活力；物联网应用环境决定信息产业的跨行业应用，决定发展物联网产业主要依靠协同创新。

中国信息通信研究院编写的《物联网白皮书（2011 年）》认为，物联网是通信网和互联网的拓展应用和网络延伸，利用感知技术与智能装置对物理世界进行感知识别，通过网络传输互联，进行计算、处理和知识挖掘，实现人与物、物与物信息交互和无缝链接，实现对物理世界实时控制、精确管理和科学决策目的。

物联网建立在网络化和智能化基础上的具有社会属性的智慧系统，具备实体流、信息流、资金流等多流合一的鲜明特征。物联网通过射频识别、红外感应器、全球定位系统、激光扫描器等信息传感器设备，按约定协议，把任何物品与互联网连接起来，进行信息交换和通信，以实现智能化识别、定位、跟踪、监控和管理的一种网络。例如，把感应器嵌入和装备到电网、铁路、桥梁、隧道、公路、建筑、供水系统、大坝、油气管道等各种物体就构建了物联网。

物联网有两层含义：①核心和基础是在互联网基础上的延伸和扩展；②它的用户端延伸和扩展到任何物品与物品之间，人和物品之间，并进行信息交换和通信，即物物相息。

8.5.2 物联网发展历程

物联网概念最早出现于比尔·盖茨 1995 年《未来之路》一书。在《未来之路》中，比尔·盖茨已经提及物联网概念，只是当时受限于无线网络、硬件及传感设备的发展，并未引起世人的重视。

1998 年，美国麻省理工学院创造性地提出了当时被称作 EPC 系统的"物联网"的构想。

1999 年，美国 Auto-ID 首先提出"物联网"的概念，主要是建立在物品编码、RFID 技术和互联网的基础上。过去在中国，物联网被称之为传感网。中国科学院早在 1999 年就启动了传感网的研究，并已取得了一些科研成果，建立了一些适用的传感网。同年，在美国召开的移动计算和网络国际会议提出了，"传感网是下一个世纪人类面临的又一个发展机遇"。

2003 年，美国《技术评论》提出传感网络技术将是未来改变人们生活的十大技术之首。

2005 年 11 月 17 日,在突尼斯举行的信息社会世界峰会(WSIS)上,国际电信联盟(ITU)发布了《ITU 互联网报告 2005:物联网》,正式提出了"物联网"的概念。报告指出,无所不在的"物联网"通信时代即将来临,世界上所有的物体从轮胎到牙刷、从房屋到纸巾都可以通过因特网主动进行交换。射频识别技术、传感器技术、纳米技术、智能嵌入技术将得到更加广泛的应用和关注。

2021 年 7 月 13 日,中国互联网协会发布了《中国互联网发展报告(2021)》,物联网市场规模达 1.7 万亿元,人工智能市场规模达 3031 亿元。

2021 年 9 月,工信部等八部门印发《物联网新型基础设施建设三年行动计划(2021—2023 年)》,明确到 2023 年底,在国内主要城市初步建成物联网新型基础设施,社会现代化治理、产业数字化转型和民生消费升级的基础更加稳固。

8.5.3 物联网意义

世界因物联网更智慧,生活因物联网更精彩。物联网是新一代信息技术的高度集成和综合运用,具有渗透性强、带动作用大、综合效益好的特点,推进物联网的应用和发展,有利于促进生产生活和社会管理方式向智能化、精细化、网络化方向转变,对于提高国民经济和社会生活信息化水平,提高社会管理和公共服务水平,带动相关学科发展和增强技术创新能力,推动产业结构调整和发展方式转变具有重要意义,我国已将物联网作为战略性新兴产业的一项重要组成内容。

物联网实现物与物的相联、人与物的对话。从某种意义上说,人类历史的发展过程就是一个不断拓展和深化与万物联系的过程。随着高速无线通信、窄带物联网等新技术的突破发展,物联网正在加速进入跨界整合、集成创新、规模化发展的新阶段,物联网时代正向我们走来。物联网将以其颠覆性变革、全面性渗透,给人类生产、生活带来更加广阔而深刻的影响。物联网时代的到来,将不仅实现人与万物、万物之间在更大时空范围内的信息交换,实现人对万物的智能控制,更重要的是物联网将赋予万物"灵性"、教会机器懂得人文关怀,使整个世界变得更像一个充满温情的生命体。

正是由于具有这样令人向往的美好前景,物联网的产业价值和经济价值同样不可估量。只有顺时应势、乘势而上、及早布局,才能牢牢把握物联网带来的巨大机遇,抢占未来发展的制高点。

2017 年 8 月,中国工程院院士、国家物联网专家委员会委员刘韵洁在接受中经社采访时指出,互联网发展主要是在生活消费领域,如电子商务、微信、视频电话等,在实体经济领域还没有广泛应用。物联网发展,则是与实体经济的深度融合。未来,物联网必然是主要应用实体,是一个大的热点领域。

中国工程院院士邬贺铨认为,物联网是两化融合的切入点、社会管理的支撑点、民生服务的新亮点。中国需求旺盛、市场空间广阔,需聚焦刚需领域,找到适合的商业模式。

8.5.4 物联网特征

物联网的基本特征从通信对象和过程来看,物与物、人与物之间的信息交互是物联网的核心。物联网的基本特征可概括为整体感知、可靠传输和智能处理。

整体感知——可以利用射频识别、二维码、智能传感器等感知设备感知获取物体的各类信息。

可靠传输——通过对互联网、无线网络的融合,将物体的信息实时、准确地传送,以便信息交流、分享。

智能处理——使用各种智能技术,对感知和传送到的数据、信息进行分析处理,实现监测与控制的智能化。根据物联网的以上特征,结合信息科学的观点,围绕信息的流动过程,可以归纳出物联网处理信息的功能:

(1) 获取信息的功能,主要是信息的感知、识别。信息的感知是指对事物的属性、状态及其变化方式的知觉和敏感;信息的识别指能把所感受到的事物状态用一定方式表示出来。

(2) 传送信息的功能,主要是信息发送、传输、接收等环节,最后把获取的事物状态信息及其变化的方式从时间(或空间)上的一点传送到另一点的任务,这就是常说的通信过程。

(3) 处理信息的功能,是指信息的加工过程,利用已有的信息或感知的信息产生新的信息,实际是制定决策的过程。

(4) 施效信息的功能,指信息最终发挥效用的过程,有很多的表现形式,比较重要的是通过调节对象事物的状态及其变换方式,始终使对象处于预先设计的状态。

8.5.5　物联网网络架构

物联网网络架构由感知层、网络层、平台层和应用层组成,如图 8-27 所示。

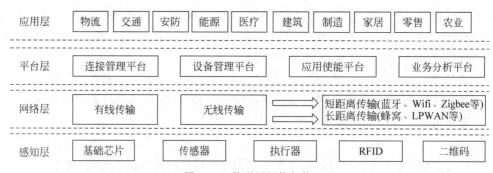

图 8-27　物联网网络架构

(1) 感知层实现对物理世界的智能感知识别、信息采集处理和自动控制,并通过通信模块将物理实体连接到网络层和应用层。

(2) 网络层主要实现信息的传递、路由和控制,包括延伸网、接入网和核心网,网络层可依托公众电信网和互联网,也可依托行业专用通信网络。

(3) 应用层包括应用基础设施/中间件和各种物联网应用。应用基础设施/中间件为物联网应用提供信息处理、计算等通用基础服务设施、能力及资源调用接口,以此为基础实现物联网在众多领域的各种应用。

8.5.6　物联网应用

物联网的应用领域涉及方方面面,在工业、农业、环境、交通、物流、安保等基础设施领域的应用,有效地推动了这些方面的智能化发展,使得有限的资源更加合理地使用与分配,从而提高了行业效率、效益。在家居、医疗健康、教育、金融与服务业、旅游业等与生活息息相关的领域的应用,从服务范围、服务方式到服务的质量等方面都有了极大的改进,大大提高了人们的生活质量;在涉及国防军事领域方面,虽然还处在研究探索阶段,但物联网应用带来的影响也不可小觑,大到卫星、导弹、飞机、潜艇等装备系统,小到单兵作战装备,物联网技术的嵌入有效提升了军事智能化、信息化、精准化,极大提升了军事战斗力,是未来军事变革的关键。

1. 智能交通

第一,随着社会车辆越来越普及,交通拥堵甚至瘫痪已成为城市的一大问题。对道路交通状况实时监控并将信息及时传递给驾驶人,让驾驶人及时作出出行调整,有效缓解了交通压力。

第二,高速路口设置道路自动收费系统(简称 ETC),免去进出口取卡、还卡的时间,提升车辆的通行效率。

第三,公交车上安装定位系统,能及时了解公交车行驶路线及到站时间,乘客可以根据搭乘路线确定出行,免去不必要的时间浪费。

第四,智慧路边停车管理系统,结合物联网技术与移动支付技术,共享车位资源,提高车位利用率和用户的方便程度。通过手机端 App 软件可以实现及时了解车位信息、车位位置,提前做好预定并实现交费等智能交通。

2. 智能家居

物联网在家庭中的基础应用就是智能家居,随着宽带业务的普及,智能家居产品涉及方方面面。例如:①远程操作智能空调,调节室温,甚至还可以学习使用者的使用习惯,从而实现全自动的温控操作;②通过客户端实现智能灯泡的开关、调控灯泡的亮度和颜色等;插座内置 WiFi,可实现遥控插座定时通断电流,甚至可以监测设备用电情况,生成用电图表让你对用电情况一目了然,安排资源使用及开支预算;③智能体重秤,监测运动效果。内置可以监测血压、脂肪量的先进传感器,内定程序根据身体状态提出健康建议;④智能牙刷与客户端相连,供刷牙时间、刷牙位置提醒,可根据刷牙的数据生产图表,口腔的健康状况;⑤智能摄像头、窗户传感器、智能门铃、烟雾探测器、智能报警器等智能家居;⑥其他。

3. 公共安全

近年来全球气候异常情况频发,灾害的突发性和危害性进一步加大,互联网可以实时监测环境的不安全性情况,提前预防、实时预警,及时采取应对措施,降低灾害对人类生命财产的威胁。美国布法罗大学早在 2013 年就提出研究深海互联网项目,通过特殊处理的感应装置置于深海处,分析水下相关情况,海洋污染的防治、海底资源的探测、甚至对海啸也可以提供更加可靠的预警。该项目在当地湖水中进行试验,获得成功,为进一步扩大使用范围提供了基础。利用物联网技术可以智能感知大气、土壤、森林、水资源等方面各指标数据,对于改善人类生活环境发挥巨大作用。

8.6　探索区块链

　　随着全球经济一体化的深入,数字经济的快速发展,数字经济正成为全球发展的新动能、区块链作为数字经济的重要组成部分,正加速与实体经济融合,推动着传统生产关系与商业模式的变革。随着技术与应用的不断探索和发展,区块链技术的创新探索,利用区块链技术提升经济社会发展水平和政府治理能力成为大家的共识。

　　区块链(Blockchain)起源于比特币,2008 年 11 月 1 日,中本聪(Satoshi Nakamoto)发表了《比特币:一种点对点的电子现金系统》一文,阐述了基于 P2P 网络技术、加密技术、时间戳技术、区块链技术等的电子现金系统的构架理念,这标志着比特币的诞生。两个月后理论步入实践,2009 年 1 月 3 日,第一个序号为 0 的创世区块诞生。几天后 2009 年 1 月 9 日出现序号为 1 的区块,并与序号为 0 的创世区块相连接形成了链,标志着区块链的诞生,如图 8-28 所示。

图 8-28　区块链

8.6.1　区块链概念

　　区块链是新一代信息技术的重要组成部分,是分布式网络、加密技术、智能合约等多种技术集成的新型数据库软件。区块链,就是由一个又一个区块组成的链条。每一个区块中保存了一定的信息,它们按照各自产生的时间顺序连接成链条。这个链条被保存在所有的服务器中,只要整个系统中有一台服务器可以工作,整条区块链就是安全的。区块链是一个共享的、不可篡改的账本,旨在促进业务网络中的交易记录和资产跟踪流程。资产可以是有形的(如房屋、汽车、现金、土地),也可以是无形的(如知识产权、专利、版权、品牌)。几乎任何有价值的东西都可以在区块链网络上进行跟踪和交易,从而降低各方面的风险和成本。

　　业务运行依靠信息。信息接收速度越快,内容越准确,越有利于业务运营。区块链是用于传递这些信息的理想之选,因为它可提供即时、共享和完全透明的信息,这些信息存储在不可篡改的账本上,只能由获得许可的网络成员访问。区块链网络可跟踪订单、付款、账户、生产等信息。由于成员之间共享单一可信视图,因此,您可以端到端地查看交易的所有细节,从而赋予您更大的信心和机会,并提高效率。

8.6.2　区块链发展历程

2008 年由中本聪第一次提出了区块链的概念,在随后的几年中,区块链成为了电子货币比特币的核心组成部分:作为所有交易的公共账簿。通过利用点对点网络和分布式时间戳服务器,区块链数据库能够进行自主管理。为比特币而发明的区块链使它成为第一个解决重复消费问题的数字货币。比特币的设计已经成为其他应用程序的灵感来源。

2014 年,"区块链 2.0"成为一个关于去中心化区块链数据库的术语。对这个第二代可编程区块链,经济学家们认为它是一种编程语言,可以允许用户写出更精密和智能的协议。因此,当利润达到一定程度的时候,就能够从完成的货运订单或者共享证书的分红中获得收益。区块链 2.0 技术跳过了交易和"价值交换中担任金钱和信息仲裁的中介机构"。它们被用来使人们远离全球化经济,使隐私得到保护,使人们"将掌握的信息兑换成货币",并且有能力保证知识产权的所有者得到收益。第二代区块链技术使存储个人的"永久数字 ID 和形象"成为可能,并且对"潜在的社会财富分配"不平等提供解决方案。

2019 年 1 月 10 日,国家互联网信息办公室发布《区块链信息服务管理规定》。2019 年 10 月 24 日,在中央政治局第十八次集体学习时,习近平总书记强调,"把区块链作为核心技术自主创新的重要突破口""加快推动区块链技术和产业创新发展"。"区块链"已走进大众视野,成为社会的关注焦点。2019 年 12 月 2 日,该词入选《咬文嚼字》2019 年十大流行语。

2021 年,国家高度重视区块链行业发展,各部委发布的区块链相关政策已超 60 项,区块链不仅被写入"十四五"规划纲要中,各部门更是积极探索区块链发展方向,全方位推动区块链技术赋能各领域发展,积极出台相关政策,强调各领域与区块链技术的结合,加快推动区块链技术和产业创新发展,区块链产业政策环境持续利好发展。

8.6.3　区块链网络类型

1. 公有区块链网络

公有区块链(Public Blockchains)是指:世界上任何个体或者团体都可以发送交易,且交易能够获得该区块链的有效确认,任何人都可以参与其共识过程。公有区块链是最早的区块链,也是应用最广泛的区块链,各大比特币(Bitcoin)系列的虚拟数字货币均基于公有区块链,世界上有且仅有一条该币种对应的区块链。

2. 联盟(行业)区块链网络

联盟区块链(Consortium Blockchains):由某个群体内部指定多个预选的节点为记账人,每个块的生成由所有的预选节点共同决定(预选节点参与共识过程),其他接入节点可以参与交易,但不过问记账过程(本质上还是托管记账,只是变成分布式记账,预选节点的多少,如何决定每个块的记账者成为该区块链的主要风险点),其他任何人可以通过该区块链开放的 API 进行限定查询。

3. 私有区块链网络

私有区块链(Private Blockchains):仅仅使用区块链的总账技术进行记账,可以是一个公司,也可以是个人,独享该区块链的写入权限,本链与其他的分布式存储方案没有太大区别。传统金融都是想实验尝试私有区块链,而公有区块链的应用(如比特币)已经工业化,私有区块链的应用产品还在摸索当中。

4. 许可区块链网络

建立私有区块链的企业通常也会建立许可区块链网络。需要注意的是,公有区块链网络也可以设置权限限制。这会限制允许参与网络和执行特定交易的人员。参与者需要获得邀请或许可才能加入。

8.6.4 区块链特征

1. 去中心化

区块链技术不依赖额外的第三方管理机构或硬件设施,没有中心管制,除了自成一体的区块链本身,通过分布式核算和存储,各个节点实现了信息自我验证、传递和管理。去中心化是区块链最突出最本质的特征。

2. 开放性

区块链技术基础是开源的,除了交易各方的私有信息被加密外,区块链的数据对所有人开放,任何人都可以通过公开的接口查询区块链数据和开发相关应用,因此整个系统信息高度透明。

3. 独立性

基于协商一致的规范和协议(类似比特币采用的哈希算法等各种数学算法),整个区块链系统不依赖其他第三方,所有节点能够在系统内自动安全地验证、交换数据,不需要任何人为的干预。

4. 安全性

区块链采取单向哈希算法,每个新产生的区块严格按照时间顺序推进,时间的不可逆性、不可撤销导致任何试图入侵篡改区块链内数据信息的行为易被追溯,导致被其他节点的排斥,造假成本极高,从而可以限制相关不法行为。

5. 匿名性

除非有法律规范要求,单从技术上来讲,各区块节点的身份信息不需要公开或验证,信息传递可以匿名进行。

8.6.5 区块链应用展望

1. 金融领域

区块链在国际汇兑、信用证、股权登记和证券交易所等金融领域有着潜在的巨大应用价值。将区块链技术应用在金融行业中,能够省去第三方中介环节,实现点对点的直接对接,从而在大大降低成本的同时,快速完成交易支付。

比如维萨(VISA)推出基于区块链技术的 Visa B2B Connect,它能为机构提供一种费用更低、更快速和安全的跨境支付方式来处理全球范围的企业对企业的交易。要知道传统的跨境支付需要等 3~5 天,并为此支付 1‰~3‰的交易费用。VISA 还联合 Coinbase 推出了首张比特币借记卡,花旗银行则在区块链上测试运行加密货币"花旗币"。

2. 物联网和物流领域

区块链在物联网和物流领域也可以天然结合。通过区块链可以降低物流成本,追溯物品的生产和运送过程,并且提高供应链管理的效率。该领域被认为是区块链一个很有前景的应用方向。

区块链通过结点连接的散状网络分层结构,能够在整个网络中实现信息的全面传递,并能够检验信息的准确程度。这种特性一定程度上提高了物联网交易的便利性和智能化。区块链+大数据的解决方案就利用了大数据的自动筛选过滤模式,在区块链中建立信用资源,可双重提高交易的安全性,并提高物联网交易便利程度。为智能物流模式应用节约时间成本。区块链节点具有十分自由的进出能力,可独立的参与或离开区块链体系,不对整个区块链体系有任何干扰。区块链+大数据解决方案就利用了大数据的整合能力,促使物联网基础用户拓展更具有方向性,便于在智能物流的分散用户之间实现用户拓展。

3. 公共服务领域

区块链在公共管理、能源、交通等领域都与民众的生产生活息息相关,但是这些领域的中心化特质也带来了一些问题,可以用区块链来改造。区块链提供的去中心化的完全分布式 DNS 服务通过网络中各个节点之间的点对点数据传输服务就能实现域名的查询和解析,可用于确保某个重要的基础设施的操作系统和固件没有被篡改,可以监控软件的状态和完整性,发现不良的篡改,并确保使用了物联网技术的系统所传输的数据没用经过篡改。

4. 数字版权领域

通过区块链技术,可以对作品进行鉴权,证明文字、视频、音频等作品的存在,保证权属的真实、唯一性。作品在区块链上被确权后,后续交易都会进行实时记录,实现数字版权全生命周期管理,也可作为司法取证中的技术性保障。例如,美国纽约一家创业公司 Mine Labs 开发了一个基于区块链的元数据协议,这个名为 Mediachain 的系统利用 IPFS(星际文件系统),实现数字作品版权保护,主要是面向数字图片的版权保护应用。

5. 保险领域

在保险理赔方面,保险机构负责资金归集、投资、理赔,往往管理和运营成本较高。通过智能合约的应用,既无须投保人申请,也无须保险公司批准,只要触发理赔条件,实现保单自动理赔。一个典型的应用案例是 LenderBot,它由区块链企业 Stratumn、德勤与支付服务商 Lemonway 于 2016 年合作推出,它允许人们通过 Facebook Messenger 的聊天功能,注册定制化的微保险产品,为个人之间交换的高价值物品进行投保,而区块链在贷款合同中代替了第三方角色。

6. 公益领域

区块链上存储的数据,高可靠且不可篡改,天然适合用在社会公益场景。公益流程中的相关信息,如捐赠项目、募集明细、资金流向、受助人反馈等,均可以存放于区块链上,并且有条件地进行透明公开公示,方便社会监督。

8.7　玩转虚拟现实

虚拟现实技术(Virtual Reality,VR)是 20 世纪发展起来的一项全新的实用技术。虚拟现实技术囊括计算机、电子信息、仿真技术,其基本实现方式是计算机模拟虚拟环境从而给人以环境沉浸感。随着社会生产力和科学技术的不断发展,各行各业对 VR 技术的需求日益旺盛。VR 技术也取得了巨大进步,并逐步成为一个新的科学技术领域。

8.7.1　虚拟现实概念

虚拟现实,顾名思义,就是虚拟和现实相互结合。从理论上来讲,虚拟现实技术是一种可以创建和体验虚拟世界的计算机仿真系统,它利用计算机生成一种模拟环境,使用户沉浸到该环境中。虚拟现实技术就是利用现实生活中的数据,通过计算机技术产生的电子信号,将其与各种输出设备结合使其转化为能够让人们感受到的现象,这些现象可以是现实中真真切切的物体,也可以是我们肉眼所看不到的物质,通过三维模型表现出来。因为这些现象不是我们直接所能看到的,而是通过计算机技术模拟出来的现实中的世界,故称为虚拟现实。

虚拟现实技术受到了越来越多人的认可,用户可以在虚拟现实世界体验到最真实的感受,其模拟环境的真实性与现实世界难辨真假,让人有种身临其境的感觉;同时,虚拟现实具有一切人类所拥有的感知功能,比如听觉、视觉、触觉、味觉、嗅觉等感知系统;最后,它具有超强的仿真系统,真正实现了人机交互,使人在操作过程中,可以随意操作并且得到环境最真实的反馈。正是虚拟现实技术的存在性、多感知性、交互性等特征使它受到了许多人的喜爱。

8.7.2　虚拟现实发展历程

1. 第一阶段(1963 年以前)有声形动态的模拟是蕴涵虚拟现实思想的阶段

1929 年,Edward Link 设计出用于训练飞行员的模拟器——林克教练,也被称为"蓝盒"和"飞行员培训师",这是世界上第一个商业化的飞行模拟器,如图 8-29 所示。由于使用了泵、阀门等设备,这个模拟器使飞行员能够准确地体验控制飞机的真实感受。这项技术培训了 50 多万名来自美国、德国、澳大利亚等国的飞行员,这是应用虚拟现实技术的一次成功尝试。

1956 年,Morton Heilig 开发出多通道仿真体验系统 Sensorama。

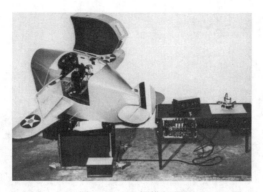

图 8-29 飞行模拟器

2. 第二阶段(1963—1972 年)虚拟现实萌芽阶段

1965 年,Ivan Sutherland 发表论文《终极的显示》"UltimateDisplay";1968 年,Ivan Sutherland 研制成功了带跟踪器的头盔式立体显示器(HMD),如图 8-30 所示。1972 年,NolanBushell 开发出第一个交互式电子游戏 Pong。

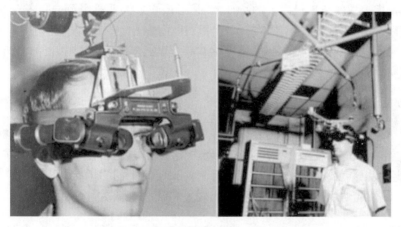

图 8-30 带跟踪器的头盔式立体显示器

3. 第三阶段(1973—1989 年)虚拟现实概念的产生和理论初步形成阶段

1977 年,Dan Sandin 等研制出数据手套 Sayre Glove;1984 年,NASA AMES 研究中心开发出用于火星探测的虚拟环境视觉显示器;1984 年,VPL 公司的 Jaron Lanier 首次提出"虚拟现实"的概念;1987 年,Jim Humphries 设计了双目全方位监视器(BOOM)的最早原型,如图 8-31 所示。

4. 第四阶段(1990 年至今)虚拟现实理论进一步的完善和应用阶段

1990 年,提出 VR 技术包括三维图形生成技术、多传感器交互技术和高分辨率显示技术;如图 8-32 所示,VPL 公司开发出第一套传感手套"Data Glove"、第一套 HMD"EyePhoncs";21 世纪以来,VR 技术高速发展,软件开发系统不断完善,有代表性的如 MultiGen Vega、Open Scene Graph、Virtools 等。

图 8-31 双目全方位监视器

图 8-32 VR 技术

8.7.3 虚拟现实特征

1. 沉浸性

沉浸性是虚拟现实技术最主要的特征,就是让用户成为并感受到自己是计算机系统所创造环境中的一部分,虚拟现实技术的沉浸性取决于用户的感知系统,当使用者感知到虚拟世界的刺激时,包括触觉、味觉、嗅觉、运动感知等,便会产生思维共鸣,造成心理沉浸,感觉如同进入真实世界。

2. 交互性

交互性是指用户对模拟环境内物体的可操作程度和从环境得到反馈的自然程度,使用者进入虚拟空间,相应的技术让使用者跟环境产生相互作用,当使用者进行某种操作时,周围的环境也会做出某种反应。如使用者接触到虚拟空间中的物体,那么使用者手上应该能够感受到,若使用者对物体有所动作,物体的位置和状态也应改变。

3. 多感知性

多感知性表示计算机技术应该拥有很多感知方式,比如听觉、触觉、嗅觉等。理想的虚拟现实技术应该具有一切人所具有的感知功能。由于相关技术,特别是传感技术的限制,目前大多数虚拟现实技术所具有的感知功能仅限于视觉、听觉、触觉、运动等几种。

4. 构想性

构想性也称想象性,使用者在虚拟空间中,可以与周围物体进行互动,可以拓宽认知范围,创造客观世界不存在的场景或不可能发生的环境。构想可以理解为使用者进入虚拟空间,根据自己的感觉与认知能力吸收知识,发散拓宽思维,创立新的概念和环境。

5. 自主性

自主性是指虚拟环境中物体依据物理定律动作的程度。例如,当受到力的推动时,物体会向力的方向移动、或翻倒、或从桌面落到地面等。

8.7.4 虚拟现实应用

1. 影视娱乐中应用

近年来,由于虚拟现实技术在影视业的广泛应用,以虚拟现实技术为主而建立的第一现场 9DVR 体验馆得以实现。第一现场 9DVR 体验馆自建成以来,在影视娱乐市场中的影响力非常大,此体验馆可以让观影者体会到置身于真实场景之中的感觉,让体验者沉浸在影片所创造的虚拟环境之中。同时,随着虚拟现实技术的不断创新,此技术在游戏领域也得到了快速发展。

三维虚拟空间,而三维游戏刚好是建立在此技术之上的,三维游戏几乎包含了虚拟现实的全部技术,使得游戏在保持实时性和交互性的同时,也大幅提升了游戏的真实感,如图 8-33 所示。

2. 教育中应用

如今,虚拟现实技术已经成为促进教育发展的一种新型教育手段。传统的教育只是一味的给学生灌输知识,而现在利用虚拟现实技术可以帮助学生打造生动、逼真的学习环境,使学生通过真实感受来增强记忆,相比于被动性灌输,利用虚拟现实技术来进行自主学习更容易让学生接受,这种方式更容易激发学生的学习兴趣。此外,各大院校利用虚拟现实技术还建立了与学科相关的虚拟实验室来帮助学生更好的学习,如图 8-34 所示。

图 8-33 三维游戏

图 8-34 虚拟实验室

3. 设计领域应用

虚拟现实技术在设计领域小有成就,例如室内设计,人们可以利用虚拟现实技术把室内结构、房屋外形通过虚拟技术表现出来,使之变成可以看的见的物体和环境。同时,在设计初期,设计师可以将自己的想法通过虚拟现实技术模拟出来,可以在虚拟环境中预先看到室内的实际效果,这样既节省了时间,又降低了成本,如图 8-35 所示。

4. 医学方面应用

医学专家们利用计算机,在虚拟空间中模拟出人体组织和器官,让学生在其中进行模拟操作,并且能让学生感受到手术刀切入人体肌肉组织、触碰到骨头的感觉,使学生能够更快的掌握手术要领。而且,主刀医生们在手术前,也可以建立一个病人身体的虚拟模型,在虚拟空间中先进行一次手术预演,这样能够大大提高手术的成功率,让更多的病人得以痊愈,如图 8-36 所示。

图 8-35　虚拟室内设计

图 8-36　虚拟医学

5. 虚拟现实在军事方面的应用

由于虚拟现实的立体感和真实感,在军事方面,人们将地图上的山川地貌、海洋湖泊等数据通过计算机进行编写,利用虚拟现实技术,能将原本平面的地图变成一幅三维立体的地形图,再通过全息技术将其投影出来,这更有助于进行军事演习等训练,提高我国的综合国力。

除此之外,现在的战争是信息化战争,战争机器都朝着自动化方向发展,无人机便是信息化战争的最典型产物。无人机由于它的自动化以及便利性深受各国喜爱,在战士训练期间,可以利用虚拟现实技术去模拟无人机的飞行、射击等工作模式。战争期间,军人也可以通过眼镜、头盔等机器操控无人机进行侦察和暗杀任务,减小战争中军人的伤亡率。由于虚拟现实技术能将无人机拍摄到的场景立体化,降低操作难度,提高侦察效率,所以无人机和虚拟现实技术的发展刻不容缓,如图 8-37 所示。

图 8-37　虚拟军事

6. 航空航天方面的应用

由于航空航天是一项耗资巨大,非常烦琐的工程,所以,人们利用虚拟现实技术和计算机的统计模拟,在虚拟空间中重现了现实中的航天飞机与飞行环境,使飞行员在虚拟空间中进行飞行训练和实验操作,极大地降低了实验经费和实验的危险系数。

8.8　了解 5G 技术

移动通信延续着每十年一代技术的发展规律,已历经 1G、2G、3G、4G 的发展。5G 商用前景广阔、潜力巨大,加快 5G 商用步伐意义重大。5G 时代将更加广泛地重塑传统产业,产生一系列新生事物,催生很多新产业、新业态、新模式,这种趋势是必然方向。5G 时代要培养 5G 思维,以不断适应技术发展,贴近技术需求,赢得更好的发展机遇。图 8-38 所示为 1G ~5G 的技术发展。

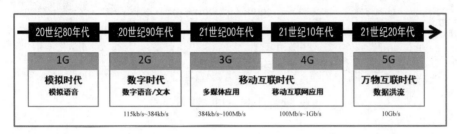

图 8-38　1~5G 技术发展

2018 年 12 月 19 日至 21 日,在北京召开的中央经济工作会议确定 2019 年重点工作任务时提出"加快 5G 商用步伐"。2019 年 4 月 24 日,国资委到中国移动调研时强调,抢抓 5G 发展机遇助力网络强国建设。

8.8.1　5G 概念

5G 即第五代移动通信技术(5th Generation Mobile Communication Technology,简称 5G)是具有高速率、低时延和大连接特点的新一代宽带移动通信技术,是实现人、机、物互联的网络基础设施。

国际电信联盟(ITU)定义了 5G 的三大类应用场景,即增强移动宽带(eMBB)、超高可靠低时延通信(uRLLC)和海量机器类通信(mMTC)。增强移动宽带主要面向移动互联网流量爆炸式增长,为移动互联网用户提供更加极致的应用体验;超高可靠低时延通信主要面向工业控制、远程医疗、自动驾驶等对时延和可靠性具有极高要求的垂直行业应用需求;海量机器类通信主要面向智慧城市、智能家居、环境监测等以传感和数据采集为目标的应用需求。

为满足 5G 多样化的应用场景需求,5G 的关键性能指标更加多元化。ITU 定义了 5G 八大关键性能指标,其中高速率、低时延、大连接成为 5G 最突出的特征,用户体验速率达 1Gb/s,时延低至 1ms,用户连接能力达 100 万连接/平方千米。

8.8.2　我国 5G 技术发展历程

国内 5G 行业的发展历程可追溯到 2013 年,华为投入资金对 5G 有关技术进行早期研发。2013 年 4 月,工信部、发改委与科技部联合成立了 IMT-2020 5G 推进组,组织国内各方力量、积极开展国际合作,共同推动 5G 国际标准发展,如图 8-39 所示。

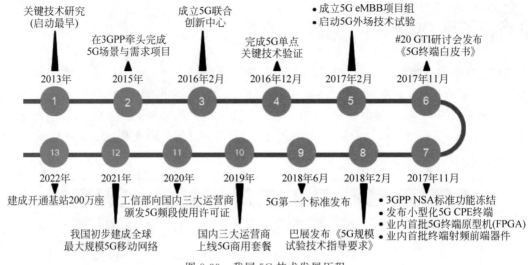

图 8-39　我国 5G 技术发展历程

8.8.3　5G 发展应用

1. 工业领域

以 5G 为代表的新一代信息通信技术与工业经济深度融合,为工业乃至产业数字化、网络化、智能化发展提供了新的实现途径。5G 在工业领域的应用涵盖研发设计、生产制造、运营管理及产品服务 4 个大的工业环节,主要包括 16 类应用场景,分别为:AR/VR 研发实验协同、AR/VR 远程协同设计、远程控制、AR 辅助装配、机器视觉、AGV 物流、自动驾驶、超高清视频、设备感知、物料信息采集、环境信息采集、AR 产品需求导入、远程售后、产品状态监测、设备预测性维护、AR/VR 远程培训。当前,机器视觉、AGV 物流、超高清视频等场景已取得了规模化复制的效果,实现"机器换人",大幅降低人工成本,有效提高产品检测准确率,达到了生产效率提升的目的。未来,远程控制、设备预测性维护等场景预计将会产生较高的商业价值。5G 在工业领域丰富的融合应用场景将为工业体系变革带来极大潜力,赋能工业智能化、绿色化发展。

2. 自动驾驶

5G 车联网助力汽车、交通应用服务的智能化升级。5G 网络的大带宽、低时延等特性,支持实现车载 VR 视频通话、实景导航等实时业务。借助于车联网 C-V2X(包含直连通信和 5G 网络通信)的低时延、高可靠和广播传输特性,车辆可实时对外广播自身定位、运行状态等基本安全消息,交通灯或电子标志标识等可广播交通管理与指示信息,支持实现路口碰撞预警、红绿灯诱导通行等应用,显著提升车辆行驶安全和出行效率,后续还将支持实现更高等级、复杂场景的自动驾驶服务,如远程遥控驾驶、车辆编队行驶等。5G 网络可支持港口岸桥区的自动远程控制、装卸区的自动码货以及港区的车辆无人驾驶应用,显著降低自动导引运输车控制信号的时延,以保障无线通信质量与作业可靠性,可使智能理货数据传输系统实现全天候、全流程的实时在线监控。

3. 能源领域

在电力领域,能源电力生产包括发电、输电、变电、配电、用电五个环节。目前,5G 在电力领域的应用主要面向输电、变电、配电、用电四个环节开展,应用场景主要涵盖了采集监控类业务及实时控制类业务,包括:输电线无人机巡检、变电站机器人巡检、电能质量监测、配电自动化、配网差动保护、分布式能源控制、高级计量、精准负荷控制、电力充电桩等。当前,基于 5G 大带宽特性的移动巡检业务较为成熟,可实现应用复制推广,通过无人机巡检、机器人巡检等新型运维业务的应用,促进监控、作业、安防向智能化、可视化、高清化升级,大幅提升输电线路与变电站的巡检效率;配网差动保护、配电自动化等控制类业务现处于探索验证阶段,未来随着网络安全架构、终端模组等问题的逐渐成熟,控制类业务将会进入高速发展期,提升配电环节故障定位精准度和处理效率。

4. 教育领域

5G 在教育领域的应用主要围绕智慧课堂及智慧校园两方面开展。5G+智慧课堂,凭借 5G 低时延、高速率特性,结合 VR/AR/全息影像等技术,可实现实时传输影像信息,为两地提供全息、互动的教学服务,提升教学体验;5G 智能终端可通过 5G 网络收集教学过程中的全场景数据,结合大数据及人工智能技术,可构建学生的学情画像,为教学等提供全面、客观的数据分析,提升教育教学精准度。5G+智慧校园,基于超高清视频的安防监控可为校园提供远程巡考、校园人员管理、学生作息管理、门禁管理等应用,解决校园陌生人进校、危险探测不及时等安全问题,提高校园管理效率和水平;基于 AI 图像分析、GIS(地理信息系统)等技术,可对学生出行、活动、饮食安全等环节提供全面的安全保障服务,让家长及时了解学生的在校位置及表现,打造安全的学习环境。

2022 年 2 月,工业和信息化部、教育部公布 2021 年"5G+智慧教育"应用试点项目入围名单,一批 5G 与教育教学融合创新的典型应用亮相。有关部门正在努力推动"5G+智慧教育"应用从小范围探索走向大规模落地。

5. 医疗领域

5G 通过赋能现有智慧医疗服务体系,提升远程医疗、应急救护等服务能力和管理效率,并催生 5G+远程超声检查、重症监护等新型应用场景。

5G+超高清远程会诊、远程影像诊断、移动医护等应用,在现有智慧医疗服务体系上,叠加 5G 网络能力,极大提升远程会诊、医学影像、电子病历等数据传输速度和服务保障能力。在抗击新冠肺炎疫情期间,解放军总医院联合相关单位快速搭建 5G 远程医疗系统,提供远程超高清视频多学科会诊、远程阅片、床旁远程会诊、远程查房等应用,支援湖北新冠肺炎危重症患者救治,有效缓解抗疫一线医疗资源紧缺问题。

5G+应急救护等应用,在急救人员、救护车、应急指挥中心、医院之间快速构建 5G 应急救援网络,在救护车接到患者的第一时间,将病患体征数据、病情图像、急症病情记录等以毫秒级速度、无损实时传输到医院,对院内医生做出正确指导并帮助其提前制订抢救方案,实现患者"上车即入院"的愿景。

5G+远程手术、重症监护等治疗类应用,由于其容错率极低,并涉及医疗质量、患者安全、社会伦理等复杂问题,其技术应用的安全性、可靠性需进一步研究和验证,预计短期内难以在医疗领域实际应用。

6. 文旅领域

5G 在文旅领域的创新应用将助力文化和旅游行业步入数字化转型的快车道。5G 智慧文旅应用场景主要包括景区管理、游客服务、文博展览、线上演播等环节。5G 智慧景区可实现景区实时监控、安防巡检和应急救援,同时可提供 VR 直播观景、沉浸式导览及 AI 智慧游记等创新体验。大幅提升了景区管理和服务水平,解决了景区同质化发展等痛点问题;5G 智慧文博可支持文物全息展示、5G+VR 文物修复、沉浸式教学等应用,赋能文物数字化发展,深刻阐释文物的多元价值,推动人才团队建设;5G 云演播融合 4K/8K、VR/AR 等技术,实现传统曲目线上线下高清直播,支持多屏多角度沉浸式观赏体验,5G 云演播打破了传统艺术演艺方式,让传统演艺产业焕发了新生。

7. 智慧城市领域

5G 助力智慧城市在安防、巡检、救援等方面提升管理与服务水平。在城市安防监控方面,结合大数据及人工智能技术,5G+超高清视频监控可实现对人脸、行为、特殊物品、车等精确识别,形成对潜在危险的预判能力和紧急事件的快速响应能力;在城市安全巡检方面,5G 结合无人机、无人车、机器人等安防巡检终端,可实现城市立体化智能巡检,提高城市日常巡查的效率;在城市应急救援方面,5G 通信保障车与卫星回传技术可实现建立救援区域海陆空一体化的 5G 网络覆盖;5G+VR/AR 可协助中台应急调度指挥人员能够直观、及时了解现场情况,更快速、更科学地制订应急救援方案,提高应急救援效率。目前公共安全和社区治安成为城市治理的热点领域,以远程巡检应用为代表的环境监测也将成为城市发展的关注重点。未来,城市全域感知和精细管理成为必然发展趋势,仍需长期持续探索。

8. 信息消费领域

5G 给垂直行业带来变革与创新的同时,也孕育新兴信息产品和服务,改变人们的生活方式。在 5G+云游戏方面,5G 可实现将云端服务器上渲染压缩后的视频和音频传送至用户终端,解决了云端算力下发与本地计算力不足的问题,解除了游戏优质内容对终端硬件的束缚和依赖,对于消费端成本控制和产业链降本增效起到了积极的推动作用。在 5G+4K/8K VR 直播方面,5G 技术可解决网线组网烦琐、传统无线网络带宽不足、专线开通成本高等问题,可满足大型活动现场海量终端的连接需求,并带给观众超高清、沉浸式的视听体验;5G+多视角视频,可实现同时向用户推送多个独立的视角画面,用户可自行选择视角观看,带来更自由的观看体验。在智慧商业综合体领域,5G+AI 智慧导航、5G+AR 数字景观、5G+VR 电竞娱乐空间、5G+VR/AR 全景直播、5G+VR/AR 导购及互动营销等应用已开始在商圈及购物中心落地应用,并逐步规模化推广。未来随着 5G 网络的全面覆盖以及网络能力的提升,5G+沉浸式云 XR、5G+数字孪生等应用场景也将实现,让购物消费更具活力。

9. 金融领域

金融科技相关机构正积极推进 5G 在金融领域的应用探索,应用场景多样化。银行业是 5G 在金融领域落地应用的先行军,5G 可为银行提供整体的改造。前台方面,综合运用 5G 及多种新技术,实现了智慧网点建设、机器人全程服务客户、远程业务办理等;中后台方面,通过 5G 可实现"万物互联",从而为数据分析和决策提供辅助。除银行业外,证券、保险和其他金融领域也在积极推动"5G+"发展,5G 开创的远程服务等新交互方式为客户带来全方位数字化体验,线上即可完成证券开户核审、保险查勘定损和理赔,使金融服务不断走向便捷化、多元化,带动了金融行业的创新变革。

参 考 文 献

[1] 杨振山,龚沛曾.大学计算机基础简明教程[M].北京:高等教育出版社,2006.

[2] 褚宁琳.大学计算机应用基础[M].北京:中国铁道出版社,2010.

[3] 王移芝,罗四维.大学计算机基础教程[M].北京:高等教育出版社,2004.

[4] 李秀.计算机文化基础[M].5版.北京:清华大学出版社,2005.

[5] 乔桂芳.计算机文化基础[M].北京:清华大学出版社,2005.

[6] 傅荣校.信息化环境下的政府信息安全问题分析[J].2013-07-15.

[7] 傅荣校.信息安全(2020)[DB/CD].国家开放大学.2020

[8] 大数据:发展现状与未来趋势_中国人大网(大数据:发展现状与未来趋势_中国人大(npc.gov.cn)
     npc.gov.cn)--梅宏

[9] 李文军.计算机云计算及其实现技术分析[J].军民两用技术与产品,2018,(22):57-58.

[10] 许子明,田杨锋.云计算的发展历史及其应用[J].信息记录材料,2018,19(8):66-67.

[11] 罗晓慧.浅谈云计算的发展[J].电子世界,2019,(8):104.

[12] 赵斌.云计算安全风险与安全技术研究[J].电脑知识与技术,2019,15(2):27-28.

[13] 北京互联网法院发布白皮书互联网技术司法应用场景展现.央广网[引用日期2019-08-19]

[14] 李文军.计算机云计算及其实现技术分析[J].军民两用技术与产品,2018,(22):57-58.

[15] 王雄.云计算的历史和优势[J].计算机与网络,2019,45(2):44.

[16] 王德铭.计算机网络云计算技术应用[J].电脑知识与技术,2019,15(12):274-275.

[17] 黄文斌.新时期计算机网络云计算技术研究[J].电脑知识与技术,2019,15(3):41-42.

[18] 刘陈,景兴红,董钢.浅谈物联网的技术特点及其广泛应用[J].科学咨询,2011(9):86-86.

[19] 贾益刚.物联网技术在环境监测和预警中的应用研究[J].上海建设科技,2010(6):65-67.

[20] 晨曦.说说物联网那些事情[J].今日科苑,2011(20):54-59.

[21] 黄静.物联网综述[J].北京财贸职业学院学报,2016(6).

[22] 甘志祥.物联网的起源和发展背景的研究[J].现代经济信息,2010(1).

[23] 韵力宇.物联网及应用探讨[J].信息与电脑,2017(3).

[24] 范希文.金融科技的赢家、输家和看家[J].金融博览,2017(11):44-45.

[25] 张宇.区块链智联世界:去中心化的信用中介2.0[J].经贸实践,2017(22):155.

[26] 中国互联网发展报告:我国移动通信基站总数达931万个--经济·科技--人民网.人民网[引用日期
     2021-07-15]

[27] 物联网发展提速!2023年底在国内主要城市初步建成物联网新型基础设施--经济·科技--人民网.
     人民网[引用日期2022-03-16]

[28] 关于区块链信息服务备案管理系统上线的通告.国家互联网信息办公室[引用日期2019-06-03]

[29] 区块链、硬核、我太难了…2019十大流行语来了!.人民日报[引用日期2019-12-02]

[30] 我国必须走在区块链发展前列.人民网[引用日期2019-11-08]

[31] Bitcoin: A Peer-to-Peer Electronic Cash System. Bitcoin.org[引用日期2019-06-03]

[32] 范希文.金融科技的赢家、输家和看家[J].金融博览,2017(11):44-45.

[33] 张宇.区块链智联世界:去中心化的信用中介2.0[J].经贸实践,2017(22):155.

[34] 李赫.区块链2.0在积分通兑中的应用初探[J].中国金融电脑,2018(2):68-71.

[35] 李文森,王少杰,伍旭川,等.数字货币可以履行货币职能吗?[J].新理财,2017(6):25-28.

[36] 张健.区块链:定义未来金融与经济新格局:机械工业出版社,2016:38-40

[37] 姚忠将,葛敬国.关于区块链原理及应用的综述[J].科研信息化技术与应用,2017,8(2):3-17.

[38] 李良志.虚拟现实技术及其应用探究[J].中国科技纵横,2019,(3):30-31.

[39]　石宇航.浅谈虚拟现实的发展现状及应用[J].中文信息,2019,(1)：20.

[40]　汤朋,张晖.浅谈虚拟现实技术[J].求知导刊,2019,(3)：19-20.

[41]　徐一夫.虚拟现实技术发展浅谈[J].科技传播,2018,10(23)：122-123,130.

[42]　笪旻昊.虚拟现实技术的应用研究[J].电脑迷,2019,(1)：53.

[43]　陈沅.虚拟现实技术的发展与展望[J].中国高新区,2019,(1)：231-232.

[44]　百度百科.区块连、人工智能介绍[EB/OL].2022.1

图书资源支持

感谢您一直以来对清华版图书的支持和爱护。为了配合本书的使用,本书提供配套的资源,有需求的读者请扫描下方的"书圈"微信公众号二维码,在图书专区下载,也可以拨打电话或发送电子邮件咨询。

如果您在使用本书的过程中遇到了什么问题,或者有相关图书出版计划,也请您发邮件告诉我们,以便我们更好地为您服务。

我们的联系方式:

地　　址:北京市海淀区双清路学研大厦 A 座 714

邮　　编:100084

电　　话:010-83470236　010-83470237

客服邮箱:2301891038@qq.com

QQ:2301891038(请写明您的单位和姓名)

资源下载: 关注公众号"书圈"下载配套资源。

资源下载、样书申请

书 圈

图书案例

清华计算机学堂

观看课程直播